普通高等教育"十三五"规划教材

卓越工程师培养计划系列教材

工业机器人技术基础与应用分析

Technical Foundation and Application Analysis of Industrial Robot

罗　霄　罗庆生 ◎ 编著

北京理工大学出版社

BEIJING INSTITUTE OF TECHNOLOGY PRESS

图书在版编目（CIP）数据

工业机器人技术基础与应用分析／罗霄，罗庆生编著．—北京：北京理工大学出版社，2018.3（2019.8重印）

ISBN 978－7－5682－4954－6

Ⅰ．①工…　Ⅱ．①罗…②罗…　Ⅲ．①工业机器人－高等学校－教材　Ⅳ．①TP242.2

中国版本图书馆 CIP 数据核字（2017）第 270047 号

出版发行／北京理工大学出版社有限责任公司

社　　　址／北京市海淀区中关村南大街 5 号

邮　　　编／100081

电　　　话／（010）68914775（总编室）

　　　　　　（010）82562903（教材售后服务热线）

　　　　　　（010）68948351（其他图书服务热线）

网　　　址／http：//www.bitpress.com.cn

经　　　销／全国各地新华书店

印　　　刷／北京九州迅驰传媒文化有限公司

开　　　本／787 毫米×1092 毫米　1/16

印　　　张／17.5　　　　　　　　　　　　责任编辑／张慧峰

字　　　数／406 千字　　　　　　　　　　　文案编辑／张慧峰

版　　　次／2018 年 3 月第 1 版　2019 年 8 月第 2 次印刷　　责任校对／周瑞红

定　　　价／48.00 元　　　　　　　　　　　责任印制／王美丽

在现代制造领域，随着工业自动化水平的快速提升，急需各种高性能的工业机器人。时至今日，工业机器人已经成为自动化生产领域的核心装备，在汽车制造、机械制造、船舶制造、电子器件、集成电路、器件封装、塑料加工、食品加工、陶瓷加工等对产品质量要求较严、对生产效能要求较高的企业都广泛应用着工业机器人。

工业机器人是机器人家族中的重要成员，也是机器人在工业应用环境中的一个重要分支，其操作机具有自动控制、可重复编程、多用途、可对3个以上的轴进行编程等显著特点，它可以是固定式的，也可以是移动式的。不同的国际学术机构对工业机器人的定义有所不同，但是其可编程性、拟人性、通用性和机电一体化的特点得到了业界的公认，成为人们判别工业机器人的基本标识。

机器人是一种自动执行工作、完成预期使命的机器装置。它既可以接受人类临场的指挥，又可以运行预先编排的程序，还可以根据以人工智能技术制定的原则纲领自主行动。其任务是协助或代替人类在恶劣、危险、有害、未知的环境或条件下从事单调、复杂、艰苦、繁重的各项工作。机器人技术作为20世纪人类伟大发明的产物，从20世纪60年代初问世以来，经历50多年的发展，现已取得突飞猛进的发展和持续创新的进步，已经成为当代最具活力、最有前途的高新技术之一。

经过几十年改革开放的快速发展，目前我国已经成为举世公认的制造业大国，形形色色的国产商品布满天下。但随着我国人口红利的不断丧失，劳动力成本在不断提高，我国的经济发展模式和制造产业结构必须进行调整。发展高新科技产业，提高制造业生产的自动化、智能化水平，实现从劳动密集型向技术密集型转变已经迫在眉睫、势在必行。从2010年开始，我国工业机器人需求量猛增，较2009年增长了1.71倍。2016年6月，国际机器人联合会发布的一组数据显示，2015年全球工业机器人的销量已经达到24.8万台，比2014年增长了12%，是2009年销量的4倍多。全球自动化产业已经从国际金融危机的噩梦中醒来，正在走向繁荣。其中，光是中国、韩国、日本、美国、德国五个国家就贡献了全球75%的销量。而我国以6.7万台的用量，成为工业机器人的第一大市场。

我国虽是工业机器人销量的第一大国，但自主品牌的市场占有率却很低，核心零部件主要依赖进口，大量的销售利润被国外机器人制造厂商攫取。为了跟上全球制造业升级的前进步伐，我国先后发布了《中国制造 2025》《机器人产业发展规划（2016—2020）》，提出到 2020 年，我国自主品牌的工业机器人年产量将达到 10 万台，6 轴和 6 轴以上的工业机器人年产量将达到 5 万台以上，要培育出 3 家以上具有国际竞争力的工业机器人生产龙头企业，打造出 5 个以上的工业机器人配套产业集群。国务院《关于加快培育和发展战略性新兴产业的决定》中明确指出，"发展战略性新兴产业已成为世界主要国家抢占新一轮经济和科技发展制高点的重大战略"，该决定将"高端装备制造产业"列为 7 大战略性新型产业之一，预计今后 10 年我国高端装备制造业的销售产值将占全部装备制造业销售产值的 30% 以上。工业机器人行业作为高端装备制造产业的重要组成部分，未来发展空间十分巨大。

2014 年 6 月 9 日，习近平主席出席中国科学院第十七次院士大会、中国工程院第十二次院士大会，就科技创新，尤其是"机器人革命"发表讲话。他表示：科技是国家强盛之基，创新是民族进步之魂。自古以来，科学技术就以一种不可逆转、不可抗拒的力量推动着人类社会向前发展。从某种意义上说，科技实力决定着世界政治经济力量对比的变化，也决定着各国各民族的前途命运。而机器人技术领域的创新则是新一轮科技革命和产业变革的产物，将成为各国科技创新赛场上的"亮点"。他说，"我看了一份材料，说'机器人革命'有望成为'第三次工业革命'的一个切入点和重要增长点，将影响全球制造业格局，而且我国将成为全球最大的机器人市场。国际机器人联合会预测，'机器人革命'将创造数万亿美元的市场。"他接着还说：国际上有舆论认为，机器人是"制造业皇冠顶端的明珠"，其研发、制造、应用是衡量一个国家科技创新和高端制造业水平的重要标志。机器人主要制造商和国家纷纷加紧布局，抢占技术和市场制高点，我国将成为机器人的最大市场。他最后强调，我国不仅要把机器人水平提高上去，而且要尽可能多地占领市场。"这样的新技术新领域还很多，我们要审时度势、全盘考虑、抓紧谋划、扎实推进。"

2015 年 11 月 20 日，在"致 2015 世界机器人大会贺信"中，国家主席习近平指出：在人类发展进程中，诞生了大量具有里程碑意义的创新成果。巴比伦的计时漏壶、古希腊的自动机、中国的指南车等，都是古代人类创造的自动装置中的精妙之作。这些创造发明源于丰富多彩的生产生活实践，体现了人类创造生活、利用自然的执着追求和非凡智慧。他还指出：当前，世界正处在新科技革命和产业革命的交汇点上。科学技术在广泛交叉和深度融合中不断创新，特别是以信息、生命、纳米、材料等科技为基础的系统集成创新，以前所未有的力量驱动着经济社会发展。随着信息化、工业化不断融合，以机器人科技为代表的智能产业蓬勃兴起，成为现时代科技创新的一个重要标志。中国将机器人和智能制造纳入了国家科技创新的优先重点领域，我们愿加强同各国科技界、产业界的合作，推动机器人科技研发和产业化进程，使机器人科技及其产品更好为推动发展、造福人民服务。

正如习主席所说，科技创新就像撬动地球的杠杆，总能创造令人意想不到的奇迹。当前机器人技术获得了井喷式的发展，是世界各国抢滩未来经济科技发展的重要时机，中国必须紧紧抓住并牢牢把握这一难能可贵的历史机遇，在创新的道路上奋起直追、迎头赶上、力争超越。

随着 2018 年的到来，我们已经迈过了 21 世纪超过六分之一的历程。回顾过去，展望未来，我们心潮澎湃、浮想联翩。20 世纪，人类取得了辉煌的成就，从量子理论和相对论的创立，脱氧核糖核酸双螺旋结构的发现，到原子能的和平利用、人类基因组图谱的绘制，世界科技发生了深刻的变革，并给人类生活带来蓬勃前进的动力。尤其是机器人技术，尽管问世的时间还不太长，但其在改变人类工作方式、提高企业生产效率、丰富人们日常生活、增强国家经济实力等方面表现出来的强劲势头不可阻挡。以工业机器人为例，其在经历了诞生—成长—成熟期后，已成为制造业中不可或缺的核心装备。目前，世界上有近百万台工业机器人正与工人师傅并肩战斗在各条战线上，将工人师傅们从繁重的体力劳动和辛苦的脑力劳动中解放出来。

今天，工业机器人虽已获得广泛使用，并正在各行各业中大显身手，但人们常常还会对工业机器人存在神秘感，人们会问：什么是工业机器人？工业机器人的基础知识有哪些？工业机器人的关键技术又有哪些？工业机器人的基本组成包含哪些部分？工业机器人的基本组成部分如何构成有机的整体？工业机器人如何操作与应用？

机器人的出现与发展是社会进步和经济发展的必然结果。机器人是为了提高社会的生产水平和人类的生活质量应运而生的，让机器人替人们去干那些人们不愿干或干不了、干不好的工作。在现实生活中有些工作会对人体造成很大的伤害，如汽车制造厂里面的喷漆、焊接作业等；有些工作会对人们提出很高的要求，如生产流水线上的精密装配、重物搬运等；有些工作环境让人无法身临，如火山探险、深海探密、空间探索等；有些工作条件让人无所适从，如毒气弥漫、废水横流、辐射泄漏等……这些场合都是机器人大显身手的地方。以机器人代替人，将人从繁重的体力劳动和辛苦的脑力劳动中解放出来已经成为一种不可逆转的趋势。

本书是为从事工业机器人研究与应用的专业人士和高等院校相关专业的学生们而写的，帮助他们了解工业机器人的基本知识、熟悉工业机器人的关键技术、掌握工业机器人的应用技能。全书由第 1 章绪论、第 2 章工业机器人机械结构技术、第 3 章工业机器人理论分析技术、第 4 章工业机器人仿真模拟技术、第 5 章工业机器人系统控制技术、第 6 章工业机器人传感探测技术、第 7 章典型工业机器人的操作与应用，以及参考文献等组成。通过本书的系统学习，能够让以工业机器人的学习与应用为目标的学习者循序渐进地了解工业机器人的基础学科知识，掌握工业机器人的基本设计方法，熟悉工业机器人的基本操作技能。

原国务委员、中国工程院院长宋健同志曾经指出："机器人学的进步和应用是 20 世纪自动控制最有说服力的成就，是当代最高意义上的自动化。"工业机器人技术综合了多专业、多学科、多领域的高新科技及其发展成果，代表了当代高新技术的发展前沿，它在人类生活应用领域的不断扩大正引起国际社会重新认识工业机器人技术的作用。

"工欲善其事，必先利其器。"人类在认识自然、创新实践的过程中，不断创造出各种各样为人类服务的工具。作为 20 世纪自动化领域的重大成就，工业机器人已经和人类社会的生产、生活密不可分。世间万物，人是最宝贵的，人力资源是第一资源，这是任何其他物质不能替代的。我们的责任在于让工业机器人帮助人类把人力资源的优势尽量发挥。我们完全有理由相信，像其他许多科学技术的发明和发现一样，工业机器人应该，也一定能够成为人类的好助手、好朋友，让工业机器人技术帮助我国广大青年学生真正成为创新型人才吧！

本书由罗霄、罗庆生担任主编；韩宝玲、朱琛担任副主编；贾燕、刘星栋、李凯林、黄羽童、王帅、赵玉婷、钟心亮等人参与了本书部分内容的研究与撰写工作。

在本书研究与写作的过程中，得到了北京理工大学相关部门的热情帮助，还得到了业界许多同人的无私支持。值本书即将付印出版之际，谨向所有关心、帮助、支持过我们的领导、专家、同事、朋友表示衷心的感谢！

作　者

目　录
CONTENTS

第1章　绪论 ……………………………………………………………… 001

1.1　工业机器人概述 ………………………………………………………… 001

1.2　工业机器人国内外发展现状 …………………………………………… 002

1.3　工业机器人发展趋势 …………………………………………………… 011

1.4　工业机器人关键技术 …………………………………………………… 012

1.5　典型工业机器人 ………………………………………………………… 015

本章小结与思考 ……………………………………………………………… 024

本章习题与训练 ……………………………………………………………… 024

第2章　工业机器人机械结构技术 ……………………………………… 026

2.1　工业机器人总体结构 …………………………………………………… 026

2.2　工业机器人机座结构 …………………………………………………… 034

2.3　工业机器人手臂结构 …………………………………………………… 037

2.4　工业机器人手腕结构 …………………………………………………… 044

2.5　工业机器人手部结构 …………………………………………………… 050

本章小结与思考 ……………………………………………………………… 062

本章习题与训练 ……………………………………………………………… 062

第3章　工业机器人理论分析技术 ……………………………………… 064

3.1　工业机器人运动学分析 ………………………………………………… 064

3.2　工业机器人动力学分析 ………………………………………………… 088

本章小结与思考 ……………………………………………………………… 099

本章习题与训练 ……………………………………………………………… 099

第4章　工业机器人仿真模拟技术 ……………………………………… 102

4.1　仿真的基本概念 ………………………………………………………… 102

4.2　仿真软件简介 …………………………………………………………… 103

4.3　数字仿真 ………………………………………………………………… 120

4.4 虚拟样机 ·· 124
本章小结与思考 ·· 141
本章习题与训练 ·· 141

第5章 工业机器人系统控制技术 ································ 143
5.1 工业机器人控制技术概述 ····································· 143
5.2 工业机器人控制策略概述 ····································· 145
5.3 工业机器人控制系统的体系架构 ······························ 153
5.4 工业机器人控制系统硬件设计 ································· 155
5.5 工业机器人控制系统软件设计 ································· 171
5.6 ROS 机器人操作系统 ·· 189
本章小结与思考 ·· 194
本章习题与训练 ·· 194

第6章 工业机器人传感探测技术 ································ 196
6.1 工业机器人传感器概述 ······································· 196
6.2 工业机器人常用传感器 ······································· 196
6.3 工业机器人典型传感器系统 ··································· 209
本章小结与思考 ·· 221
本章习题与训练 ·· 221

第7章 典型工业机器人的操作与应用 ·························· 223
7.1 典型工业机器人操作与应用概述 ······························ 223
7.2 ABB 机器人的操作与应用 ···································· 223
7.3 KUKA 机器人 ·· 243
本章小结与思考 ·· 257
本章习题与训练 ·· 258

参考文献 ··· 259

第1章

绪　　论

在现代制造领域，随着工业自动化水平的快速提升，急需各种高性能的工业机器人。时至今日，工业机器人已经成为自动化生产领域的核心装备[1]，在汽车制造、机械制造、船舶制造、电子器件、集成电路、器件封装、塑料加工、食品加工、陶瓷加工等对产品质量要求较严、对生产效能要求较高的许多企业都广泛应用着大量的工业机器人[2-3]。

工业机器人是机器人家族中的一个重要成员，也是机器人在工业应用环境中的一个重要分支，具有自动控制、可重复编程、多用途、可对 3 个以上的轴进行编程等显著特点[4-5]，它可以是固定式的或移动式的。不同的国际学术机构对工业机器人的定义有所不同，但是其可编程性、拟人性、通用性和机电一体化的特点得到了业界的公认，成为人们判别工业机器人的基本标识[6]。

1.1　工业机器人概述

工业机器人在世界各国或各学术机构的定义不尽相同，但其基本含义趋近一致。国际标准化组织（International Standard Organization，ISO）对工业机器人的定义为："工业机器人是一种具有自动控制的操作和移动功能，能够完成各种作业的可编程操作机。"[7-8] ISO 8373则做了更加具体的解释："工业机器人有自动控制和再编程、多用途功能，机器人操作机有三个或三个以上的可编程轴，在工业机器人自动化应用中，机器人的底座可固定也可移动。"美国机器人工业协会（U. S. Robotics Industry Association）对工业机器人的定义为："工业机器人是用来进行搬运材料、零件、工具等可再编程的多功能机械手，或通过不同程序的调用来完成各种工作任务的特种装置。"[9] 日本工业标准（JIS）、德国工业标准（VID），以及英国机器人协会也有类似的定义。故而可知，工业机器人是集机械、电子、控制、计算机、传感器、人工智能等多学科的先进技术于一体的现代制造业自动化的重要装备[10-11]。

与其他自动化装备相比，工业机器人具有以下四个显著特点：

（1）仿人化。工业机器人通过各种传感器来感知工作环境，具有自适应能力。在作业功能上，通过模仿人的腰、臂、手腕、手指等部位的功能来实现工业自动化的目的[12]。

（2）可编程。工业机器人作为现代柔性制造系统的重要组成部分，可编程能力是其对适应工作环境改变、提升工作效能的品质的一种体现[13]。

（3）通用性。工业机器人一般分为通用型和专用型两类。通用型工业机器人只要更换不同的末端执行器就能履行不同的操作动作，完成不同的生产任务[14]。

（4）交互性。智能工业机器人在无人为干预的条件下，对工作环境应当具有自适应控制能力和自我规划能力。所以，良好的环境交互性对工业机器人来说至关重要。

随着机器人技术的不断发展，以及机器人市场的不断扩大，工业机器人的应用范围越来越广、普及速度越来越快。当前，工业机器人的主要应用领域集中在弧焊、点焊、装配、搬运、喷漆、检测、码垛、研磨抛光、激光加工等方面，相信不久的将来，工业机器人的应用行业将越来越多，远远超出今天的规模[15-16]。

1.2 工业机器人国内外发展现状

1.2.1 工业机器人国内发展现状

经过几十年改革开放的快速发展，我国已经成为举世公认的制造业大国，各种国产商品布满天下。但随着劳动力成本的不断提高，我国人口红利不断丧失，我国的经济发展模式和制造产业结构必须进行调整，发展高新科技产业，提高制造业生产的自动化、智能化水平，实现从劳动密集型向技术密集型转变已经迫在眉睫、势在必行。从 2010 年开始，我国工业机器人需求量猛增，较 2009 年增长了 1.71 倍[17-19]。2016 年 6 月 22 日，国际机器人联合会（International Federation of Robotics，IFR）发布的一组数据显示（见图 1.1），2015 年全球工业机器人的销量已经达到 24.8 万台，比 2014 年增长了 12%，是 2009 年销量的 4 倍多[20]。全球自动化产业已经从国际金融危机的噩梦中醒来，正在走向繁荣。其中，光是中国、韩国、日本、美国、德国五个国家就贡献了全球 75% 的销量。而我国以 6.7 万台的用量，成为工业机器人的第一大市场。

来源：IFR Statistical Department（www.iyiou.com）

图 1.1 2009—2015 年全球工业机器人销量

我国虽是工业机器人销量第一大国，但自主品牌的市场占有率却很低，核心零部件主要依赖进口，大量的销售利润被国外机器人制造厂商撷取。为了跟上全球制造业升级的前进步伐，我国先后发布了《中国制造 2025》、机器人产业发展规划（2016—2020），提出到 2020 年，我国自主品牌的工业机器人年产量将达到 10 万台，六轴和六轴以上的工业机器人年产量将达到 5 万台以上，要培育出 3 家以上具有国际竞争力的工业机器人生产龙头企业，打造出 5 个以上的工业机器人配套产业集群[21]。国务院《关于加快培育和发展战略性新兴产业的决定》中明确指出，"发展战略性新兴产业已成为世界主要国家抢占新一轮经济和科技发展制高点的重大战略"，该决定将"高端装备制造产业"列为 7 大战略性新型产业之一，预计今后 10 年我国高端装备制造业的销售产值将占全部装备制造业销售产值的 30% 以上。工业机器人行业作为高端装备制造产业的重要组成部分，未来发展空间十分巨大。

我国关于工业机器人的研究起始于 20 世纪 70 年代，大体可分为 4 个阶段，即理论研究阶段、样机研发阶段、示范应用阶段和初步产业化阶段[22]。

早期的理论研究阶段跨时为 20 世纪 70 年代—80 年代初期，研究单位主要分布在国内部分高校。这一阶段里，由于受当时国家经济基础薄弱、科研经费有限等因素的约束，主要从事工业机器人基础理论的研究，在机器人运动学、机构学等方面取得了一定的进展，为后续工业机器人的研究奠定了基础[23-24]。

到了 20 世纪 80 年代中期，受西方工业发达国家开始大量应用和日益普及工业机器人的刺激与影响，我国工业机器人的研究开始得到政府的重视与支持。国家组织了对工业机器人需求行业的广泛调研，投入大量的资金开展工业机器人的研究，进入了样机研发阶段。1985 年，我国在科技攻关计划中将工业机器人列入了发展序列。1986 年，我国将智能机器人列入了国家高技术研究发展计划。在这一阶段里，我国开展了工业机器人基础技术、基础元器件、几类机器人型号样机的攻关，先后研制出点焊、弧焊、喷漆、搬运等不同功能的机器人样机以及谐波传动组件、焊接电源等，形成了我国工业机器人发展的第一次高潮。

20 世纪 90 年代为我国工业机器人的示范应用阶段。为了促进高技术发展与国民经济主战场的密切衔接，我国确定了特种机器人与工业机器人及其应用工程并重、以应用带动关键技术和基础研究发展的战略方针[25]。在这一阶段里，我国共研制出平面关节型装配机器人、直角坐标机器人[26]、弧焊机器人[27]、点焊机器人[28]、自动引导车[29]等 7 种工业机器人系列产品，以及 102 种特种机器人，实施了 100 余项机器人应用工程。其中 58 项关键技术和应用基础技术的研究成果达到国际先进水平，先后获得国家科技进步奖 21 项，省部级科技进步奖 116 项，发明专利 38 项，实用新型专利 125 项。为了促进国产机器人的产业化，20 世纪 90 年代末，我国建立了 9 个机器人产业化基地和 7 个科研基地，其中包括沈阳自动化研究所的新松机器人自动化股份有限公司、哈尔滨博实自动化设备有限公司、北京机械工业自动化研究所机器人开发中心等，为发展我国机器人产业奠定了坚实基础[30]。

进入 21 世纪以后，国家中长期科学和技术发展规划纲要突出增强自主创新能力这一条主线，着力营造有利于自主创新的政策环境，加快促进企业成为创新主体，大力倡导企业为主体，产学研紧密结合，提升我国高端制造业装备的研发水平。在国家政策的感召下，国内一大批企业或自主研制，或与科研院所、高等院校合作，进入工业机器人研制和生产行列，我国工业机器人进入了初步产业化阶段。在这一阶段里，先后涌现出新松机器人自动化股份有限公司、哈尔滨博实自动化设备有限公司、芜湖奇瑞装备有限责任公司、安徽巨一自动化装备有限公司、广州数控设备有限公司、上海沃迪自动化装备股份有限公司、青岛软控股份有限公司等数十家实力较强、影响较大、水平较高的专门从事工业机器人生产的企业。其中具有代表性的工业机器人产品包括新松机器人公司自行开发研制的 6 台 RD120-A 型点焊机器人及 Ⅱ 型电阻焊控制器，实现了"小红旗""世纪星"2 种轿车车身组焊线中的车身前、后风窗和左、右车门点焊焊装工作交钥匙工程[31]。新松机器人公司研制的自动导航小车（Automated Guided Vehicles，AGV），开始广泛应用于汽车制造、机械加工、电子、纺织、造纸、卷烟、食品、印刷、图书出版等行业，占据了国内 AGV 市场 70% 以上的份额，并进入国际市场，先后出口到美国、韩国、俄罗斯、加拿大等国家，开创了国产机器人出口的先河。哈尔滨博实自动化装备股份公司研制的搬运机器人广泛应用于石化行业粉粒料和橡胶的后处理生产线中，年销售量近 100 台。天津大学先后开发成功了 Diamond、Delta－S 和 Cross－IV 等具有自主知识产权且性能达到国际先进水平的 2～4 自由度高速搬运机器人 3 个系列的新产品，并在锂电池分选（天津力神电池股份有限公司）、医药软袋包装（北京双鹤药业股份有限公司）、果奶灌装和塑性炸药填充（云南安化有限公司）等 10 余条包装和搬运自动化生产线上得到成功应用。安徽巨一自动化装备有限公司研发的车身焊装机器人成套技术已经在中国第一汽车集团公司、东风汽车有限公司、北京汽车股份有限公司、奇瑞汽车股份有限公司、安徽江淮汽车集团股份有限公司、长城汽车股份有限公司等国内整车企业，以及伊朗、埃及等国外的整车企业中得到了广泛应用，为客户方提供焊装生产线 40 多条。芜湖奇瑞装备有限责任公司与哈尔滨工业大学合作研制的 165kg 点焊机器人，已在线应用约50 台，分别用于焊接、搬运等场合。上述成果表明我国工业机器人产业化发展的新局面已初步形成。

近年来，受到国家和地方政府一系列政策的鼓励与支持，我国机器人产业蓬勃发展，在发展机器人产业的道路上，我国虽然起步相对较晚，但发展相对较快，已经开始进入机器人时代。国内多地已经开启了制造业"机器换人"改革模式，各个省份对工业机器人产业的投入也都如火如荼。"忽如一夜春风来，千树万树梨花开"，全国陆续产生了约 3 400 家机器人公司，各地方有超过 40 个以发展机器人为主的产业园区，我国机器人产业腾飞已成定局。其中，又以工业机器人的发展最为热门。作为我国家电生产的龙头企业，美的集团"海淘"瞄准了"工业 4.0"，该集团在 2016 年 5 月 19 日披露，拟筹划通过要约方式收购在德国上市的全球领先的机器人及智能自动化公司 KUKA Aktiengesellschaft（简称"库卡集团"或 KUKA）事宜，预计交易对价最高不超过 40 亿欧元。2016 年跃居《财富》全球 500 强第 25 位的富士康科技集团也已经开始了机器换人计划。

中国互联网知名企业中的百度公司（Baidu）、阿里巴巴集团（Alibaba）和腾讯公司（Tencent）这三大巨头（简称 BAT，系三大公司首字母缩写）热衷投资的服务机器人和商用机器人，目前在国内市场还处于探索期和试用期。与其相比，工业机器人正进入全面普及的阶段。国产工业机器人服务的领域现今已达国民经济建设的 36 个行业大类和 87 个行业中类，搬运与上下料、焊接和钎焊、装配及拆卸、涂层与封胶、加工与洁净则是其主要应用领域。根据 IFR 的新近统计数据（见图 1.2），2015 年，我国自主品牌生产的工业机器人销量达到 2 万台以上，占国内总销量的 30%。在 2013 年，这一数字仅为 25%。国产工业机器人

来源：IFR Statistical Department（www.iyiou.com）

图 1.2　2009—2015 年我国工业机器人市场规模

的市场占有率正在逐步提高。但相对于每万名工人工业机器人拥有量韩国 478 台、日本 314 台，我国仅为 36 台，甚至低于世界平均水平，这表明我国工业机器人的市场空间还很大。根据 IFR 估计，2018 年超过 1/3 的全球工业机器人将被安装在中国[32]。

如此广袤的机器人产业蓝海，怎能让人不心动、不行动？国际机器人生产巨头企业瑞典 ABB，日本 FANAC、安川，德国 KUKA 捷足先登，先后在中国建厂，布局中国工业机器人市场。国内方面，新松机器人自动化股份有限公司、哈尔滨博实自动化设备有限公司、广州数控设备有限公司、上海新时达电气股份有限公司，以及安徽埃夫特智能装备有限公司等则背靠科研院所，已经在工业机器人的研发与应用方面形成初步优势。

综上所述，可知我国工业机器人的发展经历了一系列国家攻关、计划支持、行业扶助的应用工程开发，奠定了我国独立自主发展工业机器人产业的基础。但毋庸讳言，我国工业机器人在总体技术与核心能力上与国外先进水平相比还有很大差距，仅相当于国外在 20 世纪 90 年代中期的水平。目前我国工业机器人的生产企业数量很多，可是规模仍然不大，多数是单件小批生产。尤其令人揪心的是，关键配套的单元部件和器件始终处于进口状态，我国企业生产的工业机器人，性价比较低，市场占有率不高。国际工业机器人知名企业如 ABB、FANAC 等纷纷在中国建厂，国外知名品牌工业机器人的价格逐年下降，严重制约了我国工业机器人产业的形成和规模化的发展，我国工业机器人新装机量近 90% 仍然依赖进口，我国在成为制造业强国的道路上依然任重道远。可喜的是，伴随我国经济的高速增长，以汽车等行业需求为强劲牵引，我国对工业机器人需求量将急剧增加，为我们研发生产自主品牌机器人提供了巨大的契机。

1.2.2　工业机器人国外发展现状

1954 年，美国人乔治·德沃尔设计出世界上第一台电子可编程的工业机器人，并于 1961 年发表了该项专利，1962 年美国通用汽车公司将其投入使用，标志着世界第一代机器人正式诞生[33]。从此，机器人开始成为工业生产中不可缺少的工具和助手。美国是工业机器人的诞生地，早在 1962 年就研制出世界上第一台工业机器人，比起号称"机器人王国"的日本起步至少要早五到六年[34]。经过 50 多年的发展，美国现已成为世界机器人强国之一，基础雄厚，技术先进，品种多样，应用广泛。综观美国机器人的发展史，可用"波浪式前进，螺旋式上升"来形容。由于美国政府在 20 世纪 60 年代初到 70 年代中的十几年间，并没有把工业机器人列入重点发展项目，只是几所大学和少数公司开展了一些研究工作。对于企业来说，在只看到眼前利益而政府又无财政支持的情况下，宁愿错过良机，固守在使用刚性自动化装置上，也不愿冒着风险，去应用或制造工业机器人[35]。加上当时美国的失业率高达 6.65%，政府担心发展机器人会造成更多人失业，因此不予投资，也不组织研制机器人，这不能不说是美国政府的战略决策错误。到了 20 世纪 70 年代后期，美国政府和企业界虽有所转变，开始重视机器人，但在技术路线上仍把发展重点放在研究机器人软件及军事、宇宙、海洋、核工程等特殊领域的高级机器人的开发上，致使日本的工业机器人产业后来居上，在工业生产的机器人应用方面和机器人制造产业方面很快超过了美国，机器人产品也在国际市场上形成了较强的竞争力[36]。进入 20 世纪 80 年代之后，美国各界才感到形势紧迫，政府和企业才对机器人真正重视起来，政策上也有所体现：一方面鼓励工业界发展和应用机器人，另一方面制订计划、提高投资、增加机器人的研究经费，把机器人看成美国再次工业化的特征，使美国的机器人迅速发展。80 年代中后期，随着美国各大厂家应用机器人的技术与条件日臻成熟，第一代机器人的技术性能越来越满足不了实际需要，美国开始生产带有视觉、力觉的第二代机器人，并很快占领了美国 60% 的机器人市场，逐步显露出机器人强国的色彩。

尽管美国在机器人发展过程中走过一条重视基础理论研究、忽视应用开发探索的曲折道路，但美国机器人技术在国际上仍然处于领先地位，其技术全面、先进、可靠、适用，具体表现在：

（1）性能可靠，功能全面，精确度高；

（2）机器人语言研究发展较快，语言类型多、应用广，水平高居世界之首；

（3）智能技术发展快，视觉、触觉等人工智能技术已在航天、汽车工业中广泛应用；

（4）高智能、高难度的军用机器人、太空机器人等发展十分迅速，主要用于扫雷、布雷、侦察、站岗及太空探测方面。

早在 1966 年，美国 Unimation 公司的尤尼曼特机器人和 AMF 公司的沃莎特兰机器人就已经率先进入英国市场。1967 年英国的两家大型机械公司还特地为美国这两家机器人公司在英国推销机器人。此后不久，英国 Hall Automation 公司研制出了自己的机器人 RAMP。20 世纪 70 年代初期，由于英国政府科学研究委员会颁布了否定人工智能和机器人的 Lighthall 报告，对工业机器人实行了限制发展的严厉措施，因而机器人工业一蹶不振，在西欧差不多处于"副班长"位置。但是，国际上机器人蓬勃发展的形势很快使英国政府意识到：机器人技术的落后必将导致英国商品在国际市场上的竞争力大为下降。于是，从 70 年代末开始，英国政府转而采取支持态度，推行并实施了一系列支持机器人发展的政策和措施，如广泛宣传使用机器人的重要性、在财政上给购买机器人的企业以补贴、积极促进机器人研究单位与企业的联合等，使英国机器人开始了在生产领域广泛应用及大力研制的兴盛时期[37]。

相比而言，法国不仅在机器人拥有量上居于世界前列，而且在机器人应用水平和应用范围上也处于世界先进水平[38]。这主要归功于法国政府一开始就比较重视机器人技术，特别是把重点放在开展机器人的应用研究上。法国机器人的发展比较顺利，主要原因是通过政府大力支持的研究计划，建立起了一个完整的科学技术体系，即由政府组织一些机器人基础技术方面的研究项目，而由工业界支持开展应用和开发方面的工作，两者相辅相成，使机器人在法国企业界很快得到发展和普及。

德国工业机器人的总数占到世界第三位，仅次于日本和美国。它比英国和瑞典引进机器人大约晚了五六年。之所以如此，是因为德国的机器人工业一起步就遇到了国内经济不景气、推广应用不现实的影响。但是德国的社会环境却是有利于机器人工业发展的。因为第二次世界大战的缘故，导致德国劳动力短缺，这成为机器人发展的推手之一；另外，德国国民的科技素养高、创新意识强，这也成为机器人发展的推手之一：两者都是实现使用机器人的有利条件。到了 20 世纪 70 年代中后期，政府采用行政手段为机器人的推广开辟道路；在"改善劳动条件计划"中规定，对于一些危险、有毒、有害的工作岗位，必须以机器人来代替人类劳动。这个计划为机器人的普及应用开拓了广泛的市场，并推动了工业机器人技术的蓬勃发展。日耳曼民族是一个看重实际的民族，他们始终坚持技术应用和社会需求相结合的原则。除了像大多数国家一样，将机器人主要应用在汽车工业之外，与众不同之处是德国在纺织工业中用机器人技术改造原有企业，增加机器人，报废旧机器，使纺织工业的生产成本逐步下降，产品质量稳定提高，花色品种更加适销对路。到 1984 年，终于使纺织工业这一被喻为"快要完蛋的行业"重新振兴起来。与此同时，德国看到了机器人等先进自动化技术对工业生产的作用，提出了 1985 年以后要向高级的、带感觉的智能型机器人转移的目标。经过多年的努力，其智能机器人的研究和应用水平在世界处于领先地位。

在苏联（主要是在现在的俄罗斯），从理论和实践方面探讨机器人技术是从 20 世纪 50 年代后半期开始的。到了 50 年代后期，苏联开始了机器人样机的研制工作；1968 年成功试制出一台深水作业机器人；1971 年研制出工厂用的万能机器人。早在苏联第九个五年计划（1970—1975 年）开始时，就把发展机器人列入国家科学技术发展纲领之中。到 1975 年，已研制出 30 个型号的 120 台机器人，经过 20 年的努力，苏联的机器人在数量、质量水平上均处于世界前列。政府有目的地把促进科学技术进步当作推动社会生产发展的强力手段，并以此来安排机器人的研究与制造；有关机器人的研究、生产、应用、推广和提高等工作都由政府安排，有计划、按步骤地进行。

日本在 20 世纪 60 年代末正处于经济高速发展时期，年增长率达到 11%。第二次世界大战以后，日本的劳动力本来就十分紧张，而高速发展的经济更加剧了劳动力不足的困难。为此，日本在 1967 年由川崎重工业公司从美国 Unimation 公司引进机器人及其技术，建立起生产车间，并于 1968 年试制出第一台川崎的"尤尼曼特"机器人。正是由于日本当时劳动力严重不足，机器人在企业里受到了"救世主"般的欢迎。日本政府一方面在经济上采取了积极的扶植政策，鼓励企业发展和推广机器人，从而进一步激发了众多企业从事机器人产业的积极性。尤其是政府对中小企业实施了一系列的经济优惠政策，如由政府银行提供优惠的低息资金，鼓励民间集资成立"机器人长期租赁公司"，由公司出资购入机器人后再长期租给用户，使用者每月只需支付低廉的租金，大大减轻了企业购入机器人所需的资金负担；政府把由计算机控制的示教再现型机器人作为特别折扣优待产品，企业除享受新设备通常的 40% 折扣优待外，还可再享受 13% 的价格补贴。另一方面，国家出资对小企业进行应用机器人的专门知识教育和技术指导等。这一系列扶植政策使日本机器人产业迅速发展起来，经过短短十几年时间，到 80 年代中期，日本已一跃成为"机器人王国"，其机器人的产量和装机量在国际上跃居首位。按照日本产业机器人工业会常务理事米本完二的说法："日本机器人的发展经过了 60 年代的摇篮期，70 年代的实用期，到 80 年代进入普及提高期。"日本把 1980 年定为"产业机器人的普及元年"，开始在各个领域内广泛推广使用机器人。

日本政府和企业充分信任机器人，大胆使用机器人。机器人也没有辜负人们的期望，它们在解决劳动力不足、提高生产率、改进产品质量和降低生产成本方面发挥着越来越显著的作用，成为日本保持经济增长速度和产品竞争能力的一支不可缺少的队伍。

日本在汽车、电子行业大量使用机器人，使日本汽车及电子产品的产量猛增，质量也日益提高，而制造成本则大为降低，从而使日本生产的汽车能够以物美价廉的优势进军号称"汽车王国"的美国市场，并且向机器人诞生国出口日本制造的实用型机器人。此时，日本琳琅满目的家用电器产品也充斥了美国市场，使得"山姆大叔"懊悔不已。日本由于制造、使用机器人，增强了国力，获得了巨大的好处，迫使美、英、法等国家采取措施，奋起直追。如今，日本是世界上工业机器人产量最高和拥有量最多的国家，也是世界上工业机器人应用最为成熟和作业最为高效的国家。

20世纪80年代以后，世界范围内工业生产技术朝着高度自动化和集成化的方向高速发展，同时也使工业机器人得到迅猛发展，在这个时期里，工业机器人对世界工业经济的发展起到了拉动和促进作用。尤其是进入21世纪之后，在世界范围内，工业机器人的技术水平日趋成熟，装备数量日益增加，但核心技术和领先优势集中在以日、美、欧为代表的少数几个国家与地区。时至今日，工业机器人已经成为一种标准设备被工业界广泛采用并妥善应用。从技术流派上分析，享有世界影响力和知名度的工业机器人制造公司主要分为日系和欧系，日系中的主要代表有FANUC、安川、OTC、松下、不二越、川崎等公司；欧系中主要代表有德国的KUKA、CLOOS，瑞典的ABB，意大利的COMAU和奥地利的IGM公司。经过半个多世纪的持续发展与稳步提升，工业机器人已经成为柔性制造系统（FMS）、计算机集成制造系统（CIMS）、工厂自动化（FA）的必备工具。

专家们分析并判定，工业机器人产业是继汽车、计算机之后出现的一种新的大型高技术产业。根据联合国欧洲经济委员会（UNECE）和IFR的统计，世界工业机器人市场的发展态势和前景十分被人看好[39]。

过去10年里，国外工业机器人的技术水平取得了惊人的进步，传统的功能型的工业机器人已趋于成熟，各国科学家正在致力于研制具有完全自主能力的、拟人化的智能机器人。近年来，欧美劳动力成本上涨了近40%，但机器人的价格却降低了约80%，现在还在继续下降[40]。现役机器人的平均寿命在10年以上，还有可能提高到15年以上，且易于重新使用。由于机器人及自动化成套装备对提高企业自动化水平、增强企业市场竞争力、提高产品质量和生产效率、改善工作条件和降低劳动强度等起到重大作用，加之成本大幅降低和性能高速提升，其增长速度较快。在国际上，工业机器人在制造业应用范围越来越广阔，其标准化、模块化、智能化、网络化的程度越来越高，功能也越来越强，正向着成套技术和装备的方向发展。与此同时，随着工业机器人向更深、更广的方向发展以及智能化、网络化水平的不断提高，其应用也从传统制造业推广到其他制造业，进而推广到诸如采矿、农业、建筑、灾难救援、资源勘探、星际探险等非制造行业，而且在反恐防暴、国防军事、医疗卫生、生活服务等领域，机器人的应用也越来越多。如无人飞行器、警用机器人、医疗机器人、家用服务机器人等均有应用实例。机器人正在为提高人类的生活质量发挥着越来越重要的作用，已经成为世界各国抢占的新科技制高点。

纵观国外发展工业机器人的产业过程，可归纳为三种不同的发展模式，即日本模式、欧洲模式和美国模式[41]。

（1）日本模式。其特点是：各司其职，分层面完成交钥匙工程。即机器人制造厂商以开发新型机器人和批量生产优质产品为主要目标，并由其子公司或社会上的工程公司来设计与制造各行业所需要的机器人成套系统，并完成交钥匙工程。

（2）欧洲模式。其特点是：一揽子交钥匙工程。即机器人的生产和用户所需要的系统设计与制造，全部由机器人制造厂商自己完成。

（3）美国模式。其特点是：采购配件与成套设计相结合。美国国内基本上不生产普通的工业机器人，当企业需要时，机器人通常由工程公司进口，再自行设计、制造配套的外围设备，完成交钥匙工程。

从第一台工业机器人问世至今，概括起来，工业机器人的发展大致分为三个阶段[42]：

第一代工业机器人：主要指 T/P 方式（Teaching/Payback 方式，示教/再现方式）的工业机器人。即为了让机器人完成某种作业，首先由操作者将为了保障作业的各种知识（如空间轨迹、作业条件、作业顺序等）通过某种手段，对机器人进行"示教"，而机器人的控制系统则将这些知识记忆下来，然后再根据"再现"指令，逐条取出这些知识。经过解读之后，在一定精度范围之内，反复忠实地执行各种被示教过的复杂动作。目前，国际上商品化与实用化的工业机器人绝大部分都采用这种 T/P 方式。

"尤尼曼特"（Unimate，见图 1.3）和"沃莎特兰"这两种最早的工业机器人是示教再现型机器人的典型代表。英格伯格和德沃尔（人名）制造的工业机器人，就属于第一代示教，再现型机器人。

图 1.3 世界上第一台工业机器人"尤尼曼特"

第二代工业机器人：主要指具有一些简单智能（如视觉、触觉、力感知等）的工业机器人。第二代工业机器人早在几年前就已在实验室条件下获得成功，但由于智能信息处理系统过于庞大与昂贵，尚不能普及。

第三代工业机器人：主要指具有自治性的工业机器人。它们不仅具有视觉、触觉、力感知等智能，而且还具有人类一样的逻辑思维、逻辑判断机能。机器人依靠本身的智能系统对周围环境、作业条件等做出判断后，可自行进行工作。但第三代工业机器人目前才刚刚进入探索阶段。

在国外，随着相关技术日趋成熟，工业机器人已经成为一种标准设备而得到工业界的广泛应用，也形成了一批在国际上影响力较大、知名度较高的工业机器人公司。比如：瑞典的 ABB（见图 1.4）；瑞士的 Staubli（见图 1.5）；日本的 FANUC（见图 1.6）、Yaskawa（见图 1.7）；德国的 KUKA（见图 1.8）；美国的 Adept Technology（见图 1.9）、Emerson Industrial Automation、S-T Robotics；意大利的 COMAU（见图 1.10）；英国的 AutoTech Robotics；加拿大的 Jcd International Robotics，以及以色列的 Robogroup Tek，这些公司已经成为其所在地区的支柱性企业。

图 1.4　瑞典 ABB 公司的工业机器人

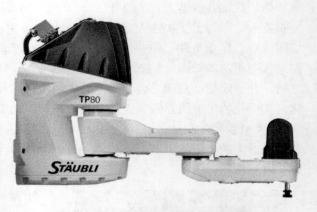

图 1.5　瑞士 Staubli 公司的工业机器人

图 1.6　日本 FANUC 公司的工业机器人

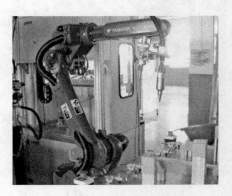

图 1.7　日本 Yaskawa 公司的工业机器人

图 1.8　德国 KUKA 公司的工业机器人

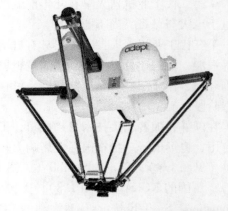

图 1.9　美国 Adept Technology 的工业机器人

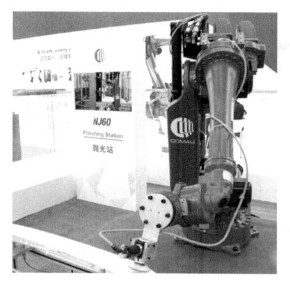

图 1.10 意大利 COMAU 公司的工业机器人

1.3 工业机器人发展趋势

从近几年国外知名企业已经推出和正在研制的产品来看，新一代工业机器人正朝着智能化、柔性化、网络化、人性化、编程图形化的方向发展，并在下述方面表现出强劲的发展态势和极大的提升空间：

（1）机器人结构的模块化、可重构化。研究机器人机构、控制与感知的可重构技术，通过快速重构技术，生成适应新环境、新任务的机器人系统，可体现出良好的作业柔性[43]。

（2）机器人控制系统的开放化、网络化。研究机器人控制系统的可扩展性、互操作性、可移植性、可裁减性，使机器人由独立系统向群体系统发展。

（3）机器人驱动系统的数字化、分散化。通过分布式控制、远程联网和现场控制，实现机器人驱动系统的数字化和网络化，提高机器人运动控制效果。

（4）机器人多传感器融合的实时化、实用化。机器人协同感知系统的实时化、实用化，以及高效、稳定、可行（特别是针对非线性、非平稳、非正态分布的现实信息）的多传感器融合算法。

（5）机器人作业的人性化、集成化。研究以人为本的作业系统，实现作业过程中机器人群体协调、群智能和人机和谐共存。

（6）人机交互的图形化、三维全息化。研究机器人全浸入式图形化环境、三维全息环境建模、真三维虚拟现实装置以及力、温度、振动等多重物理作用效应的人机交互装置。

美国、欧洲、日本等国家和地区分别在未来工业机器人的研发项目中强调了新型人机合作的重要性。美国前总统奥巴马宣布美国国家机器人计划：创造可与人类操作员密切配合的下一代机器人，使机器人更聪明、更安全，作为人类合作者（Co - robot），使工厂工人有能力完成难以实现的关键任务。欧洲提出了未来十年建设"欧洲机器人技术平台 - EUROP"的战略规划，力图构造出产业工人的 Co - Worker，以图重振欧洲制造业。今后，如何实现机器人与人共用工具、设备及工作空间，如何以助手等更为自然、更为协同的方式为人类提供多项服务，如何达到机器人与人类生活行为环境以及与人类自身和谐共处的目标，还需解决许多关键问题，其中包括：机器人本质安全问题，机器人与人、环境间的绝对安全共处问题，任务环境的自主适应问题，个体差异及生产条件的自主适应问题，多样化器具的操作问题，灵活使用各种器具完成复杂操作的问题，人—机高效协同的问题，准确理解人的需求并施以主动协助的问题等。

1.4　工业机器人关键技术

机器人是一门多学科交叉的综合技术，涉及机械工程、电子工程、计算机技术、传感器技术、自动控制、人机交互、仿生学等多个学科。因此，机器人领域中需要研究的问题非常多，需要探索的项目也非常杂，其中感知、定位和控制是机器人技术的三个重要问题。下面针对机器人应用过程中的环境感知、自主定位、运动控制等方面，简述涉及的一些关键技术。

1.4.1　环境感知

目前，在结构化的室内环境中，以机器视觉为主并借助于其他传感器的移动机器人自主环境感知、场景认知及导航技术相对成熟。而在室外实际应用中，由于环境的多样性、随机性、复杂性以及天气、光照变化的影响，环境感知的任务要复杂得多，实时性要求更高，这一直是国内外的研究热点。多传感器信息融合、环境建模等是机器人感知系统面临的核心技术任务[44]。

基于单一传感器的环境感知方法都有其难以克服的弱点。将多种传感器的信息有机地融合起来，通过处理来自不同传感器的信息冗余、互补，就可以构成一个覆盖几乎所有空间和时间的检测系统，可以提高感知系统的能力。因此，利用机器视觉信息丰富的优势，结合由雷达传感器、超声波雷达传感器或红外线传感器等获取距离信息的能力，来实现对机器人周围环境的感知成为各国学者研究的热点。

使用多种传感器构成环境感知系统，带来了多源信息的同步、匹配和通信等问题，需要研究解决多传感器跨模态、跨尺度信息配准和融合的方法及技术。但在实际应用中，并不是所使用的传感器及种类越多越好。针对不同环境中机器人的具体应用，需要考虑各传感器数据的有效性和计算的实时性。

所谓环境建模，是指根据已知的环境信息，通过提取和分析相关特征，将其转换成机器人可以理解的特征空间。构造环境模型的方法分为几何建模方法和拓扑建模方法。几何建模方法通常将移动机器人的工作环境量化分解成一系列网格单元，然后以栅格为单位记录环境信息，通过树搜索或距离转换寻找路径；拓扑建模方法将工作空间分割成具有拓扑特征的子空间，根据彼此连通性建立拓扑网络，在网络上寻找起始点到目标点的拓扑路径，然后再转换为实际的几何路径。

实际上，环境模型的信息量与建模过程的复杂度是一对令人烦恼又难以回避的矛盾。例如，针对城区综合环境中无人驾驶车辆的具体应用，环境模型应当能够反映出车辆自动行驶时所必需的信息。与一般移动机器人只需寻找行走路径不同的是，车辆行驶还必须遵守交通规则。信息量越多、模型结构越复杂，则保存数据所需的内存就越多、计算也越复杂。综合而言，建模过程的复杂度必须适当，要求能够及时反映出路况的变化情况，以便做出应对。

1.4.2 自主定位

定位是移动机器人应当解决的三个基本问题之一。虽然 GPS 能够提供高精度的全局定位信号，但其应用受到一定局限。例如在室内 GPS 信号很弱；在复杂的城区环境中经常由于 GPS 信号被遮挡、多径效应等原因造成定位精度下降、位置丢失；在军事应用中，GPS 信号还经会受到敌方的干扰等。因此，不依赖 GPS 信号的定位技术在机器人领域具有广阔的应用前景。

目前最常用的自主定位技术是基于惯性单元的航迹推算技术，它利用运动估计（惯导或里程计），对机器人的位置进行递归推算。但由于存在误差积累问题，航迹推算法只适用于短时短距运动的位置估计，对于大范围的定位则常会利用传感器对环境进行观测，并与环境地图进行匹配，从而实现机器人的精确定位。人们可以将机器人的位置看作系统状态，运用贝叶斯滤波对机器人的位置进行估计，最常用的方法有卡尔曼滤波定位算法、马尔可夫定位算法和蒙特卡洛定位算法等。

由于里程计和惯导系统的误差具有累积性，经过一段时间就必须采用其他定位方法进行修正，所以不适用于机器人的远距精确导航定位。近年来，一种在确定自身位置的同时构造环境模型的方法，常被用来解决机器人的定位问题。这种被称为同时定位与地图构建的方法（Simultaneous Localization And Mapping，SLAM），是移动机器人智能水平的最好体现，是否具备同步定位与建图的能力被许多学者认为是机器人能否实现自主定位的关键前提条件[45]。

近年来，SLAM 发展迅速，在计算效率、一致性、可靠性等方面取得令人瞩目的进展。SLAM 的理论研究及实际应用极大提高了移动机器人的定位精度和地图创建能力。其中典型方法包括：

①将 SLAM 与运动物体检测和跟踪（Detection And Tracking Moving Objects，DATMO）的想法结合，充分利用了二者各自的优点；

②用于非静态环境中构建地图的机器人对象建图方法（Robot Object Mapping Algorithm，ROMA），用局部占用栅格地图对动态物体建立模型，采用地图差分技术检测环境的动态变化[46]；

③结合最近点迭代算法和粒子滤波的同时定位与地图创建方法，该方法利用 ICP 算法对相邻两次激光扫描数据进行配准，并将配准结果代替误差较大的里程计读数，以改善基于里程计的航迹推算；

④应用二维激光雷达实现对周围环境的建模，同时采用基于模糊似然估计的局部静态地图匹配的方法等。

1.4.3 运动控制

在地面上移动行进的机器人按其移动方式的不同可以分成两类：一类是轮式或履带式机器人，另一类是足式行走机器人。二者各有优劣和特点。

轮式或履带式机器人稳定性高，可以较快的速度移动，无人车、星际探测器等都是其典型代表。大部分轮式或履带式机器人的运动控制可分成纵向控制和横向控制两部分，纵向控制是调节机器人的移动速度；横向控制则是调节机器人的移动轨迹，一般采用预瞄－跟随的控制方式。对无人车来说，在高速行驶时稳定性会下降。因此，根据速度的不同需要采取不同的控制策略。在高速行驶时通过增加滤波器、状态反馈等措施来提高其稳定性。

足式行走机器人的稳定性差，移动速度慢，但可以跨越比较复杂的地形，比如台阶、山地等。与轮式或履带式机器人不同的是，足式行走机器人本身是个不稳定的系统，因此运动控制首先要解决其稳定性问题，然后才能考虑使其按既定轨迹移动的问题。目前，主流的足式行走机器人控制方式有两种：一是电机控制，二是液压控制。二者各有利弊。电机控制方式相对简单，但采用电机驱动的机器人负载能力较为有限；液压控制方式相对复杂，但采用液压器件驱动的机器人负载能力较强，实用价值较高。

利用电机和轴承模拟人的关节，从而控制机器人实现稳定行走，这是机器人控制中通常采用的方式。实际上，运动控制一般是将末端轨迹规划与稳定控制相结合：首先规划机器人脚掌的轨迹，再通过机器人运动学求解各个关节电机的旋转角。理论上按上述方式计算得到的关节旋转角（简称关节角）能够保证机器人脚掌的轨迹跟踪，但由于实际环境中存在很多扰动，需要对关节进行反馈校正，保证稳定性。稳定控制方法很多，其中有一种被称为零力矩点（Zero Moment Point，ZMP）的简单而实用的方法，该方法的特征是：通过检测实际 ZMP 的位置与期望值的偏差，闭环调整关节角，使 ZMP 始终位于稳定区域以内，从而保证机器人不会摔倒。在机器人的闭环控制中，要求机器人的各个关节能够快速响应外界的扰动，这对负载能力有限的电机来说是较为困难的。比较起来，液压系统的负载能力较强，因而具有更加优秀的抗扰性能。例如美国波士顿动力公司（Boston Dynamics）研制的 Atlas 机器人，在"金鸡独立"的状态下，被外力从侧面撞击，依然保持不倒。这既得益于先进的控制方法，也得益于其液压系统强大负载能力的"保驾护航"。

上述探讨是针对一般移动类机器人作出的，其情况与大部分工作在制造环境下的工业机器人还有所不同。众所周知，机器人控制系统是机器人的大脑，是决定机器人功能和性能的主要因素，因而在讨论与分析工业机器人的关键技术时主要是针对其控制系统而言的[47]。工业机器人控制技术的主要任务就是控制其在工作空间中的运动位置、姿态、轨迹、操作顺序和动作时间等，要求具有编程简单、软件菜单操作、友好的人机交互界面、在线操作提示和使用方便等特点。因此，工业机器人的关键技术包括：

（1）开放性、模块化的控制系统体系结构：采用分布式 CPU 的计算机结构，分为机器人控制器（RC）、运动控制器（MC）、光电隔离 I/O 控制板、传感器处理板和编程示教盒等[48]。机器人控制器（RC）和编程示教盒通过串口/CAN 总线进行通信。机器人控制器（RC）的主计算机完成机器人的运动规划、插补和位置伺服以及主控逻辑、数字 I/O、传感器处理等功能，而编程示教盒则完成信息的显示和按键的输入。

（2）模块化、层次化的控制器软件系统：软件系统建立在基于开源的实时多任务操作系统 Linux 上，采用分层和模块化结构设计，以实现软件系统的开放性。整个控制器软件系统分为三个层次：硬件驱动层、核心层和应用层。三个层次分别面对不同的功能需求，对应不同层次的开发，系统中各个层次内部由若干个功能相对独立的模块组成，这些功能模块相互协作，共同实现该层次所提供的功能。

（3）机器人故障诊断与安全维护技术：通过利用各种信息，对机器人故障进行诊断，并进行相应维护，这是保证机器人安全性、可靠性、适用性的关键技术[49]。

（4）网络化机器人控制器技术：目前工业机器人的应用工程由单台机器人工作站向机器人生产线发展，机器人控制器的联网技术变得越来越普及和越来越重要。工业机器人控制器上应当具有串口、现场总线和以太网的联网功能，可用于不同机器人控制器之间和机器人控制器同上位机的通信，便于对整个机器人生产线进行监控、诊断和管理。

1.5 典型工业机器人

工业机器人通常由主体、驱动系统和控制系统三个基本部分组成。主体即机座和执行机构，包括臂部、腕部和手部，有的机器人还有行走机构。大多数工业机器人有 3 ~ 6 个运动自由度，其中腕部通常有 1 ~ 3 个运动自由度；驱动系统包括动力装置和传动机构，用以使执行机构产生相应的动作；控制系统是按照输入的程序对驱动系统和执行机构发出指令信号，并进行控制[50 - 53]。

工业机器人按臂部的运动形式分为四种。直角坐标型的臂部可沿三个直角坐标移动；圆柱坐标型的臂部可作升降、回转和伸缩动作；球坐标型的臂部能回转、俯仰和伸缩；关节型的臂部有多个转动关节。

工业机器人按执行机构运动的控制机能，又可分为点位型和连续轨迹型。点位型只控制执行机构由一点到另一点的准确定位，适用于机床上下料、点焊和一般物料的搬运、装卸等作业；连续轨迹型可控制执行机构按给定轨迹运动，适用于连续焊接和涂装等作业。

工业机器人按程序输入方式区分为编程输入型和示教输入型两类[54 - 55]。编程输入型是将计算机上编制好的作业程序文件，通过 RS232 串口或以太网等通信方式传送到机器人控制柜。示教输入型的示教方法有两种：一种是由操作者用手动控制器（示教操纵盒），将指令信号传给驱动系统，使执行机构按要求的动作顺序和运动轨迹操演一遍；另一种是由操作者直接操控执行机构，按要求的动作顺序和运动轨迹操演一遍。在示教过程的同时，工作程序的信息会自动存入程序存储器中，在机器人自动工作时，控制系统从程序存储器中检出相应信息，将指令信号传给驱动机构，使执行机构再现示教的各种动作。示教输入程序的工业机器人称为示教再现型工业机器人。

具有触觉、力觉或简单视觉的工业机器人，能在较为复杂的环境下工作；如具有识别功能或更进一步增加自适应、自学习功能，即使普通型工业机器人成为智能型工业机器人，而智能型工业机器人能按照人给的"宏指令"自选或自编程序去适应环境，并自动完成更为复杂的工作。

目前，已有形形色色的工业机器人在制造环境中帮助人们担负起艰巨、复杂、困难、危险的生产工作，典型代表则有如下一些工业机器人。

1.5.1 移动机器人（AGV）

移动机器人（参见图 1.11）是一种在复杂环境下工作的，具有自行组织、自主运行、自主规划的智能机器人，它融合了计算机技术、信息技术、通信技术、微电子技术和机器人技术等[56]。从工作环境来分，可分为室内移动机器人和室外移动机器人；从移动方式来分，可分为轮式移动机器人、步行移动机器人、蛇形移动机器人、履带式移动机器人、爬行机器人。目前在工业上得到广泛应用的自动导引运输车（Automated Guided Vehicle，AGV）属于轮式移动机器人，它是工业机器人家族中的重要成员。AGV 装备着电磁或光学等自动导引装置，能够沿规定的导引路径行驶，具有安全保护和各种移载功能[57]。AGV 的核心技术体现在铰链结构、发动机分置和能量反馈方面。AGV 由计算机控制，具有移动、自动导航、多传感器控制、网络交互等功能，可用于机械、电子、纺织、卷烟、医疗、食品、造纸、物流等行业的柔性搬运、传输等场合，也可用于自动化立体仓库、柔性加工系统、柔性装配系统（以 AGV 为活动装配平台）；还可在车站、机场、邮局的物品分拣中作为运输工具使用。

国际物流技术发展的新趋势之一就是广泛采用自动化、智能化技术和装备，而移动机器人是其中的核心，是用现代物流技术配合、支撑、改造、提升传统生产线，实现点对点自动存取的高架箱储、作业和搬运相结合，实现精细化、柔性化、信息化，缩短物流流程，降低物料损耗，减少占地面积，降低建设投资等的高新技术和装备。

（a） （b）

（c） （d）

图 1.11 各种移动机器人

（a）背叉式运输型 AGV；（b）重载 AGV；（c）非接触供电装配型 AGV；（d）智能巡检 AGV

1.5.2 点焊机器人

焊接机器人（见图 1.12）是从事焊接工作的工业机器人，通常是在工业机器人的末轴法兰上装接焊钳或焊枪，使之能进行焊接作业，具有性能稳定、工作空间大、运动速度快和负荷能力强等特点，焊接质量明显优于人工焊接，能够大大提高焊接的效率[58]。焊接机器人主要包括机器人和焊接设备两部分。机器人由机器人本体和控制柜（硬件及软件）组成。

焊接装备（以点焊与弧焊为例）则由焊接电源（包括其控制系统）、送丝机（弧焊）、焊枪（钳）等组成。智能焊接机器人还应有传感系统，如激光或摄像传感器及其控制装置等。在焊接机器人家庭中，点焊机器人是一个重要成员，它主要用于汽车整车的焊接工作，生产工艺与过程由各大汽车主机厂负责完成。

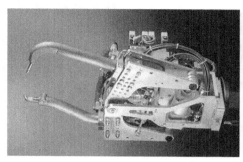

图 1.12 点焊机器人

点焊对焊接机器人的要求不是很高。因为点焊只需进行点位控制，至于焊钳在点与点之间的移动轨迹没有严格要求，这也是机器人最早只能用于点焊的原因[59]。点焊机器人不仅要有足够的负载能力，而且在点与点之间移位时速度要快捷，动作要平稳，定位要准确，以减少移位的时间，提高工作效率[60]。点焊机器人需要具有多大的负载能力，取决于所用的焊钳形式。对于用于变压器分离的焊钳，30～45kg 负载的机器人就足够了。但是这种焊钳一方面由于二次电缆线长，电能损耗大，也不利于机器人将焊钳伸入工件内部焊接；另一方面电缆线随机器人运动而不停摆动，电缆的损坏较快。因此，目前逐步采用一体式焊钳。这种焊钳连同变压器质量在 70kg 左右。考虑到机器人要有足够的负载能力，能以较大的加速度将焊钳送到空间位置进行焊接，一般都选用 100～150kg 负载的重型机器人。为了适应连续点焊时焊钳短距离快速移位的要求，新的重型机器人增加了可在 0.3s 内完成 50mm 位移的功能。这对电机的性能，控制系统的运算速度和算法都提出了更高的要求。

1.5.3 弧焊机器人

弧焊机器人（见图 1.13）是焊接机器人家庭中的另一个重要成员，其组成和原理与点焊机器人基本相同，主要用于各类汽车零部件的焊接生产[61-62]。弧焊机器人通常是由示教盒、控制盘、机器人本体及自动送丝装置、焊接电源等部分组成，可在计算机控制下实现连续轨迹控制和点位控制，还可以利用直线插补和圆弧插补功能来焊接由直线及圆弧等所组成的空间焊缝。弧焊机器人主要有熔化极焊接作业和非熔化极焊接作业两种类型，具有可长期进行焊接作业、保证焊接作业的高生产率、高质量和高稳定性等特点。其关键技术包括：

（1）弧焊机器人系统优化集成技术：弧焊机器人采用交流伺服驱动技术以及高精度、高刚性的摆线针轮（RV）减速器和谐波齿轮减速器驱动，具有良好的低速稳定性和高速动态响应，并可实现免维护功能。

（2）弧焊机器人协调控制技术：控制多机器人及变位机完成协调运动，既能保持焊枪和工件的相对姿态以满足焊接工艺的要求，又能避免焊枪与工件的碰撞。

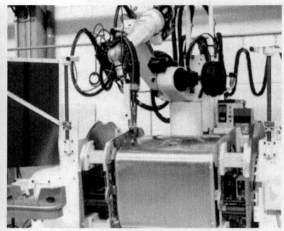

图 1. 13　弧焊机器人

（3）精确焊缝轨迹跟踪技术：结合激光传感器和视觉传感器离线工作方式的优点，采用激光传感器实现焊接过程中的焊缝实时跟踪，提升弧焊机器人对复杂工件实施焊接的柔性与适应性，结合视觉传感器离线观察获得焊缝跟踪的残余偏差，基于偏差统计获得补偿数据并进行机器人运动轨迹的修正，保证在各种工况下都能获得最佳的焊接质量。

随着机器人焊接技术的不断发展以及市场对机器人焊接质量要求的不断提升，弧焊机器人正向着智能化的方向迅猛发展。

1.5.4　激光加工机器人

20 世纪 80 年代以来，随着激光技术飞速发展，涌现出了可与机器人柔性耦合的光纤传输的高功率工业型激光器[63]。与此同时，先进制造领域在智能化、自动化和信息化技术方面的不断进步促进了机器人技术与激光技术的结合，特别是汽车产业的发展需求，带动了激光加工机器人产业的形成与发展。从 20 世纪 90 年代开始，德国、美国、日本等国家投入大量人力物力和财力研发激光加工机器人。进入 2000 年，世界四大机器人巨头公司均研制激光焊接机器人和激光切割机器人的系列产品。目前在国内外汽车产业中，激光焊接机器人和激光切割机器人已成为最先进的制造技术，获得了广泛应用。德国大众汽车、美国通用汽车、日本丰田汽车等汽车装配生产线上，已大量采用激光焊接机器人来代替传统的电阻点焊设备，不仅提高了产品质量和档次，而且减轻了汽车车身重量，节约了大量材料，使企业获得很高的经济效益，提高了企业市场竞争能力。

激光加工机器人（见图 1. 14）是光机电高度一体化的装置，是将机器人技术应用于激光加工中，通过高精度工业机器人实现更加柔性的激光加工作业。该类型机器人既可通过示教盒进行在线操作，也可通过离线方式进行编程。它通过对加工工件的自动检测，产生加工件的模型，继而生成加工曲线；也可以利用 CAD（Computer Aided Design，计算机辅助设计）数据直接加工。激光加工机器人通常用于工件的激光表面处理、打孔、切割、焊接和模具修复等。

激光加工机器人是高度柔性加工系统，所以要求激光器必须具有高度的柔性，目前都选择可光纤传输的激光器。激光加工机器人主要由以下几大部分组成：

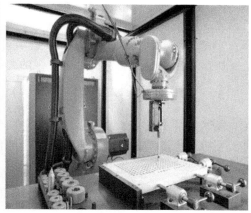

图 1.14　激光加工机器人

①高功率可光纤传输激光器；

②光纤耦合和传输系统；

③激光光束变换光学系统；

④六自由度机器人本体；

⑤机器人数字控制系统（控制器、示教盒）；

⑥计算机离线编程系统（计算机、软件）；

⑦机器视觉系统；

⑧激光加工头；

⑨材料进给系统（高压气体、送丝机、送粉器）；

⑩激光加工工作台。

在激光加工机器人加工作业时，从高功率激光器发出的激光经光纤耦合传输到激光光束变换光学系统，光束经过整形聚焦后进入激光加工头。根据用途不同（切割、焊接、熔覆）选择不同的激光加工头，配用不同的材料进给系统（高压气体、送丝机、送粉器）。激光加工头装于六自由度机器人本体手臂末端。激光加工头的运动轨迹和激光加工参数是由机器人控制系统提供指令进行编制的。先由激光加工操作人员在机器人示教盒上进行示教编程或在计算机上进行离线编程。材料进给系统将材料（高压气体、金属丝、金属粉末）与激光同步输入到激光加工头，高功率激光与进给材料同步作用完成加工任务。机器视觉系统对加工区进行检测，检测信号反馈至机器人控制系统，从而实现加工过程的适时控制。

激光加工机器人的关键技术包括：

（1）机器人结构优化设计技术：采用大范围框架式本体结构，在增大作业范围的同时，保证机器人的运动精度[64]。

（2）机器人系统误差补偿技术：针对激光加工机器人工作空间大、精度要求高等特点，并结合其结构特性，采取非模型方法与基于模型方法相结合的混合机器人补偿方法，完成几何参数误差和非几何参数误差的补偿。

（3）高精度机器人检测技术：将三坐标测量技术和机器人技术结合，实现机器人高精度在线测量。

（4）激光加工机器人专用语言编程技术：根据激光加工及机器人作业特点，完成激光加工机器人专用语言的编制。

（5）网络通信和离线编程技术：具有串口、CAN 等网络通信功能，实现对机器人生产线的监控和管理，并实现上位机对机器人的离线编程控制。

1.5.5　真空机器人

真空机器人（见图 1.15）是一种在真空环境下工作的工业机器人，主要应用于半导体工业中，可帮助人们实现晶圆在真空腔室内的传输。

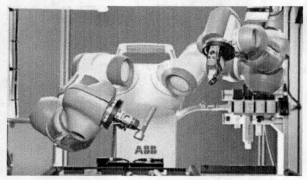

图 1.15　真空机器人

对于半导体工业来说，真空机器人是一种非常关键的自动化设备，它能够帮助人们实现超洁净生产，提高晶圆的生产质量。真空机器人通用性强、适用性好，得到人们的青睐，但其关键组成部分——真空机械手的用量大、价格高、受限制、难进口，成为制约我国半导体整机装备研发进度和整机产品竞争力的关键部件。国外对我国买家一向严加审查，将其归属于禁运产品目录，真空机械手已成为制约国内半导体工业整机装备制造的"卡脖子"问题。近年来，国内一些知名机器人制造企业在真空机器人开发方面取得了突破，新松机器人自动化股份有限公司研制的真空机械手（见图 1.15 右图）已在取得进口产品方面迈出坚实步伐。

真空机器人的关键技术包括：

（1）真空机器人新构型设计技术：通过结构分析和优化设计，避开国际专利，设计新构型以满足真空机器人对刚度和伸缩比的要求。

（2）大间隙真空直驱电机设计技术：涉及大间隙真空直接驱动电机和高洁净直驱电机，需要开展电机理论分析、结构设计、制作工艺、电机材料表面处理、低速大转矩控制、小型多轴驱动器等方面的研究与探索[65]。

（3）真空环境下由多轴组成的精密轴系设计技术。采用套轴设计的思路与方法，减小不同轴之间的不同心度以及惯量不对称的问题。

（4）动态轨迹修正技术：通过传感器信息和机器人运动信息的融合，检测出晶圆与机械手手指之间基准位置之间的偏移，通过动态修正运动轨迹，保证机器人准确地将晶圆从真空腔室中的一个工位传送到另一个工位。

（5）符合国际半导体设备材料产业协会（Semiconductor Equipment and Materials International，SEMI）标准的真空机器人专用语言生成技术：根据真空机器人搬运要求、机器人作业特点及 SEMI 标准，完成真空机器人专用语言的设计与生成。

（6）可靠性系统工程技术：在集成电路（IC）制造中，任何设备故障都会带来生产上的损失。根据半导体设备对平均无故障时间（Mean Time Between Failures，MTBF）的严格要求，对各个部件的可靠性进行测试、评价和控制，提高真空机械手各个部件的可靠性，从而保证其满足 IC 制造的高要求。

1.5.6 洁净机器人

随着半导体、电子、生物医药等行业的不断发展，人们越来越需要微型化、精密化、高纯度化、高质量和高可靠性的洁净生产环境。洁净机器人（见图 1.16）就是一种工作在洁净环境中用于完成特定物料搬运任务的工业机器人[66]。特殊的用途和环境要求洁净机器人必须满足以下要求：一是能够高速运行，以缩短系统整个制造过程的时间，提高生产效率；二是运行时平稳无振动，能够控制空气中分子级别颗粒飞舞造成的污染；三是运转精度高，能够提高晶圆加工的质量，保证正品率，降低生产成本。

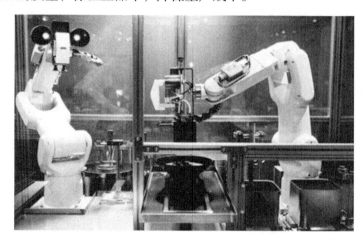

图 1.16 洁净机器人

洁净机器人的关键技术包括：

（1）机器人洁净润滑技术：通过采用负压抑尘结构和非挥发性润滑脂，实现机器人工作时对环境无颗粒性污染，满足生产环境保持洁净的要求[67]。

（2）机器人平稳控制技术：通过轨迹优化和提高关节伺服性能，实现机器人在高速搬运过程中的平稳性要求。

（3）机器人小型化技术：通过实施机器人小型化技术，减小洁净机器人的占用空间，以降低洁净室的建造成本和运营成本。

（4）晶圆检测技术：采用光学传感器，通过机器人的扫描运动，获得卡匣中晶圆有无缺片和倾斜等信息，保证高品质生产。

1.5.7 码垛机器人

码垛机器人（见图 1.17）是典型的机电一体化高科技产品，它对企业提高生产效率、增进经济效益、保证产品质量、改善劳动条件、优化作业布局的贡献非常巨大，其应用的数量和质量标志着企业生产自动化的先进水平[68]。时至今日，机器人码垛是工厂实现自动化生产的关键，是工业大生产发展的必然趋势，因而研制与推广高速、高效、高智、可靠、节能的码垛机器人具有重大意义。

图 1.17　码垛机器人

　　所谓机器人码垛作业就是按照集成化、单元化的思想，由机器人自动将输送线或传送带上源源不断传输的物件按照一定的堆放模式，在预置货盘上一件件地堆码成垛，实现单元化物垛的搬运、存储、装卸、运输等物流活动。码垛机器人是一种专门用于自动化搬运码垛的工业机器人，替代人工搬运与码垛，能迅速提高企业的生产效率和产量，同时还能显著减少人工搬运造成的差错。它可全天候作业，可广泛应用于化工、饮料、食品、啤酒、塑料等生产企业；对各种纸箱、啤酒箱、袋装、罐装、瓶装物品都能适用。

　　码垛机器人的关键技术包括：

　　（1）智能化、网络化的码垛机器人控制器技术。

　　（2）码垛机器人的故障诊断与安全维护技术。

　　（3）模块化、层次化的码垛机器人控制器软件系统技术。

　　（4）码垛机器人开放性、模块化的控制系统体系结构技术。

1.5.8　喷涂机器人

　　喷涂机器人（见图 1.18）是一种可进行自动喷漆或喷涂其他涂料的工业机器人。喷涂机器人主要由机器人本体、计算机和相应的控制系统组成，液压驱动的喷涂机器人还包括液压油源，如油泵、油箱和电机等[69]。喷涂机器人大多采用 5 或 6 自由度关节式结构，其手臂拥有较大的运动空间，可做较为复杂的轨迹运动；其腕部一般具有 2 ~ 3 个自由度，运动十分灵活。较为先进的喷涂机器人其腕部则采用柔性手腕，既可向各个方向弯曲，又可转动，其动作类似人类的手腕，能够方便快捷地通过小孔伸入工件内部，喷涂工件内表面。喷涂机器人一般采用液压驱动，具有动作速度快、防爆性能好等特点，可通过手把手示教或点位示数来实现示教。目前，喷涂机器人广泛用于汽车、仪表、电器、搪瓷等工艺生产部门，在改善生产品质，提高喷涂效率方面发挥着巨大作用。

　　喷涂机器人是机器人技术与表面喷涂工艺相结合的产物，是工业机器人家族中的一个特殊成员，其主要优点如下：

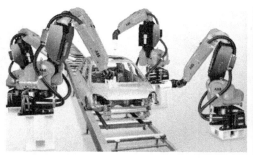

图 1.18 喷涂机器人

（1）柔性高，工作范围大。

（2）提高喷涂质量和材料使用率。

（3）易于操作和维护。可离线编程，大大缩短了现场调试时间。

（4）设备利用率高。喷涂机器人的利用率可达 90% ~ 95% 。

相对于其他工业机器人，喷涂机器人在使用中的特殊之处一是其执行器末端要求能够完成较高速度的轨迹运动，而且必须在整个喷涂区保持速度均匀；二是工作环境提出防爆要求；三是喷涂机器人施加于工件的介质为半流体状，因此要求漆、气管路不得悬于机器人手臂之外，以免破坏已喷涂的工件表面。

1.5.9 检测机器人

检测机器人是机器人家族中的特殊成员，是专门用于检查、测量等场合的机器人，按运动方式和应用场合可分为多种类型，它们在不同行业或部门发挥着重要作用。图 1.19 所示为一种中央空调风管检测机器人，它能够深入空调风管内部详细检测相关数据或情况，为后续处置方案的决定提供可靠资料；图 1.20 所示为一种在零件加工现场使用的应力检测机器人，它能够凭借所携应力检测仪准确检测工件的应力状况，为加工合格产品提供有力帮助；图 1.21 所示为一种视觉检测机器人，它位于生产流水线旁，仔细查看每一个从它面前高速经过的物品，准确判断其是否合格，为提高企业产品的良品率做出贡献。图 1.22 所示为一种轮式管道检测机器人，个头虽然小巧，却是一个典型的机、电、仪一体化系统。该机器人携带着一种或多种传感器及操作机械，在工作人员的遥操作或计算机操控系统控制下，沿细小管道内部或外部自动行走，进行一系列管道检测作业[70]。

图 1.19 中央空调风管检测机器人　　　　图 1.20 工件应力检测机器人

图 1.21　视觉检测机器人

图 1.22　轮式管道检测机器人

本章小结与思考

　　工业机器人是机器人家族中的重要成员，也是机器人在工业应用环境中的重要分支，其应用与推广对我国实现从制造业大国转为制造业强国作用巨大。本章主要介绍了工业机器人的定义与特点，阐述了工业机器人的国内外发展状况，论述了国外工业机器人不同发展模式对我国的启发与借鉴作用，说明了新一代工业机器人正朝着智能化、柔性化、网络化、人性化、编程图形化方向发展的最新趋势，强调了感知、定位和控制是工业机器人技术的三个重要问题，概括了工业机器人的关键技术，使学习者能够比较全面、详尽地掌握工业机器人的要素。此外，本章还系统介绍了一些典型的工业机器人，详细说明了这些工业机器人是如何在制造环境中帮助人们担负起艰巨、复杂、困难、危险的生产工作，证明了工业机器人的推广应用将给相关行业带来革命性影响，进而推动我国产业的转型与升级。

本章习题与训练

　　（1）简述工业机器人的定义。

　　（2）与其他自动化装备相比，工业机器人具有哪些显著特点？

　　（3）我国工业机器人的研究与发展经历了哪些阶段？

　　（4）国际机器人生产巨头企业 ABB、FANAC、安川、KUKA 先后在中国建厂，布局中国工业机器人市场是出于什么考虑？

　　（5）简述美国、日本、英国、德国等国在发展工业机器人方面的策略与得失。

　　（6）简述国外发展工业机器人产业过程中的三种不同模式。

　　（7）新一代工业机器人正朝着哪些方向发展？

　　（8）工业机器人是多学科交叉技术融合的结果，其关键技术主要包括哪些？

　　（9）工业机器人主要由哪些基本部分组成？

　　（10）工业机器人按臂部的运动形式可分为哪几种？

（11）工业机器人按执行机构运动的控制机能可分为哪几种？

（12）工业机器人按程序的输入方式可分为哪几种？

（13）典型的工业机器人有哪些？举例说明其中一种的应用范围及主要特点。

（14）激光加工机器人主要由哪些部分组成？

（15）工业机器人可在"工业 4.0"和"中国制造业 2025 计划"中发挥什么作用？

第 2 章
工业机器人机械结构技术

机械结构是工业机器人的骨架和基础。任何一个工业机器人一般都是由机械结构组成要素、动力驱动组成要素、运动控制组成要素、传感探测组成要素、功能执行组成要素有机结合而成。机械结构组成要素是工业机器人所有组成要素的机械支持结构，没有它，其他组成要素就会成为"空中楼阁"。工业机器人机械结构技术的着眼点在于如何与机器人的使命相适应，利用高新技术来更新概念，实现结构上、材料上、性能上的变更，满足人们对工业机器人减小重量、缩小体积、保证精度、提高刚度、增强功能、改善性能的多项要求。机械结构因素对工业机器人的功能与性能具有十分重要的影响，机械结构组成部分中各个零部件的几何尺寸、表面性状、制造精度、安装误差等都会直接影响着工业机器人的灵敏性、准确性、可靠性、稳定性、耐用性，在设计或处置时需要给予高度重视。

在任何一个实用型的机电一体化装置中，机械结构的功能主要是靠机械零部件的几何形状及各个零部件之间的相对位置关系实现的。零部件的几何形状由它的表面所构成，一个零件通常有多个表面，在这些表面中有的与其他零部件表面直接接触，这一部分表面称之为功能表面[71]。在功能表面之间的连接部分称之为连接表面。零件的功能表面是决定机械功能的重要因素，功能表面的设计是零部件结构设计的核心问题。描述功能表面的主要几何参数有表面的几何形状、尺寸大小、表面数量、位置、顺序等。通过对功能表面的变异设计，可以得到为实现同一技术功能的多种结构方案。

机械结构设计的任务是在总体设计的基础上，根据所确定的原理方案，确定并绘出具体的结构图，以体现所要求的功能；是将抽象的工作原理具体化为某类构件或零部件，具体内容为在确定结构件的材料、形状、尺寸、公差、热处理方式和表面状况的同时，还须考虑其加工工艺、强度、刚度、精度以及与其他零件相互之间关系等问题。所以结构设计的直接产物虽然是图纸，但结构设计工作不是简单的机械制图，图纸只是表达设计方案的语言，综合技术的具体化才是结构设计的基本内容。

2.1 工业机器人总体结构

对于任何一个需要进行新设计的系统（包括设备、产品、器件等）来说，其设计工作都应该自顶向下进行。首先要设计其总体结构，然后再逐层深入，直至进行每一个组成模块的设计。一般而言，总体结构设计主要是指在系统分析的基础上，对整个系统的划分（子系统）、组成模块的配置（包括软、硬设备），以及整个系统的功能实现等方面进行合理的安排和科学的处置。对于工业机器人总体结构设计来说，核心问题是如何选择由连杆件和运动副组成的坐标系形式。目前，获得广泛使用的各种各样工业机器人常常采用直角坐标式、圆柱坐标式、球面坐标式（极坐标式）、关节坐标式（包括平面关节式）的总体结构。

2.1.1　直角坐标机器人

直角坐标机器人（见图 2.1，其英文名为 Cartesian Coordinate Robot）是一种能够实现自动控制的、可重复编程的、多自由度的、运动自由度构成空间直角关系的、多用途的操作机，是以 XYZ 直角坐标系统为基本数学模型，以伺服电机、步进电机驱动的单轴机械臂为基本工作单元，以滚珠丝杠、同步皮带、齿轮齿条为常用传动方式所架构起来的机器人系统，它可以完成在 XYZ 直角坐标系中任意一点的到达和遵循可控的运动轨迹，它采用运动控制系统实现对其的驱动及编程控制[72]。在直角坐标机器人中，直线、曲线等运动轨迹的生成为多点插补方式，操作及编程方式为引导示教编程方式或坐标定位方式。

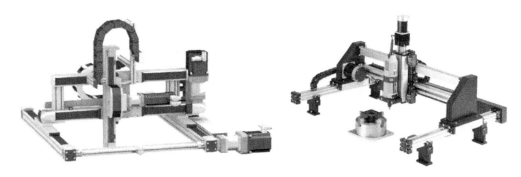

图 2.1　直角坐标机器人

该机器人具有结构简单，定位精度高，空间轨迹易于求解等优点。由于其整体结构采用各个直线运动部件组合而成，适合模块化设计、积木式装配，且其直线运动部件易于标准化、系列化，可根据不同需要将直线运动部件组合成不同的坐标形式（见图 2.2），但其动作范围相对较小，设备的空间因数较低，实现相同的动作要求时，机体本身的体积较大。作为一种功能适用、运行稳定、成本低廉、结构简单的工业机器人系统解决方案，直角坐标机器人大约占工业机器人总数的 14%。因末端操作工具的不同，该机器人可以非常方便地用作各种自动化设备，完成焊接、搬运、上下料、包装、码垛、拆垛、检测、探伤、分类、装配、贴标、喷码、打码、喷涂、目标跟随、排爆等一系列工作。特别适于多品种、小批量的柔性化作业，在替代人工、提高生产效率、稳定产品质量等方面发挥着巨大作用，具有很高的应用价值。

通常直角坐标机器人的机械臂能垂直上下移动（沿 Z 方向运动），并可沿滑架和横梁上的导轨进行水平面内的二维移动（沿 X 和 Y 方向运动），其运动原理如图 2.3 所示。直角坐标机器人主体结构具有三个自由度，而手腕自由度的多少可视用途而定。近年来一种起重机台架式的直角坐标机器人应用越来越多，在直角坐标机器人中的比重正在增加（见图2.4）[73]。在装配飞机构件这样大型物体的车间中，这种机器人的 X 轴和 Y 轴方向的移动距离分别可达 100m 和 40m，沿 Z 轴方向的可达 5m，成为目前最大的直角坐标机器人。因为这款机器人仅仅是台架立柱占据了安装位置，所以能够很好地利用车间的空间。

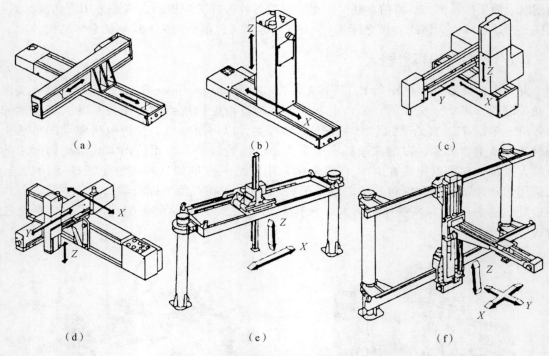

图 2.2　不同形式的直角坐标机器人

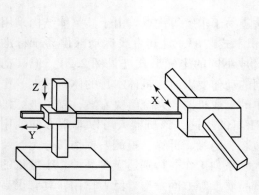

图 2.3　直角坐标机器人运动原理

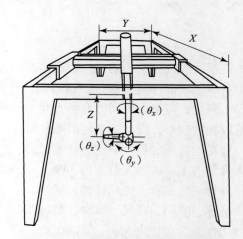

图 2.4　起重机台架式直角坐标机器人

直角坐标机器人的特点在于：

（1）可多自由度运动，每个运动自由度之间的空间夹角为直角。

（2）能自动控制，可重复编程，所有运动均按程序运行。

（3）一般由控制系统、驱动系统、机械系统、操作工具等组成。

（4）灵活，多功能，因操作工具不同功能也有所不同。

（5）具有高可靠性，能够高速度、高精度作业。

（6）可用于恶劣环境，能长期工作，操作维修简便。

上述特点让直角坐标机器人具备下述优点：

（1）结构简单。

（2）编程容易。

（3）采用直线滚动导轨后，运行速度高，定位精度高。

（4）在 X、Y 和 Z 三个坐标轴方向上的运动没有混合作用，对控制系统的设计相对容易。

但是，由于直角坐标机器人必须采用导轨，也会带来一些问题，主要缺点在于：

（1）导轨面的防护比较困难，不能像转动关节的轴承那样密封严实。

（2）导轨的支承结构会增加机器人的重量，并减少机器人的有效工作范围。

（3）为了减少摩擦需要采用很长的直线滚动导轨，价格偏高。

（4）结构尺寸与有效工作范围相比显得过于庞大。

（5）移动部件的惯量比较大，增加了驱动装置的尺寸和机器人系统的能量消耗。

2.1.2　圆柱坐标机器人

圆柱坐标机器人（见图2.5）主体结构具有三个自由度：腰转、升降、手臂伸缩。手腕通常采用两个自由度，即绕手臂纵向轴线转动的自由度和绕与其垂直的水平轴线转动的自由度[74]。手腕若采用三个自由度，则可使机器人自由度总数达到六个，如图2.6所示，但是手腕上的某个自由度将与主体上的回转自由度有部分重复。此类机器人大约占工业机器人总数的47%。

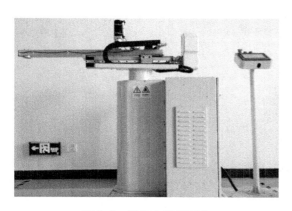

图 2.5　圆柱坐标机器人

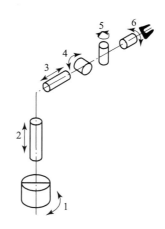

图 2.6　六自由度圆柱坐标机器人

图2.7所示为一种四自由度的工业圆柱坐标机器人，其运动简图和主要视图及手臂运动空间分别可见图2.8和图2.9。

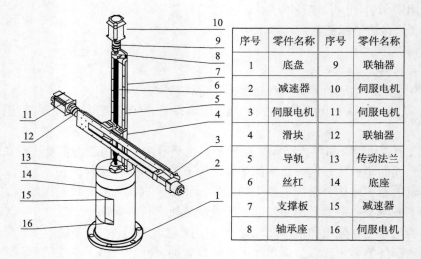

序号	零件名称	序号	零件名称
1	底盘	9	联轴器
2	减速器	10	伺服电机
3	伺服电机	11	伺服电机
4	滑块	12	联轴器
5	导轨	13	传动法兰
6	丝杠	14	底座
7	支撑板	15	减速器
8	轴承座	16	伺服电机

图 2.7　四自由度圆柱坐标机器人

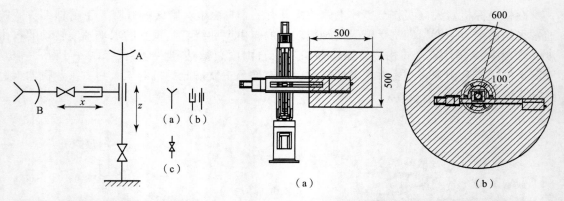

图 2.8　四自由度机器人运动简图

（a）表示手指；（b）表示水平或垂直
　　　运动；（c）表示回转运动

图 2.9　机器人主要视图和手臂运动空间

（a）正视图；（b）俯视图

该圆柱坐标机器人的主要技术指标如表 2.1 所示：

表 2.1　四自由度圆柱坐标机器人的主要技术指标

最大负载/ kg	腰部和手臂 回转角度/ （°）	手臂伸缩 行程/ mm	手臂高度 行程/ mm	最大旋转 角速度/ （rad·s^{-1}）	最大移动 速度/ （m·s^{-1}）	重复定位 精度/ mm
3	360	500	500	2	1	±0.1

圆柱坐标机器人的优点：

（1）除了简单的"抓－放"作业以外，圆柱坐标机器人还可以用于其他许多生产领域，与直角坐标机器人相比，其通用性得到了人们的青睐与好评。

（2）结构简单、布局紧凑。

（3）圆柱坐标机器人在垂直方向和径向有两个往复运动，可采用伸缩套筒式结构。当机器人开始腰转时可把手臂缩进去，这在很大程度上减小了转动惯量，改善了机器人的动力学性能。

由于机身结构的缘故，圆柱坐标机器人的缺点是其手臂不能抵达底部，减小了机器人的工作范围。不过，当其手腕具有像图 2.6 所示的第四个转动关节时，则可在一定程度上弥补这个缺陷。

2.1.3　球面坐标机器人

球面坐标机器人（Spherical Coordinate Robot）亦称极坐标机器人，属于最早得到实际运用的工业机器人，现在大约占工业机器人总数的 13%[75]。在这类机器人中最出名的是美国 Unimation 公司出产的 Unimate 机器人，如图 2.10 所示。该机器人的外形像坦克炮塔一样，机械手能够做里外伸缩移动、在垂直平面内摆动以及绕底座垂直轴线在水平面内转动，因此，该机器人的工作空间形成球面的一部分，故称为球面坐标机器人。在 Unimate 机器人中，绕垂直轴线和水平轴线的转动均采用液压伺服驱动，转角范围分别为 200°左右和 50°左右，手臂伸缩采用液压驱动的移动关节，其最大行程决定了球面最大半径，该机器人实际工作范围的形状是个不完全的球缺。其手腕具有三个自由度，当机器人主体运动时，装在手腕上的末端操作器才能维持应有的姿态。球面坐标机器人的特点是结构紧凑，作业范围宽阔，所占空间体积小于直角坐标机器人和圆柱坐标机器人，但仍大于多关节型机器人。

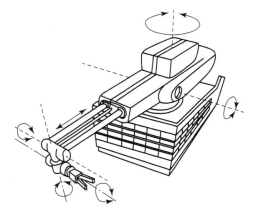

图 2.10　球面坐标机器人

2.1.4　关节机器人

关节机器人（见图 2.11，英文名 Robot Joints）也称关节手臂机器人或关节机械手臂，是当今工业领域中最为常见的机器人之一。它适用于工业领域内的诸多机械化、自动化作业，例如喷漆、焊接、搬运、码放、装配等工作[76]。

关节机器人由多个旋转和摆动机构组合而成，其摆动方向主要有沿铅垂方向和沿水平方向两种，因此这类机器人又可分为垂直关节机器人和水平关节机器人。美国 Unimation 公司于 20 世

图 2.11　关节机器人

纪 70 年代末推出的机器人 PUMA – 560（见图 2.12 和图 2.13）是一种著名的垂直关节机器人，而日本山梨大学牧野洋等人在 1978 年研制成功的"选择顺应性装配机器人手臂"（Selective Compliance Assembly Robot Arm，SCARA，见图 2.14）则是一种典型的水平关节机器人[77]。

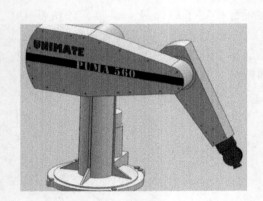

图 2.12　PUMA – 560

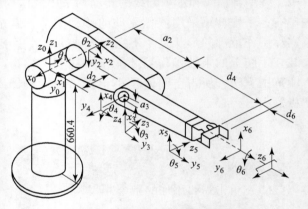

图 2.13　PUMA – 560 的运动简图

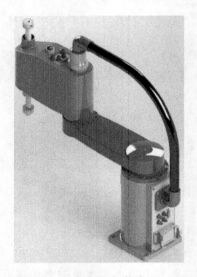

图 2.14　日本山梨大学的 SCARA

PUMA - 560 从外形来看和人的手臂相似，是由一系列刚性连杆通过一系列柔性关节交替连接而成的开式链结构[78]。这些连杆分别类似于人的胸、上臂和下臂，组成类似人体骨架的结构体系，该机器人的关节相当于人的肩关节、肘关节和腕关节。操作臂前端装有末端执行器或相应的工具，常称之为手或手爪。该机器人手臂的动作幅度一般较大，通常可实现宏操作[79]。PUMA - 560 由机器人本体（手臂）和计算机控制系统两大部分组成。机器人本体（手臂）有 6 个自由度；驱动采用直流伺服电机并配有安全刹闸；手腕最大载荷为 2kg（包括手腕法兰盘）；最大抓紧力为 60N；重复精度为 ±0.1mm；工具在最大载荷下的速度分别如下：自由运动时为 1.0m/s，直线运动时为 0.5m/s；工具在最大载荷下的加速度为 19m/s^2；操作范围是以肩部中心为球心，0.92m 为半径的空间半球；夹紧系统由压缩空气环节与四位电磁阀组成；工具安装表面为腕部法兰盘面，安装尺寸为 41.3mm，上面均布着 4 - MS 的安装孔；整个手臂重 53kg。PUMA - 560 的 6 个关节都是转动关节。前 3 个关节用来确定手腕参考点的位置，后 3 个关节用来确定手腕的方位。垂直关节机器人模拟了人类的手臂功能，由垂直于地面的腰部旋转轴（相当于大臂旋转的肩部旋转轴）带动小臂旋转的肘部旋转轴以及小臂前端的手腕等构成。手腕通常由 2 ~ 3 个自由度构成。其动作空间近似一个球体，所以也称其为多关节球面机器人。其优点是可以自由实现三维空间的各种姿势，可以生成各种复杂形状的轨迹。相对机器人的安装面积，其动作范围很宽[80]。缺点是结构刚度较低，动作的绝对位置精度也较低。目前，该类型机器人广泛用于装配、搬运、喷涂、弧焊、点焊等作业场合。

与 PUMA - 560 所代表的垂直关节机器人不同，SCARA 具有四个轴和四个运动自由度（包括沿 X、Y、Z 轴方向的平移自由度和绕 Z 轴的旋转自由度）[81-83]。该机器人 3 个旋转关节的轴线相互平行，在平面内进行定位和定向。另一个关节是移动关节，用于完成末端操作器在垂直于平面的运动。手腕参考点的位置是由两旋转关节的角位移 φ_1 和 φ_2，及移动关节的位移 z 决定的，即 $p = f(\varphi_1, \varphi_2, z)$。这类机器人的结构轻便、响应快速，例如 Adept 公司制造的一种 SCARA（见图 2.15），运动速度可达 10m/s，比一般垂直关节机器人快了数倍。SCARA 在 x、y 方向上具有顺从性，而在 z 轴方向具有良好的刚度，此特性特别适合于工业领域内的装配工作。例如它可将一根细小的大头针插入一个同样细小的圆孔，故 SCARA 首先大量用于装配印刷电路板和电子零部件；SCARA

图 2.15 Adept I 型 SCARA

的另一个特点是其串接的类似人体手臂的两杆结构，可以伸进狭窄空间中作业然后收回，十分适合于搬动和取放物件，如集成电路板等。如今 SCARA 广泛应用于塑料工业、汽车工业、电子产品工业、药品工业和食品工业等领域，其主要职能是搬取零件和完成装配。它的第一个轴和第二个轴具有转动特性，第三和第四个轴则可以根据工作的不同需要制成不同的形态，并且一个具有转动、另一个具有线性移动的特性。由于其特定的结构形状与运动特性，决定了其工作范围类似于一个扇形区域。SCARA 可以被制造成各种大小，常用的工作半径在 100 ~ 1 000mm 之间，净载重量在 1 ~ 200kg 之间。

关节机器人具有结构紧凑、工作空间大、动作最拟人等特点，对喷漆、焊接、装配等多种作业都有良好的适应性，应用范围越来越广，性能水平也越来越高，相对其他类型机器人展现出许多优点，目前关节机器人占工业机器人总数的 25% 左右。

关节机器人主体结构上的腰转关节、肩关节、肘关节全部是转动关节，手腕上的三个关节也都是转动关节，可用来实现俯仰运动偏转运动和翻转运动，以确定末端操作器的姿态。从本质上看，关节机器人是一种拟人化机器人。水平关节机器人主体结构上的三个转动关节其轴线相互平行，可在平面内进行定位和定向，因此可认为是关节机器人的一个特例。

关节机器人的优点：

①结构紧凑，工作范围大，占地面积小。

②具有很高的可达性。关节机器人的手部可以伸进封闭狭窄的空间内进行作业，而直角坐标机器人不能进行此类作业[84]。

③因为只有转动关节而没有移动关节，不需采用导轨，而支承转动关节的轴承是大量生产的标准件，转动平稳，惯量小，可靠性好，且转动关节容易密封。

④转动关节所需的驱动力矩小，能量消耗较少。

关节机器人的缺点：

①关节机器人的肘关节和肩关节轴线是平行的，当大小臂舒展成一条直线时虽能抵达很远的工作点，但这时机器人整体的结构刚度较低。

②机器人手部在工作范围边界上工作时存在运动学上的退化行为。

2.2 工业机器人机座结构

对于任何一种机器人来说，机座就是其基础部分，起到稳定支承的作用，帮助机器人安全、可靠、平稳、持久地工作。机座可以分为固定式和移动式两种。一般工业机器人中的立柱式、机座式和屈伸式机器人其机座大多是固定式的；但随着海洋科学、原子能工业以及宇宙空间事业的发展，具有智能的、可移动式机器人将会是今后机器人技术的发展方向，所以移动式机座也会有"用武之地"。

2.2.1 固定式机座

在采用固定式机座的机器人中，其机座既可以直接连接在地面基础上，也可以固定在机器人的机身上[85]。美国 Unimation 公司生产的 PUMA – 262 型垂直关节机器人就是一种采用固定式机座的机器人（见图 2.16），其机座装配图如图 2.17 所示，主要包括立柱回转（第一关节）的二级齿轮减速传动，减速箱体即为机座的主体部分（基座）[86-87]。传动路线为：电动机 7 输出轴上装有电磁制动闸 11，然后连接轴齿轮 13，轴齿轮与双联齿轮 15 啮合，双联齿轮的另一端与大齿轮 2 啮合，电动机转动时，通过二级齿轮使主轴 4 回转。在该机器人中，基座 1 是一个整体铝铸件，电动机通过连接板 8 与基座固定，轴齿轮通过轴承和固定套12 与基础相连，双联齿轮安装在中间轴 14 上，中间轴通过二个轴承安装在基座上。主轴是个空心轴，通过二个轴承，立柱 5 和压环 3 与基础固定。立柱是一个薄壁铝管，主轴上方安装大臂部件。基座上还装有小臂零位定位用的支架 6、两个控制手爪动作的空气阀门 10 和气管接头 9 等。

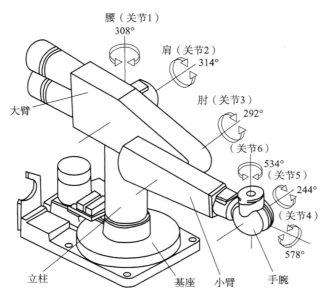

图 2.16　PUMA－262

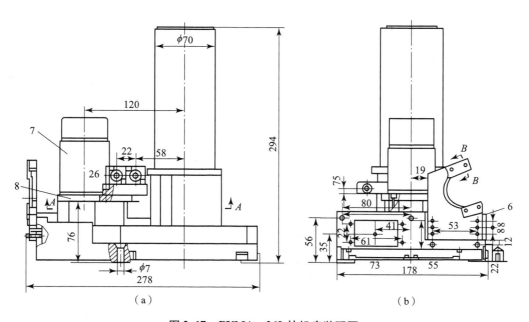

（a）　　　　　　　　　　　　　　（b）

图 2.17　PUMA－262 的机座装配图

（a）正视图；（b）左视图

1—基座；2—大齿轮；3—压环；4—主轴；5—立柱；6—支架；7—电动机；8—连接板；9—气管接头；
10—空气阀门；11—电磁制动阀；12—固定套；13—轴齿轮；14—中间轴；15—双联齿轮

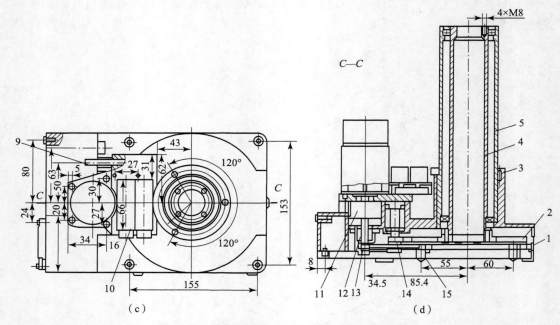

图 2.17 PUMA - 262 的机座装配图（续）

（c）俯视图；（d）剖视图

2.2.2 移动式机座

移动式机座就是移动式机器人（见图 2.18）的行走部分，主要由支撑结构、驱动装置、传动机构、位置检测元件、传感器、电线及管路等部分组成。它一方面支承移动式机器人的机身、机械臂和手部，因而必须具有足够的刚度和稳定性，另一方面还必须根据作业任务的要求，带动机器人在更广阔的空间内运动，因而必须具有突出的灵活性和适应性。

图 2.18 移动式工业机器人

移动式机座的机构按其运动轨迹可分为固定轨迹式和无固定轨迹式两类。固定轨迹的移动式机座主要用于横梁型工业机器人。无固定轨迹的移动式机座按其行走机构的结构特点分为轮式行走部、履带式行走部和关节式行走部。如图 2.19 所示，采用履带式行走部的移动式机器人其移动式机座通常由车架 4、悬架 6、履带 7、驱动链轮 5、承重轮 3、托带轮 2、张紧轮 1（又称导向轮）和张紧机构等零部件组成。

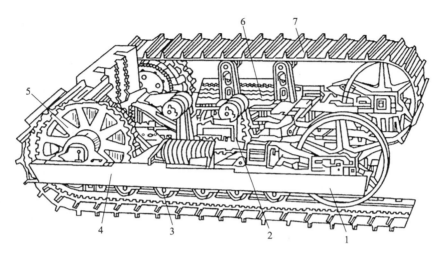

图 2.19　履带式机器人的移动式机座的组成

1—张紧轮；2—托带轮；3—承重轮；4—车架；5—驱动链轮；6—悬架；7—履带

在采用履带式行走部的移动式机器人中，由于履带呈卷绕状，所以在履带传动机构中不能采用汽车式的转向机构。要改变该机器人的行进方向，或者是对其某一侧的履带驱动系统进行制动，使左右两侧履带的速度不一样；或者是对某一侧的履带进行反向驱动，使履带与路面之间产生横向滑移，这样就能使其转过小弯，甚至实现原地旋转，增强机器人运动的灵活性[88]。

2.3　工业机器人手臂结构

手臂是指工业机器人连接机座和手部的部分，其主要作用是改变手部的空间位置，将被抓取的物品运送到机器人控制系统指定的位置上，满足机器人作业的要求，并将各种载荷传递到机座上。手臂是工业机器人执行机构中十分重要的组成部件，一般具有 3 个自由度，即手臂的伸缩、左右回转和升降（或俯仰）运动。手臂的回转和升降运动是通过机器人机座上的立柱实现的，立柱的横向移动即为手臂的携移[89]。手臂的各种运动通常由驱动机构和各种传动机构来实现，因此，它不仅需要承受被抓取工件的重量，而且还要承受末端执行器、手腕和手臂自身的重量。手臂的结构形式、工作范围、抓重大小（即臂力）、灵活性和定位精度都直接影响工业机器人的工作性能，所以必须根据机器人的抓取重量、运动形式、自由度数、运动速度、定位精度等多项要求来设计手臂的结构形式。

图 2.20 为 PUMA - 262（见图 2.16）的整体装配视图。该机器人主要由基座、立柱、

大臂、小臂和手腕组成，其大臂部件的结构形式如图 2.21 所示。由图可见，大臂部件主要由大臂结构、大臂和小臂的传动结构组成，其中大臂结构又由整体铝铸件骨架与外表面薄铝板连接而成，既可作为机器人的传动手臂，又可作为传动链的箱体[90]。

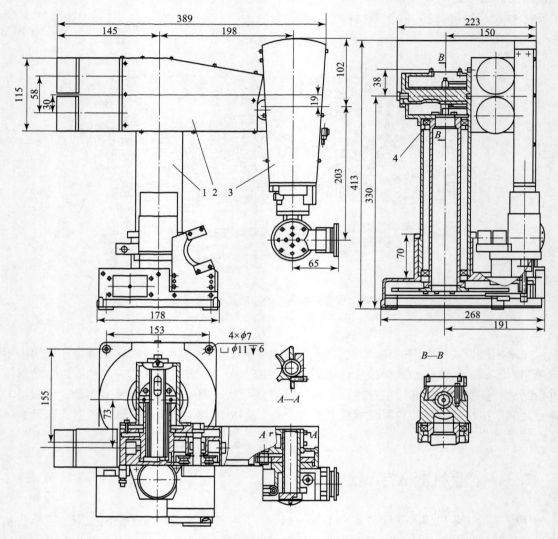

图 2.20　PUMA-262 整体装配视图
1—基座；2—大臂；3—小臂与手腕；4—连接螺钉

该机器人大臂的传动路线为：大臂电机 3 输出轴上装有电磁制动闸和联轴器 4，联轴器另一端连接锥齿轮 26，与安装在轴齿轮 22 上的锥齿轮 23 啮合。锥齿轮 23 与安装在中间轴 11 上的大齿轮 9 啮合。中间轴另一端装有末级小齿轮 13，小齿轮与固定齿轮 14 啮合。固定齿轮安装在后壳体上，后壳体固定在立柱上，后壳体上还提供心轴 7，大臂壳体通过二个轴承支撑在心轴上。当大臂电机旋转时，末级小齿轮在固定齿轮 14 上滚动，整个大臂做俯仰运动。

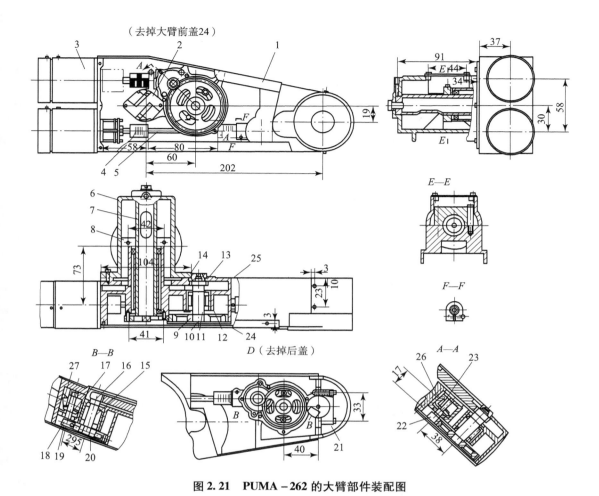

图 2.21 PUMA - 262 的大臂部件装配图

1—壳体；2—压板；3—电机；4—联轴器；5—传动轴；6—后壳体；7—心轴；8—压块；9—大齿轮；
10—盖板；11—中间轴；12—偏心衬套；13—小齿轮；14—固定齿轮；15—偏心衬套；
16—轴齿轮；17—锥齿轮；18—轴齿轮；19—盖；20—大齿轮；21—压块；22—轴齿轮；
23—锥齿轮；24—前盖；25—后盖；26—锥齿轮；27—锥齿轮

PUMA - 262 大臂结构与小臂结构相似，都是由用作内部骨架的铝铸件与用作臂外壁面的薄铝板件相互连接而成。大臂上装有关节 2、3 的驱动电机，内部装有对应的传动齿轮组（见图 2.22），关节 2、3 都采用了三级齿轮减速，其中第一级采用锥齿轮传动，以改变传动方向 90°，第二、三级均采用直齿轮传动，关节 2 传动链的最末一个大齿轮固定在立柱上；关节 3 传动链的最末一个大齿轮固定在小臂上。小臂端部装有一个具有三自由度（关节 4、5、6）的手腕，在小臂根部装有关节 4、5 的驱动电机，在小臂中部装有关节 6 的驱动电机，如图 2.23 所示。关节 4、5 均采用两级齿轮传动，不同的是，关节 4 采用两级直齿轮传动，而关节 5 的第一级采用直齿轮传动，第二级采用锥齿轮传动；关节 6 采用三级齿轮传动，第一、二级采用锥齿轮传动，第三级采用直齿轮传动。关节 4、5、6 的齿轮组，除关节 4 的第一级齿轮装在小臂内，其余的均装在手腕内部。手腕外形为一个半径 32mm 的近似球体。

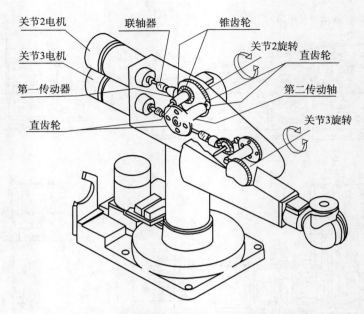

图 2.22　PUMA－262 大臂关节传动关系图

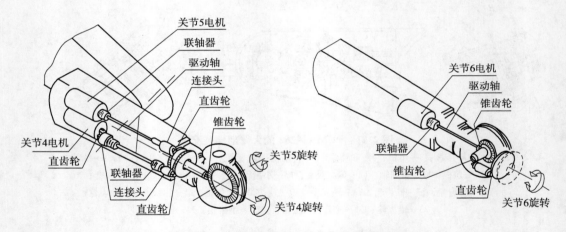

图 2.23　PUMA－262 小臂关节传动关系图

　　PUMA－262 是美国 Unimation 公司制造的一种精密轻型关节通用机器人，具有结构紧凑、运动灵巧、重量轻、体积小、传动精度高、工作范围大、适用范围广等优点。在传动上，采用了灵巧方便的齿轮间隙调整机构与弹性万向联轴器，使传动精度大为提高，且装配调整又甚为简便。在结构上，则大胆采用了整体铰接结构，减少了连接件，手臂采用自重平衡，为操作安全，在腰关节、大臂、小臂关节处设计了简易的电磁制动闸。该机器人主要性能参数如下：机器人手臂运转自由度为 6 个；采用直流伺服电机驱动；手腕最大载荷为 1kg；重复精度为 0.05mm；工具最大线速度为 1.23m/s；操作范围是以肩部中心为球心、0.47m 为半径的空间球体；控制采用计算机系统，程序容量为 19KB，输入/输出能力为 32 位；示教采用示教盒或计算机；手臂（本体）总重为 13kg。

　　工业机器人按手臂的结构形式分类，可分为单臂、双臂及悬挂式，如图 2.24 所示；按手臂的运动形式分类，则可分为直线运动式（如手臂的伸缩、升降及横向或纵向移动）、回转运动式（如手臂的左右回转、上下摆动）、复合运动式（如直线运动和回转运动的组合、两直线运动的组合、两回转运动的组合）。下面分别介绍手臂的运动机构。

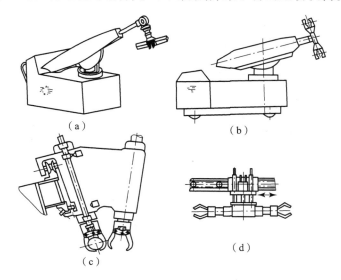

图 2.24　工业机器人手臂的结构形式
（a）（b）单臂式；（c）双臂式；（d）悬挂式

2.3.1　直线运动式手臂机构

机器人手臂的伸缩、升降及横向或纵向移动均属于直线运动，而实现工业机器人手臂直线运动的机构形式较多，行程小时，可采用活塞油（气）缸直接驱动；行程较大时，可采用活塞油（气）缸驱动齿条传动的倍增机构，或采用步进电机及伺服电机驱动，也可采用丝杠螺母或滚珠丝杠传动。

为了增加手臂的刚性，防止手臂在直线运动时绕轴线转动或产生变形，臂部伸缩机构需设置导向装置，或设计方形、花键等形式的臂杆。常用的导向装置有单导向杆和双导向杆等，可根据手臂的结构、抓重等因素选取[91]。图 2.25 所示为某机器人手臂伸缩结构，由于该机器人抓取的工件形状不规则，为防止产生较大的偏重力矩，故采用了四根导向柱。在该手臂中垂直伸缩运动由油缸 3 驱动，其特点是行程长、抓重大。这种手臂伸缩机构多用于箱体加工线上。

2.3.2　旋转运动式手臂机构

能够实现工业机器人手臂旋转运动的机构形式多种多样，常用的有叶片式回转缸、齿轮传动机构、链轮传动机构、连杆机构等。例如，将活塞缸和齿轮齿条机构联用即可实现手臂的旋转运动。在该应用场合中，齿轮齿条机构是通过齿条的往复移动，带动与手臂连接的齿轮作往复旋转，即实现手臂的旋转运动。带动齿条往复移动的活塞缸可以由压力油或压缩气体驱动。

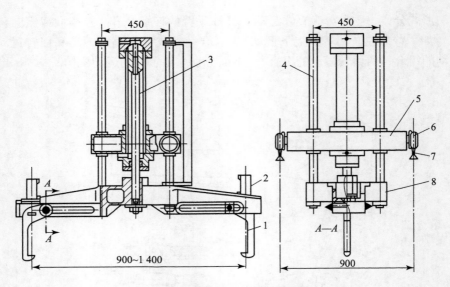

图 2.25 四导向柱臂部伸缩机构

1—手部；2—夹紧缸；3—油缸；4—导向柱；5—运行架；6—行走车轮；7—轨道；8—支座

2.3.3 俯仰运动式手臂机构

在工业机器人应用领域，一般通过活塞油（气）缸与连杆机构的联用来实现机器人手臂的俯仰运动。手臂做俯仰运动用的活塞油（气）缸位于手臂的下方，其活塞杆和手臂用铰链连接，缸体采用尾部耳环或中部销轴等方式与立柱连接，如图 2.26 所示。此外还可采用无杆活塞油（气）缸驱动齿轮齿条机构或四连杆机构来实现手臂的俯仰运动。

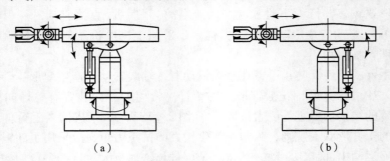

（a）   （b）

图 2.26 手臂俯仰驱动活塞油（气）缸安装示意图

（a）活塞油（气）缸安装在立柱前面；（b）活塞油（气）缸安装在立柱后面

图 2.27 所示为采用活塞油缸 5、7 和连杆机构，使小臂 4 相对大臂 6，以及大臂 6 相对立柱 8 实现俯仰运动的机构示意图。

2.3.4 复合运动式手臂机构

工业机器人手臂的复合运动多数用于动作程序固定不变的作业场合，它不仅使机器人的传动结构更为简单，而且可简化机器人的驱动系统和控制系统，并使机器人运动平稳、传动准确、工作可靠，因而在生产中应用较多。除手臂实现复合运动外，手腕与手臂的运动亦能

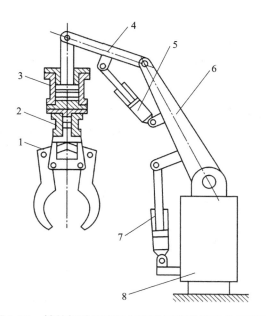

图 2.27　铰接摆动活塞油缸驱动手臂俯仰机构示意图
1—手部；2—夹紧缸；3—升降缸；4—小臂；5、7—摆动油缸；6—大臂；8—立柱

组成复合运动。手臂（或手腕）和手臂的复合运动可以由动力部件（如活塞缸、回转缸、齿条活塞缸等）与常用机构（如凹槽机构、连杆机构、齿轮机构等）按照手臂的运动轨迹（即路线）或手臂和手腕的动作要求进行组合。下面分别介绍复合运动的手臂和手腕与手臂结构。

　　通常的工业机器人手臂虽然能在作业空间内使手部处于某一位置和姿态，但由于其手臂往往是由 2~3 个刚性臂和关节组成的，因而避障能力较差，在一些特殊作业场合就需要用到多节弯曲型机器人（亦称柔性臂）。所谓多节弯曲型机器人是由多个摆动关节串联而成，原来意义上的大臂和小臂已演化成一个节，节与节之间可以相对摆动。图 2.28 所示为一种多节万向节弯曲型机器人，其手臂由 12 个关节串联组成，每个关节是一个万向节，可朝任意方向弯曲。整个手臂的运动是通过各个万向节的钢缆纤动来实现的。

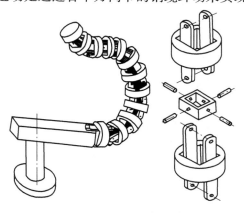

图 2.28　多节万向节弯曲型机器人

图 2.29 所示为另一种多级万向节式弯曲手臂，其特点是第一个关节所属万向节的相对运动是由动力驱动来实现的，以后各个关节所属万向节的相对运动则是由第一个关节所属万向节的运动依次传递来实现的，因此，各个关节的弯曲程度一样，整个手臂可以弯曲成一段圆弧。

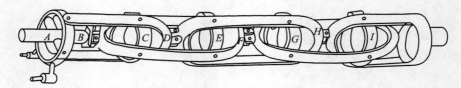

图 2.29　多级联动万向节式弯曲手臂

2.4　工业机器人手腕结构

手腕是连接手臂和手部的结构部件，在工业机器人中其主要作用是改变机器人手部的空间方向和将作业载荷传递到手臂，因此，它有独立的自由度，以满足机器人手部完成复杂姿态的需要[92]。

从驱动方式来看，手腕一般有直接驱动和远程驱动两种形式，直接驱动是指驱动器安装在手腕运动关节附近，可直接驱动关节运动，因而传动路线短，传动刚度好，但腕部尺寸和质量较大，转动惯量也较大。远程驱动是指驱动器安装在机器人的大臂、基座或小臂远端上，通过连杆、链条或其他传动机构间接驱动腕部关节运动，因而手腕结构紧凑，尺寸和质量较小，能够改善机器人的整体动态性能，但传动设计复杂，传动刚度也有所降低。

2.4.1　手腕自由度

工业机器人一般必须具有六个自由度才能使手部达到目标位置和处于期望的姿态。为了使手部能处于空间任意方向，要求机器人手腕能实现对空间三个坐标轴 X、Y、Z 的转动，即具有翻转、俯仰和偏转三个自由度，如图 2.30 所示。

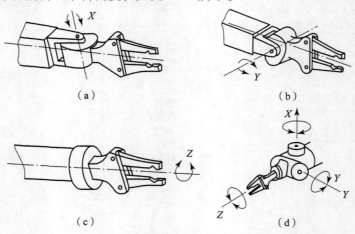

（a）　　　　　　　　　　　　　　（b）

（c）　　　　　　　　　　　　　　（d）

图 2.30　手腕的自由度和坐标系

（a）手腕的偏转；（b）手腕的俯仰；（c）手腕的翻转；（d）腕部坐标系

在工业机器人领域，按可转动角度大小的不同，手腕关节的转动又可细分为滚转和弯转，滚转是指能实现 360°旋转的关节运动，通常用 R 来标记；弯转是指转动角度小于 360°的关节运动，通常用 B 来标记。为了说明手腕回转关节的组合形式，现结合图 2.31 来介绍各回转方向的名称。

（1）臂转：绕小臂方向的旋转。

（2）手转：使手部绕自身轴线方向的旋转。

（3）腕摆：使手部相对于手臂进行的摆动。

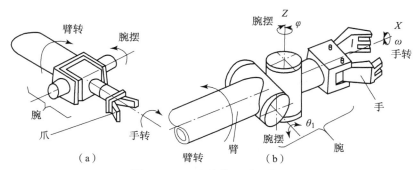

图 2.31　手腕关节配置示意图

（a）臂转、腕摆、手转结构；（b）臂转、双腕摆、手转结构

手腕按自由度个数可分为单自由度手腕、二自由度手腕和三自由度手腕。三自由度手腕能使手部取得空间任意姿态[93]。图 2.32 所示为三自由度手腕的 6 种结合方式，目前，RRR 型三自由度手腕应用较普遍。

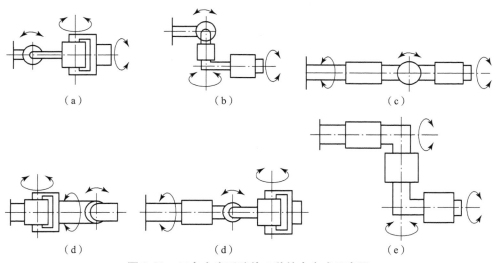

图 2.32　三自由度手腕的 6 种结合方式示意图

（a）BBR 型三自由度手腕结构；（b）BRR 型三自由度手腕结构；（c）RBR 型三自由度手腕结构；

（d）BRB 型三自由度手腕结构；（e）RBB 型三自由度手腕结构；（f）RRR 型三自由度手腕结构

2.4.2　典型手腕结构

机器人手腕结构的设计需要满足传动灵活、轻巧紧凑、避免干涉等要求。基于这些考虑，多数会将手腕结构的驱动部分安排在小臂上。首先设法使几个电机的运动传递到同轴旋转的心轴和多层套筒上去[94]。待运动传入腕部后再分别实现各个动作。下面介绍几种典型的机器人手腕结构。

图 2.33 和图 2.34 分别为 PT-600 型弧焊机器人手腕结构示意图和传动原理示意图。由图可以看出，它是一个腕摆 + 手转的二自由度手腕结构[95]。其传动路线为：腕摆电机通过同步齿形带传动，带动腕摆谐波减速器 7；减速器 7 的输出轴带动腕摆框 1，实现腕摆运动；手转电机通过同步齿形带传动，带动手转谐波减速器 10；减速器 10 的输出通过一对锥齿轮 9 实现手转运动。需要注意的是，当腕摆框摆动而手转电机不转时，连接手部的锥齿轮在另一对锥齿轮上滚动，产生附加的手转运动，在控制上要进行修正。

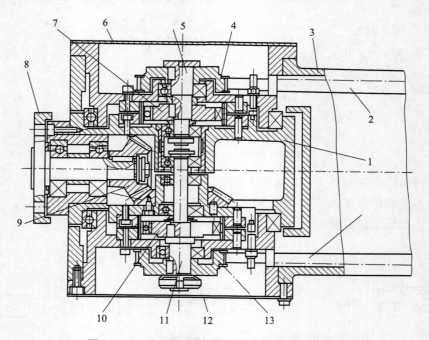

图 2.33　PT-600 型弧焊机器人手腕结构示意图

1—腕摆框；2—腕摆齿形带；3—小臂；4—腕摆带轮；5—腕摆轴；6—端盖；
7—腕摆谐波传动；8—连接法兰；9—锥齿轮；10—手转谐波传动；11—手转轴；
12—端盖；13—手转带轮；14—手转齿形带

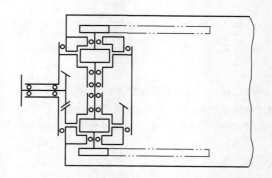

图 2.34　PT-600 型弧焊机器人手腕传动原理图

图 2.35 所示为 KUKA IR – 662/100 型机器人的手腕传动原理图。这是一个三自由度的手腕结构，关节配置为臂转 + 腕摆 + 手转形式。其传动链分成两部分，一部分在机器人小臂壳内，通过带传动分别将 3 个电机的输出传递到同轴转动的心轴、中间套和外套筒上；另一部分传动链则安排在手腕部。

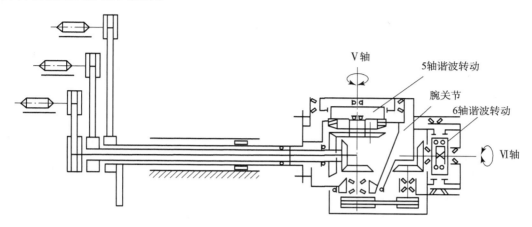

图 2.35　KUKA IR – 662/100 型机器人手腕传动原理图

图 2.36 所示为该机器人手腕结构的装配示意图，具体传动情况如下：

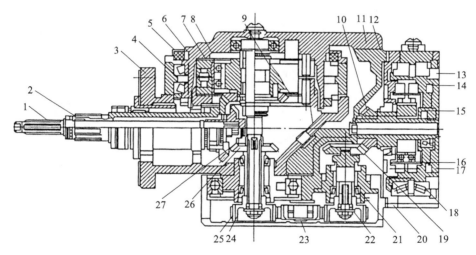

图 2.36　KUKA IR – 662/100 型机器人手腕装配示意图

1—腕部中心轴；2—空心轴；3—手腕壳体；4，18—定轮；5，14—动轮；6，7，10，19，26，27—锥齿轮；8，16—柔轮；9，15—波发生器；11—盖；12—腕摆壳体 13—零件；17—法兰盘；20—底座；21—带键轴；22，24，25—同步齿形带传动副；23—花键轴

结合图 2.36，分析 KUKA IR – 662/100 型机器人手腕各个运动的实现过程与特点如下：

（1）臂转运动的实现。

机器人臂部外套筒与手腕壳体 3 通过端面法兰连接，外套筒直接带动整个手腕旋转完成臂转运动。

（2）腕摆运动的实现。

机器人臂部中间套通过花键与空心轴 2 连接，空心轴另一端通过一对锥齿轮 6、7 的啮合运动带动腕摆谐波减速器的波发生器 9，波发生器上套有轴承和柔轮 8，谐波减速器的定轮 4 与手腕壳体相连，动轮 5 通过盖 11 与腕摆壳体 12 相固接，当中间套带动空心轴旋转时，腕摆壳体做腕摆运动。

（3）手转运动的实现。

机器人臂部心轴通过花键与腕部中心轴 1 连接，中心轴的另一端通过一对锥齿轮传动副 27、26 带动花键轴 23，花键轴的一端通过同步齿形带传动副 24、25、22 带动带键轴 21，再通过一对锥齿轮传动副 19、10 带动手转谐波减速器的波发生器 15，波发生器上套有轴承和柔轮 16，谐波减速器的定轮 18 通过底座 20 与腕摆壳体相连，动轮 14 通过零件 13 与连接手部的法兰盘 17 相固定，当臂部心轴带动腕部中心轴旋转时，法兰盘做手转运动。

需要注意的是，机器人臂转、腕摆、手转三个动作并不是相互独立的，存在较为复杂的干涉现象。当中心轴 1 和空心轴 2 固定不转而仅有手腕壳体 3 做臂转运动时，由于锥齿轮 6 不转，锥齿轮 7 在其上滚动，因此有附加的腕转运动输出；同理，锥齿轮 26 在锥齿轮 27 上滚动时，也产生附加的手转运动。当中心轴 1 和手腕壳体 3 固定不转，空心轴 2 转动使手腕做腕摆运动时，也会产生附加的手转运动。这些附加运动最后应通过机器人控制系统进行修正。

2.4.3 柔顺手腕结构

在采用机器人进行精密装配作业时，当被装配零件不一致、工件的定位夹具、机器人的定位精度不能满足精密装配要求时，会导致装配困难，这时装置着柔顺手腕结构的机器人就可发挥重要作用。柔顺手腕结构主要是因机器人柔顺装配技术的需要而诞生的。柔顺装配技术有两种：一种是从检测、控制的角度出发，采取各种不同的搜索方法，实现边校正、边装配。有的机器人手爪上还带有检测元件（如视觉传感器和力觉传感器，见图 2.37），这就是所谓主动柔顺装配技术。另一种是从结构的角度出发，在机器人手腕部分配置一个柔顺环节，以满足柔顺装配作业的需要，这就是所谓的被动柔顺装配技术。

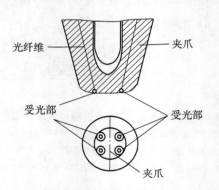

图 2.37 带检测元件的机器人手爪

图 2.38 所示为一种具有水平和摆动浮动功能的柔顺手腕机构，其水平浮动机构由平面、钢球和弹簧构成，可实现两个方向上的浮动。摆动浮动机构则由上、下球面和弹簧构成，可实现两个方向上的摆动。在装配作业中，如遇夹具定位不准或机器人手爪定位不准时可自行

校正，其动作过程如图 2.39 所示。在插入装配中，工件局部被卡住时，将会受到阻力，促使柔顺手腕发挥作用，使手爪产生一个微小的修正量，工件便能顺利地插入。图 2.40 所示为另一种结构形式的柔顺手腕，其工作原理与上述柔顺手腕相似。图 2.41 所示为一种采用板弹簧作为柔性元件的柔顺手腕，该手腕在基座上通过板弹簧 1、2 连接框架，框架另两个侧面上通过板弹簧 3、4 连接平板和轴。装配时通过 4 块板弹簧的变形实现柔顺装配。图 2.42 所示为采用数根钢丝弹簧并联组成的一种柔顺手腕。

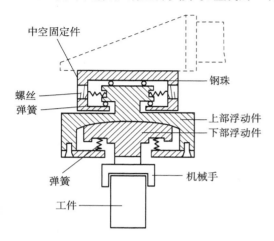

图 2.38　移动、摆动式柔顺手腕结构

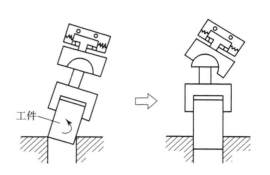

图 2.39　柔顺手腕动作过程示意图

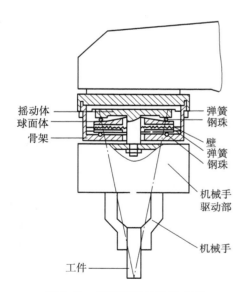

图 2.40　柔顺手腕结构示意图

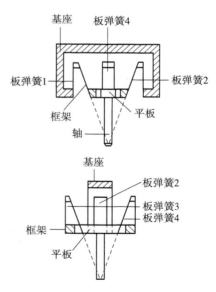

图 2.41　采用板弹簧的柔顺手腕结构示意图

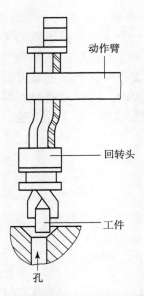

动作臂

回转头

工件

孔

图 2.42 采用钢丝弹簧的柔顺手腕结构示意图

主动柔顺手腕须配备一定数量和功能的传感器，价格较贵，且由于反馈控制响应能力的限制，装配速度较慢。但主动柔顺手腕可以在较大范围内进行对中校正，装配间隙可少至几个微米，并可实现无倾角孔的插入，通用性很强。被动柔顺手腕结构比较简单，价格也比较便宜，且装配速度比主动柔顺手腕要快。但它要求装配件须有倾角，允许的校正补偿量受到倾角的限制，轴孔间隙不能太小，否则插入阻力较大。为了扬长避短，近年来综合上述两种柔顺手腕优点的主/被动柔顺手腕正在发展和研制过程中。

2.5 工业机器人手部结构

手部结构是指工业机器人为了进行相关作业而在手腕上配置的操作机构，有时也称之为手爪部分或末端操作器。如抓取工件的各种抓手、取料器、专用工具的夹持器等，还包括部分专用工具（如拧螺钉螺母机、喷枪、切割头、测量头等）。

由于工业机器人作业内容的差异性（如搬运、装配、焊接、喷涂等）和作业对象的多样性（如轴类、板类、箱类、包类、瓶类物体等），机器人手部结构的形式多种多样、极其丰富。如从驱动手段来说，就有电机驱动、电磁驱动、气液驱动等。考虑机器人手部的用途、功能和结构特点，大致可分成卡爪式取料手、吸附式取料手、末端操作器与换接器以及仿生多指灵巧手等几类[96-97]。

2.5.1 卡爪式取料手

卡爪式取料手由手指（手爪）和驱动机构组成，通过手指的开合动作，实现对物体的夹持。根据夹持对象的具体情况，卡爪式取料手可有二个或多个手指，手指的形状也可以各种各样。取料方式有外卡式、内涨式和挂钩式等。驱动方法有气压驱动、液压驱动、电磁驱动和电机驱动，还可利用弹性元件的弹性力来抓取物体而不需驱动元件。在工业机器人领域中，以气压驱动方式最为普遍，其主要原因在于气缸结构紧凑、动作简单，传动机构的形式更是丰富多彩，根据手指开合的动作特点，可分为回转型和移动型。其中，回转型又可分为一支点回转型和多支点回转型；根据手爪夹紧是摆动的或是平动的，还可分为摆动回转型和平动回转型。

（1）弹性力抓手。

弹性力抓手不需专门的驱动装置，其夹持物体的抓力由弹性元件提供。抓料时需要一定的压入力，卸料时则需要一定的拉力。图 2.43 所示为几种弹性力抓手的结构原理图。

其中图 2.43（a）所示抓手有一个固定爪 1，另一个活动爪 7 则靠压簧 4 提供抓力，活动爪 7 绕轴 6 回转，空手时其回转角度由平面 2、3 限制。抓物时活动爪 7 在推力作用下张开，靠爪上的凹槽和弹性力抓取物体，卸料时需固定物体的侧面，抓手用力拔出即可。

图 2.43（b）所示为具有二个滑动爪的弹性力抓手。压簧 3 的两端分别推动二个杠杆活动爪 1 绕轴 4 摆动。销轴 2 保证二爪闭合时有一定的距离，在抓取物体时接触反力产生张开力矩。

图 2.43（c）所示为用二块板簧做成的抓手。

图 2.43（d）所示为用四根板簧做成的内卡式抓手，主要用于电表线圈的抓取。

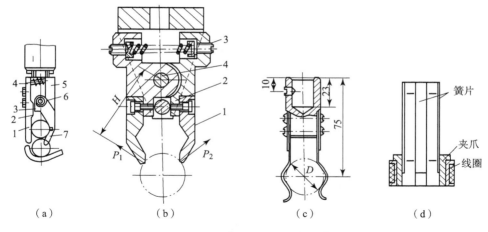

图 2.43　几种弹性力抓手结构示意图

（2）摆动式抓手。

摆动式抓手在开合过程中，手爪是绕固定轴摆动的。这种抓手结构简单，性能可靠，使用较广，尤其适合圆柱形表面物体的抓取作业。图 2.44 所示为几种摆动式抓手的结构原理图。

其中，图 2.44（a）所示为连杆摆动式抓手。这种抓手的推拉杆 3 做上下移动，通过连杆 2 带动手爪 1 绕同一转轴摆动，完成开合动作。

图 2.44（b）所示为齿轮齿条摆动式抓手，其推拉杆端部装有齿条，与固定于爪上的齿轮啮合，齿条的上下移动带动二个手爪绕各自的转轴摆动，完成开合动作。

图 2.44（c）所示为挂钩摆动式抓手。气缸推杆的动作使右侧挂钩摆动，通过两个挂钩上的齿轮啮合使左侧挂钩联动。挂钩式抓手不是靠夹紧力来抓取物体，而是依靠物体重力对转轴产生的回转力矩来抓住物体，因而有自锁作用，适合提升大型物体。

图 2.44（d）所示为三爪内卡式摆动抓手。推拉杆下移时手爪张开，适合抓取圆环形物体。

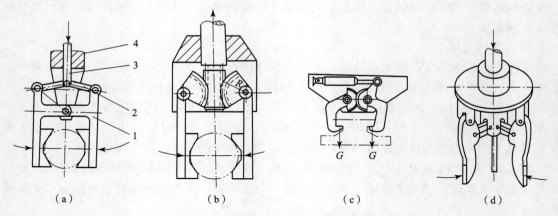

（a）　　　　　　（b）　　　　　　（c）　　　　　　（d）

图 2.44　几种摆动式抓手结构示意图

（3）平动式抓手。

平动式抓手在开合过程中，其爪是平动的，因此而得名。这种抓手的运动可以有圆弧式平动和直线式平动之分。平动式抓手适合被夹持面是两个平面的物体。图 2.45 所示为连杆圆弧平动式抓手的结构原理图。该抓手采用平行四边形平动机构，使手爪在开合过程中能够保持其方向不变，做平行开合运动。而爪上任意一点的运动均为圆弧摆动。这种抓手在夹持物体的瞬间，对物体表面有一个切向分力。

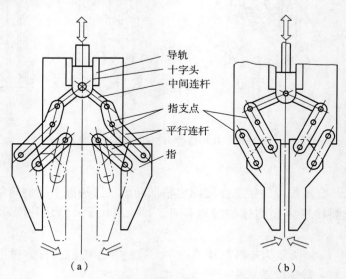

（a）　　　　　　　　　（b）

图 2.45　连杆圆弧平动式抓手结构示意图

图 2.46 所示为直线平动式抓手的结构原理图。其中，图 2.46（a）所示为螺杆副直线平动式抓手，螺杆上有旋向相反的左、右两段螺纹，爪上有螺孔（即为螺母），当螺杆旋转时，二爪做开合运动。图 2.46（b）所示为凸轮副直线平动式抓手。在连接手爪的滑块上有导向槽和凸轮槽，当活塞杆上下运动时，通过滚子对凸轮槽的作用使滑块沿导向滚子平移完

成手爪的开合动作。图2.46（c）所示为差动齿条平动式抓手，其二个手爪的相关表面上制有齿条，这些齿条与过渡齿轮啮合，当拉动一个手爪时，另一个手爪反向运动，从而完成开合动作。

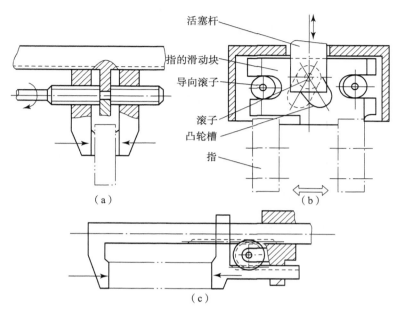

活塞杆

指的滑动块

导向滚子

滚子

凸轮槽

指

（a）　　　　　　　（b）

（c）

图 2.46　几种直线平动式抓手结构示意图

2.5.2　吸附式取料手

顾名思义，吸附式取料手靠吸附作用取料。根据吸附力的不同，可分为气吸附和磁吸附两种。吸附式取料手主要适合大平面（单面接触无法抓取）、易碎（玻璃、磁盘）、微小（不易抓取）的物体，因而使用范围较为广阔[98]。

（1）气吸附取料手。

气吸附取料手是利用吸盘内的压力与吸盘外大气压之间的压力差而工作的。按形成压力差的方法，可分成真空气吸、气流负压气吸、挤压排气负压气吸等几种。与卡爪式取料手相比，气吸附取料手具有结构简单、重量轻、吸附力分布均匀等优点。对于薄片状物体（如板材、纸张、玻璃等）的搬取具有更大的优越性，广泛用于非金属材料或不可剩磁材料的吸附作业。但要求所搬取的物体表面平整光滑、无孔无凹槽。下面介绍几种常用的气吸附取料手结构原理。

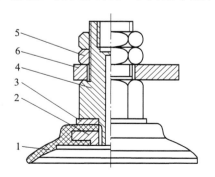

图 2.47 所示为真空气吸附取料手的结构原理图。该取料手利用真空泵产生真空，其真空度较高。碟形橡胶吸盘 1 通过固定环 2 安装在支承杆 4 上，支承杆 4 由螺母 5 固定在基板 6

图 2.47　真空气吸附取料手结构示意图

1—橡胶吸盘；2—固定环；3—垫片；
4—支承杆；5—螺母；6—基板

上。取料时，碟形橡胶吸盘 1 与物体表面接触，吸盘边缘既能起到密封作用，又能起到缓冲作用，然后真空抽气，吸盘内腔形成真空，实施吸附取料。放料时，管路接通大气，失去真空，物体即可放下。为了避免在取放料时发生撞击，有的还在支承杆上配有缓冲弹簧；为了更好地适应物体吸附面的倾斜状况，有的在吸盘背面设计有球铰链（见图 2.48）。对于尺度微小（如小垫圈、小钢球等），无法实施手爪抓取的物体，真空吸附取料方式有着用武之地（见图 2.49）。

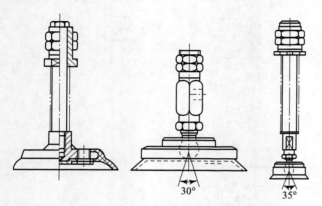

图 2.48　各种真空气吸附取料手结构示意图

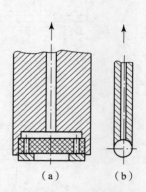

图 2.49　微小零件取料手结构示意图

（a）垫圈取料手；（b）钢球取料手

　　真空吸附取料工作可靠，吸力大，但需要配套真空系统，成本较高。气流负压吸附取料手的结构原理如图 2.50 所示。由流体力学的原理可知，当需要取料时，压缩空气高速流经喷嘴 5，这时其出口处的气压低于吸盘腔内的气压，于是腔内的气体被高速气流带走而形成负压。完成取料动作而需要释放时，切断压缩空气即可。气流负压吸附取料手所需压缩空气在一般企业内都比较容易获得，因此成本较低。

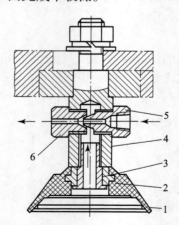

图 2.50　气流负压吸附取料手结构示意图

1—橡胶吸盘；2—芯套；3—通气螺钉；4—支承杆；5—喷嘴；6—喷嘴套

　　挤压排气式取料手的具体结构如图 2.51 所示。该取料手取料时，吸盘 1 压紧物体，橡胶吸盘发生变形，挤出腔内多余空气，此后取料手上升，靠橡胶吸盘的恢复力形成负压而将物体吸住。释放时，压下推杆 3，使吸盘腔与大气连通而失去负压。挤压排气式取料手结构简单，但要防止漏气，工作时不宜长时间停顿。

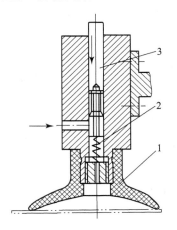

图 2.51　挤压排气式取料手结构示意图
1—橡胶吸盘；2—弹簧；3—推杆

（2）磁吸附取料手。

磁吸附取料手利用电磁铁通电后产生的电磁吸力进行取料作业，因此它只能对铁磁物体起作用。另外，对某些不允许有剩磁存在的零件也禁止使用。所以，磁吸附取料手有一定的局限性。

电磁铁的工作原理如图 2.52 所示。当线圈 1 通电后有电流经过，在铁芯 2 内外产生磁场，磁力线经过铁芯，空气隙和衔铁 3 被磁化并形成回路。衔铁受到电磁吸力 F 的作用被牢牢吸住。实际使用时，往往采取图 2.52（b）所示的盘式电磁铁，衔铁是固定的，衔铁内用隔磁材料将磁力线切断，当衔铁接触铁磁物体（待吸附的零件）时，零件被磁化形成磁力线回路并受到电磁吸力而被吸住。

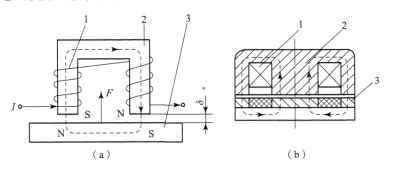

（a）　　　　　　　　　　　　（b）

图 2.52　电磁铁工作原理示意图
1—线圈；2—铁芯；3—衔铁

图 2.53 所示为盘状磁吸附取料手的结构示意图。铁芯 1 和磁盘 3 之间用黄铜焊接并构成隔磁环 2，线圈 11 通电后磁力线回路为：壳体 6 的外环、磁盘 3、零件、铁芯 1、壳体内圈。铁芯 1 通过二个轴承 10 安装在壳体内孔上，在保证取料手能够正常转动的前提下，通过挡圈 7、8 可调整磁路气隙 δ，使其越小越好。

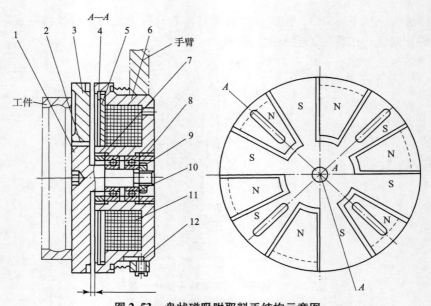

图 2.53 盘状磁吸附取料手结构示意图

1—铁芯；2—隔磁环；3—磁盘；4—卡环；5—盖；6—壳体；7—挡圈；
8—挡圈；9—螺母；10—轴承；11—线圈；12—螺钉

2.5.3 末端操作器与换接器

（1）末端操作器。

工业机器人是一种通用性很强的自动化设备，可根据作业要求完成各种动作。如能配备各种不同的手部机构即末端操作器以后，就能完成各种操作。例如，在通用型工业机器人上若安装焊枪就能使之成为一台焊接机器人；若安装拧螺母机就能使之成为一台装配机器人。

目前，已经出现机器人专用的各类末端操作器，除了各种手爪、吸附取料器以外，还有许多是由各种专用电动、气动工具改型而成的（见图2.54），其中比较典型的有：拧螺钉螺

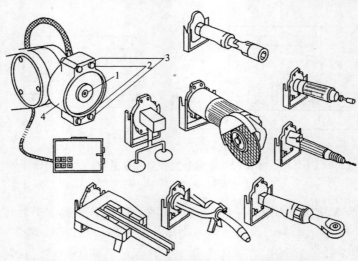

图 2.54 各种末端操作器和电磁吸盘式换接器示意图

1—气路接口；2—定位销；3—电接头；4—电磁吸盘

母机、焊枪、电磨头、电铣头、抛光头、激光切割机等，形成了一整套系列供用户选用。

（2）换接器或自动手爪更换装置。

对于通用型工业机器人来说，要求其在作业时能够自动更换不同的末端操作器，因而必须为其配备具有快速装卸功能的换接器[99]。换接器由换接器插座和换接器插头两部分组成，分别装在机器人腕部和末端操作器上，能够实现机器人对末端操作器的快速自动更换。具体实施时，各种末端操作器存放在工具架上，组成一个如图 2.55 所示的末端操作器库，机器人可根据作业要求自行从工具架上换接相应的末端操作器。

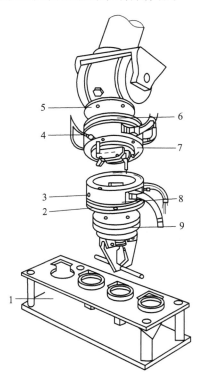

图 2.55　气动换接器与操作器库示意图

1—末端操作器库；2—操作器过渡法兰；3—位置指示灯；4—换接器气路；5—连接法兰；
6—过渡法兰；7—换接器；8—配合器；9—末端操作器

在工业机器人领域，对末端操作器换接器的主要要求包括：同时具备电源、气源及信号的快速连接与切换；能承受末端操作器的工作载荷；在失电、失气或机器人停止工作时不会自行脱离；具有一定的换接精度等。

在图 2.55 所示气动换接器和末端操作器库中，换接器也分为两部分，一部分装在机器人手腕上，称之为换接器 7，另一部分装在末端操作器 9 上，称之为配合器 8。利用气动锁紧器将两部分进行连接，并用位置指示灯 3 表示电路、气路是否接通。

图 2.56 所示为另一种气动换接器，同样采用气动锁紧装置进行换接器的连接，负荷能力 10～60N，具有气路和 32 路电插头。

（3）多工位换接装置。

某些工业机器人的作业任务相对比较集中，需要换接一定数量的末端操作器，但又不必

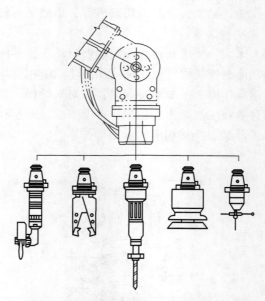

图 2.56　气动换接器与末端操作器示意图

配备门类较全、数量较多的末端操作器库，这时，可在机器人手腕上设置一个多工位换接装置。例如，在机器人柔性装配线的某个工位上，机器人要依次装配垫圈、螺钉等几种零件，采用多工位换接装置就可以从几个供料处依次抓取几种零件，然后逐个进行装配，这样既可以节省几台专用机器人，又可以避免通用机器人因频繁换接操作器而浪费装配作业的时间。

　　多工位换接装置如图 2.57 所示，可以有棱锥型和棱柱型两种形式。棱锥型换接装置可保证手爪轴线与手腕轴线的一致性，受力合理，但传动机构较为复杂；棱柱型换接装置传动机构简单，但手爪轴线与手腕轴线不能保持一致，受力不良。

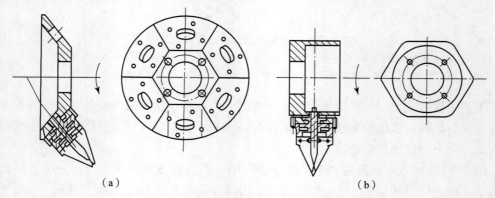

（a）　　　　　　　　　　　　　　　　　　（b）

图 2.57　多工位末端操作器换接装置示意图
（a）棱锥型；（b）棱柱型

2.5.4　仿生多指灵巧手

简单的卡爪式取料手难以适应外形复杂物体的抓取作业，不能使物体表面承受均匀的夹持力，因而无法满足对形状复杂、材质不同的物体实施夹持和操作。为了改善机器人手爪和手腕的灵活性，提高其操作能力和快速反应能力，使机器人的手爪也能像人手一样进行各种复杂的作业，就必须为其配备一个运动灵活、动作多样的灵巧手。目前，国内外有关灵巧手的研究方兴未艾，各种成果也层出不穷。

（1）柔性手。

图 2.58 所示为日本东京大学梅谷教授研制的多关节柔性手，每个手指由多个关节串接而成。手指传动部分由牵引钢丝绳和摩擦滚轮组成，每个手指由二根钢丝绳牵引，一侧为握紧，一侧为放松。驱动源可采用电机驱动、液压或气动元件驱动。可抓取凹凸外形物体并使物体受力较为均匀。

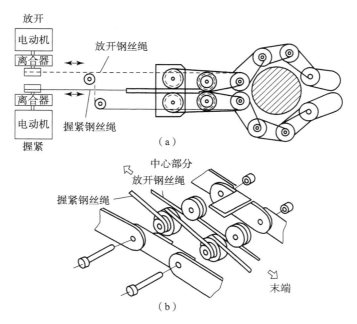

图 2.58　多关节柔性手腕结构示意图

图 2.59 所示为用柔性材料制作的柔性手，这是一种一端固定、一端为自由端的双管合一的柔性管状手爪。当其一侧管内充进气体或液体而另一侧管内抽取气体或液体后，两管形成压力差，柔性手爪就向抽空气体或液体的一侧弯曲。这种柔性手爪适合用来抓取轻型的圆形物体，如玻璃器皿等。

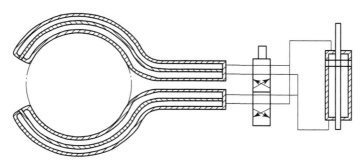

图 2.59　柔性手结构示意图

（2）多指灵巧手。

工业机器人手爪的最完美形式是模仿人手的多指灵巧手。图 2.60 和图 2.61 分别为多指灵巧手的手部和一个手指的结构示意图。图 2.62 则是为驱动一个手指而需配备的动力传递系统。该灵巧手的特点是每个手指具有 3 个自由度，而每个手指需用 4 台电机驱动，各电机根据安装在手腕部分的张力传感器和电机侧面的位置传感器的信号，同时控制钢丝绳的张力和位置。与一个电机控制一个关节的方法相比，虽然它所用电机多了一个，但它却不用担心钢丝绳会产生松弛现象。

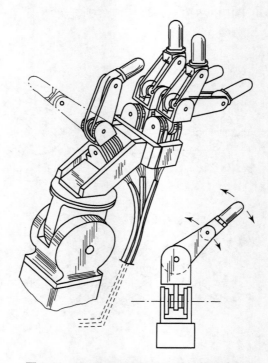

图 2.60　Stanford/JPL 灵巧手结构示意图

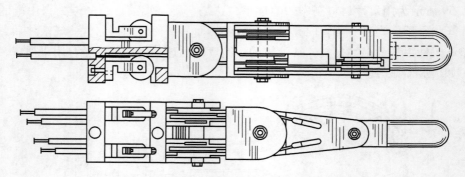

图 2.61　Stanford/JPL 灵巧手手指结构示意图

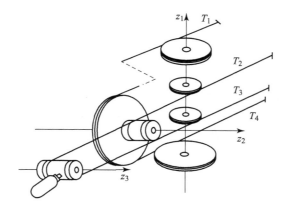

图 2.62 Stanford/JPL 灵巧手手指动力传递系统示意图

图 2.63 所示为 Utah/M. I. T. 开发的一种灵巧手结构示意图。该灵巧手是在对速度、强度、动作范围、灵巧性、可靠性、姿态重复性、生产成本等诸多因素进行详细研究后研制成功的。其各个手指都有 4 个自由度，除了没有小指以外，其结构非常接近人手，几乎人手能够完成的动作它都能够巧妙地模仿。图 2.64 所示为驱动该灵巧手手指所用的压力控制型双重结构气压式驱动器外形图和原理图。每个手指关节用两个驱动器控制，每个驱动器的控制均是以力伺服控制为基础，并通过安装在手腕部分的张力传感器（见图 2.65）的输出反馈来实现的。此外，各个手指关节处还安装了角度变化传感器（见图 2.66），从而使该灵巧手的动作更加完美。

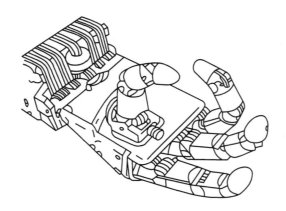

图 2.63 Utah/M. I. T. 开发的灵巧手

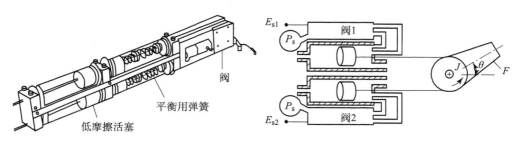

图 2.64 Utah/M. I. T. 灵巧手手指驱动器
（a）双重结构气压式驱动器外形图；（b）手指关节驱动系统原理图

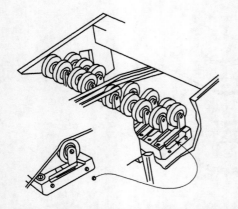

图2.65　安装在灵巧手手腕处的张力传感器

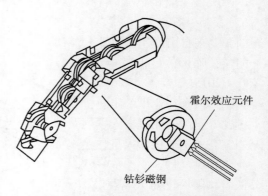

图2.66　灵巧手使用的关节角度传感器

本章小结与思考

　　机械结构是工业机器人的骨架和基础。工业机器人机械结构技术的着眼点在于如何与机器人的使命相适应，利用高新技术来更新概念，实现结构上、材料上、性能上的变更，满足人们对工业机器人减轻重量、缩小体积、保证精度、提高刚度、增强功能、改善性能的多项要求。机械结构设计的任务是在总体设计的基础上，根据所确定的原理方案，确定并绘出具体的结构图，以体现所要求的功能；是将抽象的工作原理具体化为某类构件或零部件，具体内容为在确定结构件的材料、形状、尺寸、公差、热处理方式和表面状况的同时，还须考虑其加工工艺、强度、刚度、精度以及与其他零件相互之间关系等问题。本章主要介绍了直角坐标式、圆柱坐标式、球面坐标式、关节坐标式机器人的总体结构，说明了它们各自的结构特点和应用特性，阐述了工业机器人机座结构、手臂结构、手腕结构、手部结构的设计要点与注意事项，还着重对末端操作器与换接器、仿生多指灵巧手作了系统讲述，让学习者在熟悉、理解工业机器人关键零部件结构特点、工作特性、适用范围的基础上，更好地掌握工业机器人的结构设计技术。

本章习题与训练

　　（1）工业机器人机械系统总体设计主要包括哪些方面？

　　（2）列表说明直角坐标机器人、圆柱坐标机器人、球面坐标机器人、关节（包括垂直关节、平面关节）机器人的结构特点、应用特性及各自占工业机器人总数的比重。

　　（3）直接连接传动与直接驱动有何区别？

　　（4）远距离连接传动与间接驱动有何区别？

　　（5）简述模块化结构工业机器人的优缺点。

　　（6）对工业机器人结构件材料的选用有哪些基本要求？

　　（7）为什么要选用弹性模量/密度比大的材料？

　　（8）材料阻尼大有什么好处？

（9）在工业机器人设计时，如果已采用了制动器，是否还要考虑采用平衡系统？为什么？

（10）简述工业机器人平衡用的平行四边形机构。

（11）工业机器人对移动关节有何要求？

（12）工业机器人为什么要采用谐波传动？

（13）工业机器人手臂设计时有哪些基本要求？

（14）列举一种典型机器人手臂结构图，并说明其结构特点。

（15）什么叫 R 关节、B 关节和 T 关节？什么叫 RPY 运动？

（16）什么叫 BBR 手腕、BRR 手腕？什么叫手腕自由度退化？

（17）什么叫作多指手爪、多关节手指手爪？

（18）手爪的开合为什么常用气动器件来实现？

（19）手爪设计中常用何种传动机构来保持爪钳做平行移动？

（20）真空吸盘有哪几种？试述它们的工作原理。

第3章

工业机器人理论分析技术

3.1 工业机器人运动学分析

从本质来看，机器人是由若干关节（运动副）连在一起的构件所组成的具有多个自由度的开链型空间连杆机构[100]。这个开链机构的一端固接在机器人的机座上，另一端则是机器人的末端执行器，中间由一些构件（刚体）用转动关节或移动关节串接而成。机器人运动学就是利用建立各运动构件与末端执行器位置、姿态之间的空间关系，为机器人的运动控制提供分析的依据、手段和方法。

机器人运动学主要研究两个问题：一个是运动学正问题，即给定机器人手臂、手腕等构件的几何参数及连接构件运动的关节变量（位置、速度和加速度），求机器人末端执行器对于参考坐标系的位置和姿态；另一个是运动学逆问题，即已知各构件的几何参数和机器人末端执行器相对于参考坐标系的位置与姿态，求能够实现这个位姿的关节变量并判明有几种解[101]。

1955 年，J. Denavit（迪纳维特）和 S. Harterberg（哈坦伯格）首次提出用齐次矩阵（英文名为 Homogeneous matrix，记为 D - H）来描述机构间的关系。D - H 矩阵把一个空间矢量从一个坐标系变换到另一个坐标系，是一个 4×4 矩阵。每一个矩阵可同时实现旋转和平移两个作用，但原来的矢量则必须用齐次坐标来表示。D - H 矩阵能够十分方便地用于机器人机构学研究。

3.1.1 运动学分析的基础知识

3.1.1.1 齐次坐标

1. 齐次坐标的性质

三维空间中任一点 P 可以用直角坐标 (x,y,z) 表示，也可以用不同时为零的 4 个数 (x_1,x_2,x_3,x_4) 来表示，这四个数称之为齐次坐标。

齐次坐标与直角坐标的关系为：

$$x = \frac{x_1}{x_4}, y = \frac{x_2}{x_4}, z = \frac{x_3}{x_4}$$

齐次坐标具有以下性质：

（1）空间一点 P 的直角坐标是单值的，但对应的齐次坐标是多值的；即齐次坐标可以是 (x_1,x_2,x_3,x_4)，其中 x_4 为非零数。

（2）x_4 为比例坐标，表示点 P 的各直角坐标值与对应的齐次坐标值之间的比例关系，x_4 不为零时，齐次坐标才能确定三维空间中唯一的点。

（3）直角坐标原点的齐次坐标为 $(0,0,0,x_4)$，$x_4 = 0$ 时，该坐标是无意义的。

2. 齐次坐标的矢量计算

三维空间矢量为 $v = ai + bj + ck$。其中 i，j，k 表示 OX、OY、OZ 轴上的单位矢量；矢量 v 的齐次坐标为 $[x,y,z,\omega]^T$，一般常取 $\omega = 1$。为此，可依照下述步骤进行齐次坐标的矢量计算：

（1）$sa = s[a_1,a_2,a_3,a_4]^T = [sa_1,sa_2,sa_3,sa_4]^T$，其中 s 为标量；

（2）$A + B = \left[\left(\dfrac{a_1}{a_4} + \dfrac{b_1}{b_4}\right)\left(\dfrac{a_2}{a_4} + \dfrac{b_2}{b_4}\right)\left(\dfrac{a_3}{a_4} + \dfrac{b_3}{b_4}\right)\right]^T$

（3）$A \cdot B = \dfrac{a_1 b_1 + a_2 b_2 + a_3 b_3}{a_4 b_4}$

（4）$A \times B = C = [c_1,c_2,c_3,c_4]^T$

其中　$c_1 = \dfrac{a_2 b_3 - a_3 b_2}{a_4 b_4}$

$\qquad c_2 = \dfrac{a_3 b_1 - a_1 b_3}{a_4 b_4}$

$\qquad c_3 = \dfrac{a_1 b_2 - a_2 b_1}{a_4 b_4}$

$\qquad c_4 = a_4 + b_4$

（5）$|A| = \dfrac{\sqrt{a_1^2 + a_2^2 + a_3^2}}{|a_4|}$

需要注意的是，矢量的齐次坐标有多种表示方法，例如 $3i + 4j + 5k$ 可表示为 $[3,4,5,1]^T$ 或 $[6,8,10,2]^T$ 或 $[-30,-40,-50,-10]^T$，为方便起见，通常取 $x_4 = 1$，零矢量则为 $[0,0,0,1]^T$，表示直角坐标原点；当 $x_4 = 0$ 时，$[0,0,0,0]^T$ 则表示无穷远处的点。

3.1.1.2　齐次变换及运算

刚体的运动是由转动和平移组成的。为了能用同一矩阵表示转动和平移，需要引入（4 × 4）的齐次坐标变换矩阵。

首先，介绍点在空间直角坐标系中的平移，如图 3.1（a）所示，空间某一点 A，坐标为 (x,y,z)，当其平移到 A' 点后，坐标变为 (x',y',z') 以及

$$\begin{cases} x' = x + \Delta x \\ y' = y + \Delta y \\ z' = z + \Delta z \end{cases}$$

写为齐次坐标后，上式可写成以下形式：

$$\begin{bmatrix} x' \\ y' \\ z' \\ 1 \end{bmatrix} = \begin{bmatrix} 1 & 0 & 0 & \Delta x \\ 0 & 1 & 0 & \Delta y \\ 0 & 0 & 1 & \Delta z \\ 0 & 0 & 0 & 1 \end{bmatrix} \begin{bmatrix} x \\ y \\ z \\ 1 \end{bmatrix} \qquad (3-1)$$

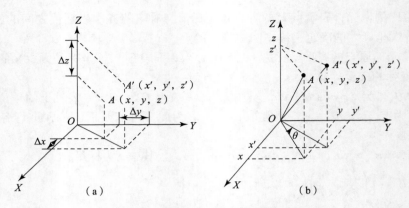

图 3.1　空间直角坐标的平移及旋转

（a）平移；（b）旋转

也可以简写成为：

$$a' = \text{Trans}(\Delta x, \Delta y, \Delta z)a$$

式中，$\text{Trans}(\Delta x, \Delta y, \Delta z)$ 表示齐次坐标变换的平移算子，且有：

$$\text{Trans}(\Delta x, \Delta y, \Delta z) = \begin{bmatrix} 1 & 0 & 0 & \Delta x \\ 0 & 1 & 0 & \Delta y \\ 0 & 0 & 1 & \Delta z \\ 0 & 0 & 0 & 1 \end{bmatrix} \tag{3-2}$$

其中第四列元素 $\Delta x, \Delta y, \Delta z$ 分别表示沿坐标轴 X, Y, Z 的移动量。若算子左乘，表示坐标变换是相对固定坐标系进行的；假如相对动坐标系进行坐标变换，则算子应该右乘。平移的齐次变换公式（3-2）同样适用于坐标系、物体等的变换。

其次，介绍点在空间直角坐标系中的旋转，与平移相对应的如图 3.1（b）所示，空间某一点 A，坐标为 (x, y, z)，当其绕 Z 轴旋转 θ 角到 A' 点后，坐标变为 (x', y', z')。

$$\begin{cases} x' = x\cos\theta - y\sin\theta \\ y' = x\sin\theta + y\cos\theta \\ z' = z \end{cases}$$

A 及 A' 的齐次坐标分别为 $\begin{bmatrix} x & y & z & 1 \end{bmatrix}^{\text{T}}$ 和 $\begin{bmatrix} x' & y' & z' & 1 \end{bmatrix}^{\text{T}}$，上式可写成以下形式：

$$\begin{bmatrix} x' \\ y' \\ z' \\ 1 \end{bmatrix} = \begin{bmatrix} \cos\theta & -\sin\theta & 0 & \Delta x \\ \sin\theta & \cos\theta & 0 & \Delta y \\ 0 & 0 & 1 & \Delta z \\ 0 & 0 & 0 & 1 \end{bmatrix}\begin{bmatrix} x \\ y \\ z \\ 1 \end{bmatrix} \tag{3-3}$$

因此旋转方程为 $\text{Rot}(z, \theta) = \begin{bmatrix} c\theta & -s\theta & 0 & \Delta x \\ s\theta & c\theta & 0 & \Delta y \\ 0 & 0 & 1 & \Delta z \\ 0 & 0 & 0 & 1 \end{bmatrix}$，同理可得 $\text{Rot}(x, \theta)$ 与 $\text{Rot}(y, \theta)$。

3.1.2　正运动学分析

假设有一个构型已知的机器人，即它的所有连杆长度和关节角度都是已知的，那么计算机器人手部的位姿就称为正运动学分析。换言之，如果已知所有机器人的关节变量，用正运动学方程就能计算任一瞬间机器人手部的位姿[102]。

　　确定一个刚体在空间的位姿须在其上固连一个坐标系，然后描述该坐标系的原点位置和它三个轴的姿态，总共需要六个自由度或六条信息来完整地定义该物体的位姿[103]。同理，如果要确定或找到机器人手部在空间的位姿，也必须在机器人手部固连一个坐标系并确定机器人手部坐标系的位姿，这正是机器人正运动学方程所要完成的任务。即是说，根据机器人连杆和关节的构型配置，可用一组特定的方程来建立机器人手部坐标系和参考坐标系之间的联系。

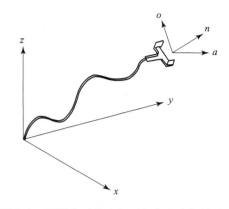

图 3.2　机器人手部坐标系与参考坐标的关系

　　图 3.2 所示为机器人手部坐标系、参考坐标系以及它们的相对位姿，两个坐标系之间的关系与机器人的构型有关。当然，机器人可能有许多不同的构型，后面将会看到如何根据机器人的构型来推导出与这两个坐标系相关的方程。

　　为使过程简化，可分别分析位置和姿态问题。首先推导出位置方程，然后再推导出姿态方程，再将两者结合在一起而形成一组完整的方程。最后，将看到关于 D‑H 表示法的应用，该方法可用于对任何机器人的构型建模。

3.1.2.1　位置的正运动学方程

　　机器人的定位可以通过相对于任何常用坐标系的运动来实现。比如，讨论机器人手部在直角坐标系中对空间一点的定位问题，就意味着有三个关于 x,y,z 轴的线性运动。如果是讨论在球坐标系中的定位问题，就意味着需要有一个线性运动和两个旋转运动。常用的坐标系包括：

　　（1）笛卡尔（台架、直角）坐标系；
　　（2）圆柱坐标系；
　　（3）球坐标系；
　　（4）链式（拟人或全旋转）坐标系。

3.1.2.2　笛卡尔（台架、直角）坐标系

　　在笛卡尔坐标系中运动的机器人其手部运动为沿 x,y,z 轴的三个线性运动。对应类型的机器人其所有的驱动机构都是线性的（比如液压活塞或线性动力丝杠），这时机器人手部的定位是通过三个线性关节分别沿三个轴的运动来完成的（如图 3.3 所示）。台架式机器人基本上就是一个直角坐标机器人，只不过是将机器人固连在一个朝下的直角架上。图 2.4 所示起重机就是一种台架式直角坐标机器人。

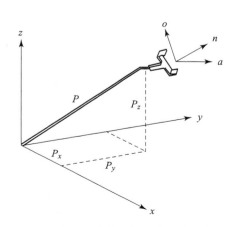

图 3.3　手部在直角坐标系中运动示意图

如果没有旋转运动，表示向 P 点运动的变换矩阵则是一种简单的平移变换矩阵，下面可以清楚地看到这一点。需要注意的是，这里只涉及坐标系原点的定位，而不涉及姿态。在直角坐标系中，表示机器人手部位置的正运动学变换矩阵为：

$$
{}_P^R\boldsymbol{T} = \boldsymbol{T}_{\text{cart}} =
\begin{bmatrix}
1 & 0 & 0 & P_x \\
0 & 1 & 0 & P_y \\
0 & 0 & 1 & P_z \\
0 & 0 & 0 & 1
\end{bmatrix}
\tag{3-4}
$$

其中 ${}_P^R\boldsymbol{T}$ 是参考坐标系与手部坐标系原点 P 的变换矩阵，而 $\boldsymbol{T}_{\text{cart}}$ 表示直角坐标变换矩阵。

3.1.2.3 圆柱坐标系

机器人手部在圆柱坐标系中的运动为两个线性平移运动和一个旋转运动，其运动顺序为：手部先沿 x 轴移动 r，再绕 z 轴旋转 α 角，最后沿 z 轴移动 l，全部过程如图 3.4 所示。这三个变换建立了机器人手部坐标系与参考坐标系之间的联系。由于这些变换都是相对于全局参考坐标系的坐标轴的，因此由这三个变换所产生的总变换可以通过依次左乘每一个矩阵而求得：

$$
{}_P^R\boldsymbol{T} = \boldsymbol{T}_{\text{cyl}}(r,\alpha,l) = \text{Trans}(0,0,l)\,\text{Rot}(z,\alpha)\,\text{Trans}(r,0,0)
\tag{3-5}
$$

$$
{}_P^R\boldsymbol{T} =
\begin{bmatrix}
1 & 0 & 0 & 0 \\
0 & 1 & 0 & 0 \\
0 & 0 & 1 & l \\
0 & 0 & 0 & 1
\end{bmatrix} \times
\begin{bmatrix}
c\alpha & -s\alpha & 0 & 0 \\
s\alpha & c\alpha & 0 & 0 \\
0 & 0 & 1 & 0 \\
0 & 0 & 0 & 1
\end{bmatrix} \times
\begin{bmatrix}
1 & 0 & 0 & r \\
0 & 1 & 0 & 0 \\
0 & 0 & 1 & 0 \\
0 & 0 & 0 & 1
\end{bmatrix}
\tag{3-6}
$$

$$
{}_P^R\boldsymbol{T} = \boldsymbol{T}_{\text{cyl}} =
\begin{bmatrix}
c\alpha & -s\alpha & 0 & rc\alpha \\
s\alpha & c\alpha & 0 & rs\alpha \\
0 & 0 & 1 & l \\
0 & 0 & 0 & 1
\end{bmatrix}
\tag{3-7}
$$

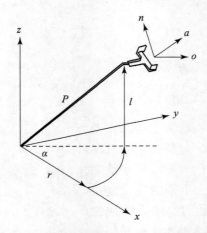

图3.4 手部在圆柱坐标系中运动示意图

经过一系列变换后，前三列表示了坐标系的姿态，然而人们只对坐标系的原点位置即最后一列感兴趣。显然，在圆柱坐标系的运动中，由于绕 z 轴旋转了 α 角，运动坐标系的姿态也将改变，这一改变将在后面讨论。

实际上，可以通过绕 $\bar{n}, \bar{o}, \bar{a}$ 坐标系中的 a 轴旋转 $-\alpha$ 角度使坐标系回转到和初始参考坐标系平行的状态，它等效于圆柱坐标矩阵右乘旋转矩阵 $(\bar{a}, -\alpha)$，其结果是，该坐标系的位置仍在同一地方，但其姿态再次平行于参考坐标系：

$$T_{cyl} \times \mathrm{Rot}(z, -\alpha) = \begin{bmatrix} c\alpha & -s\alpha & 0 & rc\alpha \\ s\alpha & c\alpha & 0 & rs\alpha \\ 0 & 0 & 1 & l \\ 0 & 0 & 0 & 1 \end{bmatrix} \times \begin{bmatrix} c(-\alpha) & -s(-\alpha) & 0 & 0 \\ s(-\alpha) & c(-\alpha) & 0 & 0 \\ 0 & 0 & 1 & 0 \\ 0 & 0 & 0 & 1 \end{bmatrix}$$

$$= \begin{bmatrix} 1 & 0 & 0 & rc\alpha \\ 0 & 1 & 0 & rs\alpha \\ 0 & 0 & 1 & l \\ 0 & 0 & 0 & 1 \end{bmatrix} \tag{3-8}$$

由此可见，运动坐标系的原点位置没有改变，但它转回到了与参考坐标系平行的状态。需要指出的是，最后的旋转是绕本地坐标系 a 轴的，其目的是不引起坐标系位置的任何改变，而只改变姿态。

3.1.2.4　球坐标系

如图 3.5 所示，机器人手部在球坐标系中的运动是由一个线性运动和两个旋转运动组成的，运动顺序为：先沿 z 轴平移 r，再绕 y 轴旋转 β 并绕 z 轴旋转 γ。这三个变换建立了手坐标系与参考坐标系之间的联系。由于这些变换都是相对于全局参考坐标系的坐标轴的，因此由这三个变换所产生的总变换可以通过依次左乘每一个矩阵而求得：

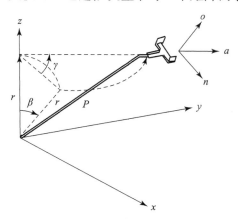

图 3.5　手部在球坐标系中运动示意图

$$^R_P T = T_{sph}(r, \beta, \gamma) = \mathrm{Rot}(z, \gamma)\,\mathrm{Rot}(y, \beta)\,\mathrm{Trans}(0, 0, \gamma) \tag{3-9}$$

$$^R_P T = \begin{bmatrix} c\gamma & -s\gamma & 0 & 0 \\ s\gamma & c\gamma & 0 & 0 \\ 0 & 0 & 1 & 0 \\ 0 & 0 & 0 & 1 \end{bmatrix} \times \begin{bmatrix} c\beta & 0 & s\beta & 0 \\ 0 & 1 & 0 & 0 \\ -s\beta & 0 & c\beta & 0 \\ 0 & 0 & 0 & 1 \end{bmatrix} \times \begin{bmatrix} 1 & 0 & 0 & r \\ 0 & 1 & 0 & 0 \\ 0 & 0 & 1 & r \\ 0 & 0 & 0 & 1 \end{bmatrix} \tag{3-10}$$

$$
{}^R_P\boldsymbol{T} = \boldsymbol{T}_{\text{sph}} = \begin{bmatrix} c\beta \cdot c\gamma & -s\gamma & s\beta \cdot c\gamma & rs\beta \cdot c\gamma \\ c\beta \cdot s\gamma & c\gamma & s\beta \cdot s\gamma & rs\beta \cdot s\gamma \\ -s\beta & 0 & c\beta & rc\beta \\ 0 & 0 & 0 & 1 \end{bmatrix} \qquad (3-11)
$$

前三列表示了经过一系列变换后的坐标系的姿态，而最后一列则表示了坐标系原点的位置。以后还要进一步讨论该矩阵的姿态问题。

这里也可旋转最后一个坐标系，使它与参考坐标系平行。这一问题作为练习留给读者，要求找出正确的运动顺序来获得正确的答案。

3.1.2.5　链式坐标系

如图 3.6 所示，机器人手部在链式坐标系中的运动由三个旋转运动组成。后面在讨论 D‑H 表示法时，将推导链式坐标的矩阵表示法。

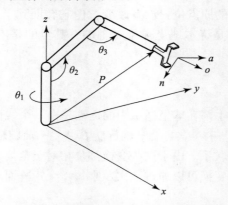

图 3.6　手部在链式坐标系中运动示意图

3.1.3　D‑H 表示法

3.1.3.1　机器人正运动学方程的 D‑H 表示法

1955 年，Denavit 和 Harterberg 在《ASME Journal of Applied Mechanics》上发表了一篇学术论文，后来他们利用这篇论文所述方法来对机器人进行表示和建模，并导出了机器人的运动方程[104]。该方法的总体思想是首先给机器人的每个关节指定坐标系，然后确定从一个关节到下一个关节进行变化的步骤，并通过两个相邻参考坐标系之间的变化体现出来，最后将所有变化结合起来，就可确定机器人末端关节与基座之间的总变化，从而建立起机器人的运动学方程，进一步对其求解[105]。时至今日，该方法已经成为一种对机器人连杆和关节进行建模的非常简单、有效的方法，可用于任何构型的机器人，而不管机器人的结构顺序和复杂程度如何。它也可用于表示前面讨论过的任何坐标中的变换，例如直角坐标、圆柱坐标、球坐标、欧拉角坐标及 RPY（Roll‑滚转、Pitch‑俯仰、Yaw‑偏转）角坐标等。另外，它还可以用于表示全旋转的链式机器人、SCARA 机器人或任何可能的关节和连杆组合。尽管采用其他方法对机器人建模可能会更快捷、更直接，但采用 D‑H 表示法会有额外的好处，因为人们已经使用该方法开发了许多技术，例如，雅克比矩阵的计算和力分析等。

假设机器人是由一系列关节和连杆组成的。这些关节可能是移动（线性）的或旋转（转动）的，它们可以按任意顺序放置并处于任意平面[106]。连杆也可以是任意长度（包括零），它可能被弯曲或扭曲，也可能位于任意平面上。所以任何一组关节和连杆都可以构成一个人们想要建模和表示的机器人。

为此，需要给每个关节指定一个参考坐标系，然后，确定从一个关节到下一个关节（一个坐标系到下一个坐标系）来进行变换的步骤。如果将从基座到第一个关节，再从第一个关节到第二个关节直至到最后一个关节的所有变换结合起来，就得到了机器人的总变换矩阵。在下一节，将根据 D－H 表示法确定一个一般步骤来为每个关节指定参考坐标系，然后确定如何实现任意两个相邻坐标系之间的变换，最后写出机器人的总变换矩阵。

假设一个机器人由任意多的连杆和关节以任意形式构成。图 3.7 表示了三个顺序的关节和两个连杆。虽然这些关节和连杆并不一定与任何实际机器人的关节或连杆相似，但是它们非常普通与常见，且能很容易地表示实际机器人的任何关节[107]。这些关节可能是旋转的、滑动的，或两者都有。尽管在实际情况下，机器人的关节通常只有一个自由度，但图 3.7 中的关节可以表示一个或两个自由度。例如，图 3.7（a）表示了三个关节，每个关节都是可以转动或平移的。第一个为关节 n，第二个为关节 $n+1$，第三个为关节 $n+2$。在这些关节的前后可能还有其他关节。连杆也是如此表示，连杆 n 位于关节 n 与关节 $n+1$ 之间，连杆 $n+1$ 位于关节 $n+1$ 与关节 $n+2$ 之间。

为了用 D－H 表示法对机器人建模，所要做的第一件事是为每个关节指定一个本地的参考坐标系。因此，对于机器人的每个关节都必须指定一个 z 轴和 x 轴。需要说明的是，由于 y 轴总是垂直于 x 轴和 z 轴的，且 D－H 表示法应用过程中根本就不用 y 轴，所以通常并不需要指定 y 轴。以下是给每个关节指定本地参考坐标系的步骤：

所有关节，无一例外的用 z 轴表示。如果关节是旋转的，z 轴位于按右手规则旋转的方向。如果关节是滑动的，z 轴为沿直线运动的方向。在每一种情况下，关节 n 处的 z 轴（以及该关节的本地参考坐标系）的下标为 $n-1$。例如，表示关节 $n+1$ 处的 z 轴是 z_n。这些简单规则可使人们很快地定义出所有关节的 z 轴。对于旋转关节，绕 z 轴的旋转（θ 角）是关节变量。对于滑动关节，沿 z 轴的连杆长度 d 是关节变量。

如图 3.7（a）所示，通常关节不一定是平行或相交的。因此，通常 z 轴是斜线，但总有一条距离最短的公垂线，它正交于任意两条斜线。因而可在公垂线方向上定义本地参考坐标系的 x 轴。所以如果 a_n 表示 z_{n-1} 与 z_n 之间的公垂线，则 x_n 的方向将沿 a_n。同样，在 z_n 与 z_{n+1} 之间的公垂线为 a_{n+1}，x_{n+1} 的方向将沿 a_{n+1}。应当注意的是，相邻关节之间的公垂线不一定相交或共线，因此，两个相邻坐标系原点的位置也可能不在同一个位置。根据上面介绍的知识并考虑下面例外的特殊情况，可以为所有的关节定义坐标系。

如果两个关节的 z 轴平行，那么它们之间就有无数条公垂线。这时可挑选与前一关节的公垂线共线的一条公垂线。这么做可以简化模型。

如果两个相邻关节的 z 轴是相交的，那么它们之间就没有公垂线（或者说公垂线距离为零），这时可将垂直于两条轴线构成的平面的直线定义为 x 轴。也就是说，其公垂线是垂直于包含了两条 z 轴的平面的直线，它也相当于选取两条 z 轴的叉积方向作为 x 轴。这么做也可以简化模型。

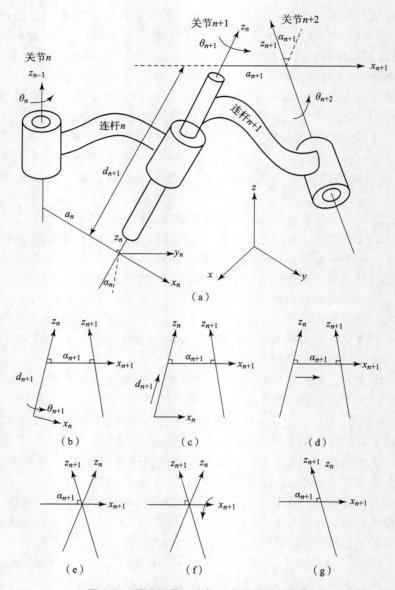

图 3.7　通用关节—连杆组合的 D－H 表示

在图 3.7（a）中，θ 角表示绕 z 轴的旋转角，d 表示在 z 轴上两条相邻的公垂线之间的距离，a 表示每一条公垂线的长度（也叫关节偏移量），角 α 表示两个相邻的 z 轴之间的角度（也叫关节扭转）。通常，只有 θ 和 d 是关节变量。

接下来可完成几个必要的运动，以便将一个参考坐标系变换到下一个参考坐标系。假设现在位于本地坐标系 $x_n - z_n$，那么通过以下四步标准运动即可到达下一个本地坐标系 $x_{n+1} - z_{n+1}$。

（1）绕 z_n 轴旋转 θ_{n+1}（如图 3.7（a）与（b）所示），它使得 x_n 和 x_{n+1} 互相平行，因为 a_n 和 $a_{n+\theta}$ 都是垂直于 z_n 轴的，因此绕 z_n 轴旋转 θ_{n+1} 使它们平行（并且共面）。

（2）沿 z_n 轴平移 d_{n+1} 距离，使得 x_n 和 x_{n+1} 共线（如图 3.7（c）所示）。因为 x_n 和 x_{n+1}

已经平行并且垂直于 z_n ，沿着 z_n 移动可使它们互相重叠在一起。

（3）沿 x_n 轴平移 a_{n+1} 的距离，使得 x_n 和 x_{n+1} 的原点重合（如图 3.7（d）和（e）所示）。这时两个参考坐标系的原点处在同一位置。

（4）将 z_n 轴绕 x_{n+1} 轴旋转 α_{n+1} ，使得 z_n 轴与 z_{n+1} 轴对准（如图 3.7（f）所示）。这时坐标系 n 和 $n+1$ 完全相同（如图 3.7（g）所示）。至此，已成功地从一个坐标系变换到了下一个坐标系。

在 $n+1$ 和 $n+2$ 坐标系间严格地按照上述四个运动步骤就可以将一个坐标变换到下一个坐标系。如有必要，可以重复以上步骤，就可以实现一系列相邻坐标系之间的变换。从参考坐标系开始，人们可以将其转换到机器人的基座，然后到第一个关节，第二个关节……直至末端执行器。值得庆幸的是，在任何两个坐标系之间的变换均可采用与前述相同的运动步骤来完成。

通过右乘表示四个运动的四个矩阵就可以得到变换矩阵 A ，矩阵 A 表示了四个依次的运动。由于所有的变换都是相对于当前坐标系的（即它们都是相对于当前的本地坐标系来测量与执行），因此所有的矩阵都是右乘。从而得到结果如下：

$$
{}_{n+1}^{n}\boldsymbol{T} = A_{n+1} = \mathrm{Rot}(z,\theta_{n+1}) \times \mathrm{Trans}(0,0,d_{n+1}) \times \mathrm{Trans}(a_{n+1},0,0) \times \mathrm{Rot}(x,\alpha_{n+1})
$$

$$
= \begin{bmatrix} c\theta_{n+1} & -s\theta_{n+1} & 0 & 0 \\ s\theta_{n+1} & c\theta_{n+1} & 0 & 0 \\ 0 & 0 & 1 & 0 \\ 0 & 0 & 0 & 1 \end{bmatrix} \times \begin{bmatrix} 1 & 0 & 0 & 0 \\ 0 & 1 & 0 & 0 \\ 0 & 0 & 1 & d_{n+1} \\ 0 & 0 & 0 & 1 \end{bmatrix} \times
$$

$$
\begin{bmatrix} 1 & 0 & 0 & a_{n+1} \\ 0 & 1 & 0 & 0 \\ 0 & 0 & 1 & 0 \\ 0 & 0 & 0 & 1 \end{bmatrix} \times \begin{bmatrix} 1 & 0 & 0 & 0 \\ 0 & c\alpha_{n+1} & -s\alpha_{n+1} & 0 \\ 0 & s\alpha_{n+1} & c\alpha_{n+1} & 0 \\ 0 & 0 & 0 & 1 \end{bmatrix} \tag{3-12}
$$

$$
A_{n+1} = \begin{bmatrix} c\theta_{n+1} & -s\theta_{n+1}c\alpha_{n+1} & s\theta_{n+1}s\alpha_{n+1} & a_{n+1}c\theta_{n+1} \\ s\theta_{n+1} & c\theta_{n+1}c\alpha_{n+1} & -c\theta_{n+1}s\alpha_{n+1} & a_{n+1}s\theta_{n+1} \\ 0 & s\alpha_{n+1} & c\alpha_{n+1} & d_{n+1} \\ 0 & 0 & 0 & 1 \end{bmatrix} \tag{3-13}
$$

比如，一般机器人的关节 2 与关节 3 之间的变换可以简化为：

$$
{}_{3}^{2}\boldsymbol{T} = A_{3} = \begin{bmatrix} c\theta_{3} & -s\theta_{3}c\alpha_{3} & s\theta_{3}s\alpha_{3} & a_{3}c\theta_{3} \\ s\theta_{3} & c\theta_{3}c\alpha_{3} & -c\theta_{3}s\alpha_{3} & a_{3}s\theta_{3} \\ 0 & s\alpha_{3} & c\alpha_{3} & d_{3} \\ 0 & 0 & 0 & 1 \end{bmatrix} \tag{3-14}
$$

在机器人的基座上，可以从第一个关节开始变换到第二个关节，然后到第三个关节，再到机器人手部，最终到末端执行器。若把每个变换定义为矩阵，则可以得到许多表示变换的矩阵。于是，在机器人基座与手部之间的总变换则为：

$$
{}_{H}^{R}\boldsymbol{T} = {}_{1}^{R}\boldsymbol{T}{}_{2}^{1}\boldsymbol{T}{}_{3}^{2}\boldsymbol{T}\cdots{}_{n}^{n-1}\boldsymbol{T} = A_{1}A_{2}A_{3}\cdots A_{n} \tag{3-15}
$$

其中 n 为关节数。对于一个具有六个自由度的机器人而言，就有 6 个 A 矩阵。

3.1.3.2　D－H 表示法的基本问题

虽然 D－H 表示法已经广泛用于机器人的运动建模与分析，并已成为解决相关问题的标准方法，但它在技术上仍然存在着一些严重缺陷，造成这些严重缺陷的根本原因在于：D－H 表示法讨论和适用的所有运动都是关于 x 和 z 轴的，而无法表示关于 y 轴的运动，因而只要有任何关于 y 轴的运动，D－H 表示法就束手无策，难以发挥作用。但在实际情况中，涉及 y 轴的运动还十分普遍。例如，假设机器人原本应该平行的两个关节轴在安装时出现微小偏差，导致两轴之间存在小的夹角，因此需要沿 y 轴运动加以纠偏。众所周知，在工业领域应用的机器人在其制造过程中大都存在一定的误差，这样的情况就不能用 D－H 法表示进行建模与分析，因而极大地制约了 D－H 表示法的"用武之地"，所以很多研究者试图改进 D－H 表示法，使其功能更加完善。

3.1.4　逆运动学分析

如果想要机器人手部呈现一个期望的位姿，就必须知道机器人每根连杆的长度和每个关节的角度，这样才能将机器人手部定位在所期望的位姿，其中涉及的理论工作就是逆运动学分析。需要强调的是，这里不是把已知的机器人变量代入正运动学方程中，而是要设法找到这些正运动学方程的逆，从而求得所需的关节变量，使机器人手部能够放置在期望的位姿上。比较起来，逆运动学方程更为重要，机器人的控制器将用这些方程来计算关节值，并以此来操控机器人运行，直至到达期望的位姿。

3.1.4.1　可解性

目前，不同自由度数的机械臂在工业机器人家族中占据着重要地位，其逆运动学分析十分典型，也十分重要。实际上，求解机械臂运动学方程是一个非线性问题。已知 $^0_N T$ 的数值，试图求出 $\theta_1\theta_2\cdots\theta_N$。对于具有 6 个自由度的机械臂来说，有 12 个方程，其中 6 个是未知的，而且在由 $^0_6 T$ 的旋转矩阵分量生成的 9 个方程中，只有 3 个是独立的，将这 3 个方程与未知矢量生成的 3 个方程相加，总共给出 6 个方程，其中含有 6 个未知量。这些方程为非线性超越方程，很难求解。与任何非线性方程一样，必须考虑共解的存在性、多重解性以及对应的求解方法。

3.1.4.2　解的存在性

"解是否存在"完全取决于机械臂工作空间的情况。工作空间是指机械臂末端执行器所能到达的范围，是衡量机械臂性能的重要指标[108]。若解存在，则被指定的目标点必须位于工作空间内。工作空间可分为可达工作空间和灵活工作空间。可达工作空间是指机械臂末端执行器上某一参考点可以到达的所有点的集合，这种工作空间不考虑末端执行器的位姿。灵活工作空间是指末端执行器上某一参考点可以从任何方向到达的点的集合。显然，灵活工作空间是可达工作空间的子集。

现在讨论图 3.8 所示两连杆机械臂的工作空间。如果 $l_1 = l_2$，则可达工作空间是半径 $2l_1$ 的圆，而灵

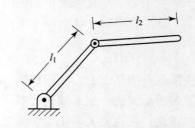

图 3.8　连杆长度为 l_1 和 l_2 两连杆机械臂

活工作空间仅是单独的一点，即原点。如果 $l_1 \neq l_2$，则不存在灵活工作空间，而可达工作空间为一外径为 $l_1 + l_2$，内径为 $|l_1 - l_2|$ 的圆环。在可达工作空间内部，末端执行器有两种可能的方位，在工作空间的边界上则只有一种可能的方位[109]。

尽管在实际机构中能够旋转 360° 的关节不多，但本处讨论的两连杆机械臂却假设其所有关节在工作空间都是能够旋转 360° 的。当机械臂相关关节的旋转角度不能达到 360° 时，机械臂工作空间的范围或末端执行器可能姿态的数目都会相应减小。例如图 3.8 所示的两连杆机械臂，θ_1 的运动方位为 360°，但只有 $0 \leqslant \theta_2 \leqslant 180°$ 时，可达工作空间才具有相同的范围，而此时仅有一个方位可以达到工作空间的每一个点。

当一个机械臂的自由度数少于 6 个时，它在三维空间内不能达到和实现全部位姿。显然图 3.8 中的平面机械臂只能在其位于的平面内运动，而不能超出平面之外，因此凡是 Z 坐标不为 0 的目标点或区域皆不可达。在很多实际情况中，一些具有 4 个或 5 个自由度的机械臂能够超出平面操作，但也不能到达全部目标点。所以必须研究这种机械臂以便了解并掌握其工作空间。通常这种机器人的工作空间是一个子空间，这个空间是由特定的机器人的工作空间确定的。在此，值得关注和研究的问题是，对于少于 6 个自由度的机械臂来说，如果给定一个确定的一般目标坐标系，那么什么是最近的可达目标坐标系？

一般说来，工作空间也取决于工具坐标系的变换，因为所讨论的工具端点通常就是人们所说的可达空间点。实际上，工具坐标系的变换与机械臂的运动学和逆运动学无关，故可重点研究机器人腕部坐标系 $\{W\}$ 的工作空间。对于一个确定的机器人末端执行器，定义工具坐标系 $\{T\}$，给定目标坐标系 $\{G\}$，然后计算相应的坐标系 $\{W\}$，接着人们会问：$\{W\}$ 的期望位姿是否在这个工作空间内？这里，人们所研究的工作空间（从计算的角度出发）与用户所关心的工作空间是有区别的，用户关心的是末端执行器的工作空间（$\{T\}$ 坐标系）。如果机器人腕部坐标系的期望位姿在这个工作空间内，那么至少存在一个解。

3.1.4.3　多重解问题

在求解运动学方程时还可能遇到多重解问题。例如，一个具有 3 个旋转关节的平面机械臂（见图 3.9），由于从任何方位均可到达工作空间内的任何位置，因此在平面中有较大的灵活工作空间（条件是给定适当的连杆长度和较大的关节运动范围）。图 3.10 所示为在某一位姿下带有末端执行器的三连杆平面机

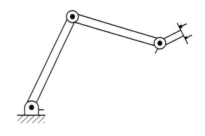

图 3.9　三连杆操作臂

械臂。虚线表示第二个可能的位形，在这个位形下，机械臂末端操作器的可达位姿与第一个位形相同。

因为机器人系统最终只能选择一个解，因此机械臂的多重解现象会带来一些问题，如解的选择标准不尽相同，比较合理的选择应当是取"最短行程"解。例如，在图 3.10 中，如果希望处于点 A 的机械臂末端执行器能够移动到点 B，所谓"最短行程"解就是使机械臂每一个运动关节的移动量达到最小。因此，在没有障碍物的情况下，可选择图 3.10 中上部虚线所示的位形，这表明对于机械臂的当前位置（实线所示位形）来说只需要对逆运动学程序输入一个小位移量即可。这样，利用算法能够选择关节空间内的最短行程解。但是，"最短行程"解可能有几种确定方式。例如，典型的机器人有 3 个大连杆，附 3 个小连杆，姿态

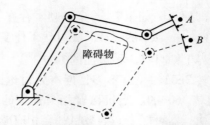

图 3.10 到达 B 点有两个解，一个解会引起干涉

连杆靠近末端执行器。这样，在计算"最短行程"解时需要加权，使得这种选择侧重于移动小连杆而不是移动大连杆。在存在障碍物的情况下，"最短行程"解可能发生干涉，这时只能选择"较长行程"解。为此，一般人们需要计算全部可能的解。这样，在图 3.10 中，障碍物的存在意味着机械臂末端操作器需要按照下部虚线所示的位形才能到达 B 点。

应当指出，解的个数取决于机械臂的关节数量，换言之，它也是连杆参数（对于旋转关节机械臂来说为 α_i，a_i 和 d_i）和关节运动范围的函数。例如，PUMA - 560 机器人到达一个确定的目标可有 8 个不同的解，图 3.11 所示为其中的 4 个解，它们对于机器人手部来说具有相同的位姿。实际上，对于图 3.11 中所示的每一个解还存在另外一种解，其中最后三个关节变为另外一种位形，如式（3 - 16）所示：

$$\theta_4' = \theta_4 + 180°$$
$$\theta_5' = -\theta_5 \qquad\qquad (3-16)$$
$$\theta_6' = \theta_6 + 180°$$

由上可见，该机器人对于一个操作目标共有 8 个解。由于机器人关节运动范围的限制，这 8 个解中的某些解是不能实现的。一般而言，连杆的非零参数越多，达到某一特定目标的方式也越越多。以具有 6 个旋转关节的机械臂为例，图 3.11 表明解的最大数目与等于零的连杆长度参数 a_i 的数目有关。非零参数越多，解的最大数目就越大。对于一个全部为旋转关节的 6 自由度机械臂来说，可能多达 16 种解。

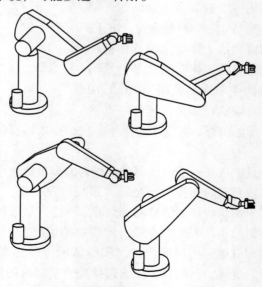

图 3.11 PUMA - 560 的 4 个解

3.1.4.4　解法

与线性方程组的求解算法不同，非线性方程组没有通用的求解算怯。针对解法问题，最好对已知机械臂解的构成形成定义。于是，可作相关定义如下：如果关节变量能够通过一种算法确定，这种算法可以求出与已知位姿相关的全部关节变量，那么机械臂便是可解的。

对于多重解情况，上述定义的核心作用正如人愿，因为它可以求得所有的解。因此，在求解机械臂问题时不必考虑具体的数值迭代过程，即这些方法并不能保证求出全部的解。可把机械臂的全部解法分成"封闭解法"和"数值解法"两大类。由于数值解法的迭代性质，因而它的求解速度通常要比封闭解法的求解速度慢得多，故在大多数情况下，人们并不喜欢用数值解法来求解运动学问题。"封闭解法"意指基于解析形式的解法，或意指对于不高于四次的多项式不用迭代便可完全求解。"封闭解法"的具体求解方法又可分为代数法和几何法两类，但有时它们的区别并不明显，因为任何几何法的求解过程中都引入了代数描述，因此这两种方法也有相似之处，其区别或许仅是求解过程的不同。

根据可解性定义进行相关探索，最近人们在运动学方面取得了一项重要研究成果，即证明所有包含转动关节和移动关节的串联型 6 自由度机构均是可解的[110]。但是这种解一般是数值解，对于 6 自由度机器人来说，只有在特殊情况下才会有解析解。这种存在解析解（封闭解）的机器人具有如下特性：它们存在几个正交关节轴或者有多个 α_i 为 0 或 90°。对于设计者来说，在设计机械臂时使封闭解存在是十分重要的。目前，随着机械臂虚拟设计和仿真分析技术的不断发展，有关问题已经大大简化，从而能够得到封闭解。

3.1.4.5　代数解法与几何解法

为了深入了解并牢固掌握运动学方程的求解方法，这里用代数解法和几何解法对一个简单的平面三连杆机械臂进行求解。

1. 代数解法

三连杆平面机械臂及其连杆参数如图 3.12 所示：

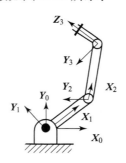

i	$\alpha_i - 1$	$a_i - 1$	d_i	θ_i
1	0	0	0	θ_1
2	0	L_1	0	θ_2
3	0	L_2	0	θ_3

图 3.12　平面三连杆机械臂和它的连杆参数

按照之前介绍的方法，应用这些连杆参数十分容易求得该机械臂的运动学方程。

$$
{}_{W}^{B}\boldsymbol{T} = {}_{3}^{0}\boldsymbol{T} = \begin{bmatrix} c_{123} & -s_{123} & 0.0 & l_1c_1 + l_2c_{12} \\ s_{123} & c_{123} & 0.0 & l_1s_1 + l_2s_{12} \\ 0.0 & 0.0 & 1.0 & 0.0 \\ 0 & 0 & 0 & 1 \end{bmatrix} \tag{3-17}
$$

为了集中讨论逆运动学问题，假设机器人腕部坐标系相对于基坐标系的变换，即 ${}_{W}^{B}\boldsymbol{T}$ 已经完成，因此目标点的位置已经确定。由于在此研究的是平面机械臂，因而通过确定三个量 x,y,ϕ 能够十分容易确定这些目标点的位置，其中 ϕ 是连杆 3 在平面内的方位角（相对于 $+X$ 轴）。因此，最好给出 ${}_{W}^{B}\boldsymbol{T}$ 以确定目标点的位置，假定这个变换矩阵如下

$$
{}_{W}^{B}\boldsymbol{T} = \begin{bmatrix} c_{\phi} & -s_{\phi} & 0.0 & x \\ s_{\phi} & c_{\phi} & 0.0 & y \\ 0.0 & 0.0 & 1.0 & 0.0 \\ 0 & 0 & 0 & 1 \end{bmatrix} \tag{3-18}
$$

所有可达目标点必须位于式（3-18）描述的子空间内，令方程式（3-17）与方程式（3-18）相等，可以求得四个非线性方程，进而求出 $\theta_1,\theta_2,\theta_3$：

$$
c_{\phi} = c_{\phi123} \tag{3-19}
$$

$$
s_{\phi} = s_{\phi123} \tag{3-20}
$$

$$
x = l_1c_1 + l_2c_{12} \tag{3-21}
$$

$$
y = l_1s_1 + l_2s_{12} \tag{3-22}
$$

现在求解式（3-19）~式（3-22），并将式（3-21）和式（3-22）平方，然后相加，得

$$
x^2 + y^2 = l_1^2 + l_2^2 + 2l_1l_2c_2 \tag{3-23}
$$

这里利用了

$$
\begin{aligned} c_{12} &= c_1c_2 - s_1s_2 \\ s_{12} &= c_1s_2 + s_1c_2 \end{aligned} \tag{3-24}
$$

由式（3-23）求 c_2，可得

$$
c_2 = \frac{x^2 + y^2 - l_1^2 - l_2^2}{2l_1l_2} \tag{3-25}
$$

上式有解的条件是式（3-25）右边的值必须在 -1 和 1 之间。在上述解法中，这个约束条件可用来检查解是否存在。如果约束条件不满足，则机械臂与目标点的距离太远。

假定目标点在工作空间内，s_2 的表达式为

$$
s_2 = \pm \sqrt{1 - c_2^2} \tag{3-26}
$$

最后应用 2 幅角反正切公式计算 θ_2，得

$$
\theta_2 = \mathrm{atan2}(s_1, c_2) \tag{3-27}
$$

式（3-26）是多解的，可选择"正"解或"负"解以确定式（3-26）的符号。在确定 θ_2 时，再次应用求解运动学参数的方程，即常用的先确定期望关节角的正弦和余弦，然后应用 2 幅角反正切公式的方法。这样确保得出所有的解，且所求的角度是在适当的象限里。

　　求出了 θ_2，可以根据式（3 - 19）和式（3 - 20）求出 θ_1，将式（3 - 21）和式（3 - 22）写成如下形式

$$x = k_1 c_1 - k_2 s_1 \tag{3 - 28}$$

$$y = k_1 s_1 + k_2 c_1 \tag{3 - 29}$$

式中

$$k_1 = l_1 + l_2 c_2$$
$$k_2 = l_2 s_2 \tag{3 - 30}$$

　　为了求解这种形式的方程，可进行变量代换，实际上就是改变常数 k_1 和 k_2 的形式。如果

$$r = \sqrt{k_1^2 + k_2^2} \tag{3 - 31}$$

并且

$$\gamma = \mathrm{atan2}(k_1, k_2) \tag{3 - 32}$$

式（3 - 28）和式（3 - 29）可以写成

$$\frac{x}{r} = \cos\gamma\cos\theta_1 - \sin\gamma\sin\theta_1 \tag{3 - 33}$$

$$\frac{y}{r} = \cos\gamma\sin\theta_1 + \sin\gamma\cos\theta_1 \tag{3 - 34}$$

因此可有

$$\cos(\gamma + \theta_1) = \frac{x}{r} \tag{3 - 35}$$

$$\sin(\gamma + \theta_1) = \frac{y}{r} \tag{3 - 36}$$

利用 2 幅角反正切公式，可得

$$\gamma + \theta_1 = \mathrm{atan2}\left(\frac{y}{r}, \frac{x}{r}\right) \tag{3 - 37}$$

从而

$$\theta_1 = \mathrm{atan2}(y, x) - \mathrm{atan2}(k_2, k_1) \tag{3 - 38}$$

　　需要注意的是，θ_2 符号的选取将导致 k_2 符号的变化，因此会影响到 θ_1。在求解运动学问题时，人们经常会应用式（3 - 31）和式（3 - 32）进行变换求解。同时还需注意，如果 $x = y = 0$，此时 θ_1 可取任意值，最后可求出 $\theta_1, \theta_2, \theta_3$ 的和，于是可得

$$\theta_1 + \theta_2 + \theta_3 = \mathrm{atan2}(s_\phi, c_\phi) \tag{3 - 39}$$

　　由于 θ_1 和 θ_2 已知，可以求出 θ_3。这种两个或两个以上的连杆在平面运动的机械臂是比较典型的问题。在求解过程中给出了关节角和表达式。

　　总之，用代数方法求解运动学方程是求解机械臂的基本方法之一，在求解方程时，解的形式已经确定。可以看出对于许多常见的几何问题，经常会出现几种形式的超越方程。

2. 几何解法

　　在几何解法中，为求出机械臂的解，须将机械臂的空间几何参数分解成为平面几何参数。用这种方法求解许多机械臂时是相当容易的。然后应用平面几何方法求出关节角度。

　　图 3.13 中示出了由 l_1 和 l_2 所组成的三角形及连接坐标系 {0} 的原点和坐标系 {3} 的原点的连线。图中虚线表示该三角形的另一种情况，同样能够达到坐标系 {3} 的位置。对

于实线表示的三角形。可用余弦定理求得 θ_2:

$$x^2 + y^2 = l_1^2 + l_2^2 - 2l_1l_2\cos(180° + \theta_2) \tag{3-40}$$

现在 $\cos(180° + \theta_2) = -\cos\theta_2$,所以有

$$c_2 = \frac{x^2 + y^2 - l_1^2 - l_2^2}{2l_1l_2} \tag{3-41}$$

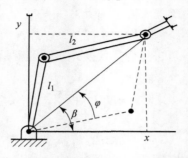

图 3.13　平面三连杆机器臂的平面集合的关系

为使该三角形成立,到目标点的距离 $\sqrt{x^2 + y^2}$ 必须小于或等于两个连杆的长度之和 $l_1 + l_2$,可对上述条件进行计算校核证明该解是否存在。当目标点超出机械臂的运动范围时,这个条件不能满足。假设解存在,那么由该方程所解得的 θ_2 应在 $0° \sim 180°$ 范围内,因为只有这些值能够使图 3.13 中的三角形成立。另一个可能的解(由虚线所示的三角形)可以通过对称关系 $\theta_2' = -\theta_2$ 得到。

为求解 θ_1 需要建立图 3.13 所示的 φ 和 β 角的表达式。首先 β 可以位于任意象限,这是由 x 和 y 的符号决定的。为此,应用 2 幅角反正切公式:

$$\beta = \text{atan2}(y, x) \tag{3-42}$$

再利用余弦定理求解 φ,可有

$$\cos\varphi = \frac{x^2 + y^2 + l_1^2 - l_2^2}{2l_1\sqrt{x^2 + y^2}} \tag{3-43}$$

这里,反求余弦。利用几何法求解时,上述关系是要经常用到的,因此必须在变量的有效范围内应用这些公式才能保证几何关系成立,那么有

$$\theta_1 = \beta \pm \varphi \tag{3-44}$$

式中,当 $\theta_2 < 0$ 时,θ_1 取正值;当 $\theta_2 > 0$ 时,θ_1 取负值。

平面内的角度是相加的,因此三个连杆的角度之和即为最后一个连杆的姿态

$$\theta_1 + \theta_2 + \theta_3 = \varphi \tag{3-45}$$

由上式求出 θ_3,便可求出该机械臂所有的解。

3.1.4.6　化简为多项式的代数解法

超越方程即使只有一个变量(如 θ),其求解也十分困难。但由于其经常以 $\sin\theta$ 和 $\cos\theta$ 的形式出现,为简化求解工作起见,故可进行相关变换,如可用单一变量 u 来表示以下关系:

$$u = \tan\frac{\theta}{2}$$

$$\cos\theta = \frac{1 - u^2}{1 + u^2} \qquad\qquad (3-46)$$

$$\sin\theta = \frac{2u}{1 + u^2}$$

这是在求解机器人运动学方程中经常用到的一种非常重要的几何变换方式。这个变换是把超越方程变成关于 u 的多项式方程。

3.1.4.7　重复精度和定位精度

目前，许多工业机器人都能够运动到示教的目标点。示教点是机器人运动实际到达的点，然后关节位置传感器读取关节角数据并存储起来。当命令机器人返回到这个空间点时，机器人的每个关节都移动到已存储的关节角位置[111]。在类似这样简单的示教和再现的机器人中，不存在逆运动学问题，因为没有在笛卡尔坐标系里指定目标点。当人们在确定机器人返回示教点的精度时，其实就是在确定机器人的重复精度。

在工业机器人技术领域，目标的位姿一般都是通过笛卡尔坐标确定的，计算机器人逆运动学问题是为了求出关节角。对于可将目标位置描述为笛卡尔坐标的系统，可以将机器人移动到工作空间中一些从未示教过的点，这些点或许以前从未达到过，可将这些点称为计算点。对许多作业来说机器人具备这种能力是必需的。比如，采用计算机视觉系统确定机器人必须抓持的某一部分，那么机器人必须能够移动到视觉传感器指定的笛卡尔坐标位置处。到达这个计算点的精度就称之为机器人的定位精度。

机器人的定位精度与重复精度存在一定的关系。显然，定位精度受到机器人运动学方程中参数精度的影响。例如，D-H 表示法中参数误差将会引起逆运动学方程中关节角的计算误差[112]。因此，尽管绝大多数工业机器人的重复精度非常好，但其定位精度却相当差，并且变化相当大。对于没有标定的机器人，其精度误差可以达到几毫米。因此在很多应用中必须对它们进行精确标定。所谓标定就是运用先进的测量手段和适当的参数识别方法辨识出机器人模型的准确参数，从而提高机器人精度的过程。按照 Roth 等人的见解，机器人标定技术可以划分为三个不同的层次：第一级是关节级，目的是正确决定关节传感器值与实际关节值之间的关系；第二级是模型级，目的是标定完整的机器人运动学模型参数，包括描述连杆的几何参数和齿轮或关节柔性的非几何参数；第三级是动力学级，目的是标定不同连杆的惯性特征。前两级有时被称为静态标定或运动学标定。根据标定方式的不同，运动学标定又可细分为基于运动学模型的参数标定、自标定及基于神经网络的正标定和逆标定。前两种标定方法之间存在着共同的问题，即如何选择合适的标定模型来精确反映所标定的机器人实际结构；以及采用何种方法来对误差参数进行精确测量、辨识与补偿。

3.1.4.8　计算问题

在机器人的许多路径控制方法中，对计算速度都提出了严格的要求，因为需要以相当高的速度（比如 30Hz，甚至更快）计算机器人的逆运动学问题，才能获得出色的控制效果，因而提高计算效率十分重要。在实际工作中，提高计算效率的方法多种多样，例如，在求解逆运动学问题时，人们可能会通过一个子程序来查询关于 Atan2 的表格以获得更高的计算速度。当然，实行寻求多解的计算结构也十分重要。采用并行计算而不是依次顺序计算的方法来获得所有的解，通常效率是相当高的。需要指出，在某些应用中，并不需要所有的结果，因此只计算需要的结果而不顾及其他就可以节省大量的计算时间。

另外，当用几何方程求机器人逆运动学解时，有时可以通过一些简单运算来计算各种角度以求得第1个解，为后续多解问题的求解奠定基础。实际上，在许多时候第一个解的计算是相当费时的，但后续的解算要顺畅很多。比如，通过计算角度差以及加减 π 等方法就可以很快求得其余的解。

3.1.5　设计实例：四自由度机器人

设计要求：利用图2.14和图2.15所示SCARA，结合本章所述知识进行四自由度机器人的正逆运动学分析。

主要内容包括：SCARA运动学模型的建立，包括机器人运动学方程的表示，以及机器人的运动学正解、逆解等，这些既是研究机器人控制的重要基础，也是进行开放式机器人系统轨迹规划的重要基础[113]。为了描述SCARA各连杆之间的数学关系，在此采用齐次变换矩阵的方法，即D-H表示法。从本质上分析，SCARA可以看作是一个开式运动链。它是由一系列连杆通过转动或移动关节串联而成的。为了研究机器人各连杆之间的位移关系，可在每个连杆上固接一个坐标系，然后描述这些坐标系之间的关系。

3.1.5.1　SCARA坐标系的建立

（1）SCARA坐标系的建立原则。

根据D-H表示法，建立SCARA各关节坐标系（图3.14）时可参照以下三原则进行：

① z_n 轴沿着第 n 个关节的运动轴；基坐标系的选择为：当第一关节变量为零时，零坐标系与第一坐标系重合。

② x_n 轴垂直于 z_n 轴，并指向离开 z_n 轴的方向。

③ y_n 轴的方向按右手定则确定。

（2）构件参数的确定。

构件本身的结构参数 a_{n-1}、α_{n-1} 和相对位置参数 d_n、θ_n 也可根据D-H表示法由以下步骤确定：

① θ_n 为绕 z_n 轴（按右手定则），由 x_{n-1} 轴到 x_n 轴的关节角。

② d_n 为沿 z_n 轴，将 x_{n-1} 轴平移至 x_n 轴的距离。

③ a_{n-1} 为沿 x_{n-1} 轴，从 z_{n-1} 量至 z_n 轴的距离。

④ α_{n-1} 为绕 x_{n-1} 轴（按右手定则），由 z_{n-1} 轴到 z_n 轴的偏转角。

（3）变换矩阵的建立。

全部连杆都规定坐标系之后，就可以按照以下步骤来建立相邻两连杆 $n-1$ 和 n 之间的相对关系：

①绕 x_{n-1} 轴转 α_{n-1} 角。

②沿 x_{n-1} 轴移动 a_{n-1}。

③绕 z_n 轴转 θ_n 角。

④沿 z_n 轴移动 d_n。

这种关系可由表示连杆 n 对连杆 $n-1$ 相对位置的齐次变换 $^{n-1}_n\boldsymbol{T}$ 来表征，即

$$_{n}^{n-1}\boldsymbol{T} = \boldsymbol{T}_r(x_{n-1}, \alpha_{n-1})\boldsymbol{T}_t(x_{n-1}, a_{n-1})\boldsymbol{T}_r(z_n, \theta_n)\boldsymbol{T}_t(z_n, d_n)$$

展开上式，可得

$$_{n}^{n-1}\boldsymbol{T} = \begin{bmatrix} \cos\theta_n & -\sin\theta_n & 0 & 0 \\ \sin\theta_n\cos\alpha_{n-1} & \cos\theta_n\cos\alpha_{n-1} & -\sin\alpha_{n-1} & -d_n\sin\alpha_{n-1} \\ \sin\theta_n\sin\alpha_{n-1} & \cos\theta_n\sin\alpha_{n-1} & \cos\alpha_{n-1} & d_n\cos\alpha_{n-1} \\ 0 & 0 & 0 & 1 \end{bmatrix} \tag{3-47}$$

由于 $_{n}^{n-1}\boldsymbol{T}$ 描述第 n 个连杆相对于第 $n-1$ 连杆的位姿，对于 SCARA 来说，机器人的末端装置即为连杆 4 的坐标系，它与基坐标的关系为：

$$_{4}^{0}\boldsymbol{T} = _{1}^{0}\boldsymbol{T}_{2}^{1}\boldsymbol{T}_{3}^{2}\boldsymbol{T}_{4}^{3}\boldsymbol{T} \tag{3-48}$$

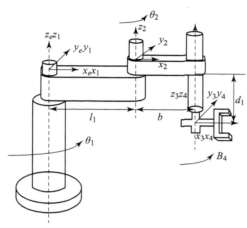

图 3.14　SCARA 的 D－H 连杆坐标系的建立

由坐标系变换，可写出连杆 n 相对于 $n-1$ 的变换矩阵 $_{n}^{n-1}\boldsymbol{T}$：

$$_{1}^{0}\boldsymbol{T} = \begin{bmatrix} c_1 & -s_1 & 0 & 0 \\ s_1 & c_1 & 0 & 0 \\ 0 & 0 & 1 & 0 \\ 0 & 0 & 0 & 1 \end{bmatrix} \qquad _{2}^{1}\boldsymbol{T} = \begin{bmatrix} c_2 & -s_2 & 0 & l_1 \\ s_2 & c_2 & 0 & 0 \\ 0 & 0 & 1 & 0 \\ 0 & 0 & 0 & 1 \end{bmatrix}$$

$$_{3}^{2}\boldsymbol{T} = \begin{bmatrix} 1 & 0 & 0 & l_2 \\ 0 & 1 & 0 & 0 \\ 0 & 0 & 1 & -d_3 \\ 0 & 0 & 0 & 1 \end{bmatrix} \qquad _{4}^{3}\boldsymbol{T} = \begin{bmatrix} c_4 & -s_4 & 0 & 0 \\ s_4 & c_4 & 0 & 0 \\ 0 & 0 & 1 & 0 \\ 0 & 0 & 0 & 1 \end{bmatrix} \tag{3-49}$$

其中：$c_n = \cos\theta_n, s_n = \sin\theta_n$，以下相同。

相应的连杆初始位置及参数列于表 3.1，表中 θ_n、d_n 为关节变量。

表 3.1　SCARA 的杆件参数

构件	a_{n-1}	α_{n-1}	d_n	θ_n	$\cos\alpha_{n-1}$	$\sin\alpha_{n-1}$
1	0	0	0	θ_1	1	0
2	l_1	0	0	θ_2	1	0

构件	a_{n-1}	α_{n-1}	d_n	θ_n	$\cos\alpha_{n-1}$	$\sin\alpha_{n-1}$
3	l_2	0	d_3	0	1	0
4	0	0	0	θ_4	1	0

3.1.5.2 SCARA 的正运动学分析

将 SCAR 各连杆的变换矩阵相乘，可得其末端执行器的位姿方程（正运动学方程）为

$$
{}^0_4T = {}^0_1T(\theta_1)\,{}^1_2T(\theta_2)\,{}^2_3T(d_3)\,{}^3_4T(\theta_4) = \begin{bmatrix} n_x & o_x & a_x & p_x \\ n_y & o_y & a_y & p_y \\ n_z & o_z & a_z & p_z \\ 0 & 0 & 0 & 1 \end{bmatrix}
$$

$$
= \begin{bmatrix} c_1c_2c_4 - s_1s_2c_4 - c_1s_2s_4 - s_1c_2s_4 & -c_1c_2s_4 + s_1s_2s_4 - c_1s_2c_4 - s_1c_2c_4 & 0 & c_1c_2l_2 - s_1s_2l_2 + c_1l_1 \\ s_1c_2c_4 + c_1s_2c_4 - s_1s_2s_4 + c_1c_2s_4 & -s_1c_2s_4 - c_1s_2s_4 - s_1s_2c_4 + c_1c_2c_4 & 0 & s_1c_2l_2 + c_1s_2l_2 + s_1l_1 \\ 0 & 0 & 1 & -d_3 \\ 0 & 0 & 0 & 1 \end{bmatrix}
$$

$$(3-50)$$

式（3-50）表示 SCARA 的变换矩阵 ${}^0_4T$，它描述了末端连杆坐标系 {4} 相对基坐标系 {0} 的位姿[114]。

3.1.5.3 SCARA 的逆运动学分析

求关节变量 θ_1，为了分离变量，可对方程两边同时左乘 ${}^0_1T^{-1}(\theta_1)$，于是可得：

$$
{}^0_1T^{-1}(\theta_1)\,{}^0_4T = {}^1_2T(\theta_2)\,{}^2_3T(d_3)\,{}^3_4T(\theta_4) \tag{3-51}
$$

即：

$$
\begin{bmatrix} c_1 & s_1 & 0 & 0 \\ -s_1 & c_1 & 0 & 0 \\ 0 & 0 & 1 & 0 \\ 0 & 0 & 0 & 1 \end{bmatrix} \begin{bmatrix} n_x & o_x & a_x & p_x \\ n_y & o_y & a_y & p_y \\ n_z & o_z & a_z & p_z \\ 0 & 0 & 0 & 1 \end{bmatrix} = \begin{bmatrix} c_2c_4 - s_2s_4 & -c_2s_4 - s_2c_4 & 0 & c_2l_2 + l_1 \\ s_2c_4 + c_2s_4 & -s_2s_4 + c_2c_4 & 0 & s_2l_2 \\ 0 & 0 & 1 & -d_3 \\ 0 & 0 & 0 & 1 \end{bmatrix}
$$

左、右矩阵中的第一行第四个元素（1，4），第二行第四个元素（2，4）分别相等。

$$
\cos\theta_1 \cdot p_x + \sin\theta_1 \cdot p_y = \cos\theta_2 \cdot l_2 + l_1
$$
$$
-\sin\theta_1 \cdot p_x + \cos\theta_1 \cdot p_y = \sin\theta_2 \cdot l_2 \tag{3-52}
$$

由以上两式联立可得：

$$
\theta_1 = \arctan\left(\frac{A}{\pm\sqrt{1-A^2}}\right) - \varphi \tag{3-53}
$$

式中

$$
A = \frac{l_1^2 - l_2^2 + p_x^2 + p_y^2}{2l_1 \cdot \sqrt{p_x^2 + p_y^2}}; \quad \varphi = \arctan\left(\frac{p_x}{p_y}\right)
$$

求关节变量 θ_2 ，由式（3 - 52）可得：

$$\theta_2 = \arctan\left[-\frac{r\cos(\theta_1 + \varphi)}{r\sin(\theta_1 + \varphi) - l_1} \right] \qquad (3 - 54)$$

式中

$$r = \sqrt{p_x^{\,2} + p_y^{\,2}}; \quad \varphi = \arctan\left(\frac{p_x}{p_y}\right)$$

求关节变量 d_3 ，再令左、右矩阵中的第三行第四个元素（3，4）相等，可得：

$$d_3 = -p_z \qquad (3 - 55)$$

求关节变量 θ_4 ，再令左、右矩阵中的第一行第一个元素、第二行第一个元素分别相等，即：

$$\cos\theta_1 \cdot n_x + \sin\theta_1 \cdot n_y = \cos\theta_2 \cdot \cos\theta_4 - \sin\theta_2 \cdot \sin\theta_4$$
$$-\sin\theta_1 \cdot n_x + \cos\theta_1 \cdot n_y = \sin\theta_2 \cdot \cos\theta_4 + \cos\theta_2 \cdot \sin\theta_4$$

由上两式可求得：

$$\theta_4 = \arctan\left(\frac{-\sin\theta_1 \cdot n_x + \cos\theta_1 \cdot n_y}{\cos\theta_1 \cdot n_x + \sin\theta_1 \cdot n_y}\right) - \theta_2 \qquad (3 - 56)$$

至此，SCARA 的所有运动学逆解都已求出。在逆解求解过程中只进行了一次矩阵逆乘，从而使计算过程大为简化。从 θ_1 的表达式中可以看出它有两个解，所以 SCARA 应该存在两组解。由此可见，运动学分析可为机器人运动规划和轨迹控制提供理论支撑与技术支持。

3.1.6　雅各比矩阵

3.1.6.1　机器人雅各比矩阵的一般概念

机器人雅各比矩阵 $\boldsymbol{J}$ 通常是指从关节空间向操作空间运动速度的广义传动比，即

$$\boldsymbol{v} = \dot{\boldsymbol{x}} = \boldsymbol{J}(q)\dot{\boldsymbol{q}} \qquad (3 - 57)$$

式中　$\dot{\boldsymbol{q}}$ ——关节速度矢量；

　　　　$\dot{\boldsymbol{x}}$ ——操作空间速度矢量。

由于速度可以看成是单位时间内的微分运动，因此雅各比矩阵也可看成是关节空间的微分运动向操作空间的微分运动的转换矩阵，即

$$\boldsymbol{D} = \boldsymbol{J}(q)\mathrm{d}\boldsymbol{q} \qquad (3 - 58)$$

式中　$\boldsymbol{D}$——末端执行器的微分运动矢量；

　　　　$\mathrm{d}\boldsymbol{q}$——关节微分运动矢量。

值得注意的是，由于雅各比矩阵依赖于 q ，即依赖于机器人的位置姿态，因此记作 $\boldsymbol{J}(q)$ ，这是一个依赖于 q 的线性变换矩阵。$\boldsymbol{J}(q)$ 不一定是方矩阵，其行数等于机器人操作空间的维数，而列数等于它的关节数。例如，平面操作手的雅各比矩阵一般有 3 行，而空间操作手则有 6 行。具有 n 个关节的机器人，雅各比矩阵 $\boldsymbol{J}(q)$ 是 $6 \times n$ 阶矩阵，其中前 3 行是对末端线速度的传递，而后 3 行则与末端的角速度有关。每一个列向量代表相应的关节速度对末端线速度和角速度的影响。

机器人雅各比矩阵可以表示成分块矩阵的形式：

$$\begin{bmatrix} \boldsymbol{v} \\ \boldsymbol{\omega} \end{bmatrix} = \begin{bmatrix} J_{L1} & J_{L2} & \cdots & J_{Ln} \\ J_{A1} & J_{A2} & \cdots & J_{An} \end{bmatrix} \begin{bmatrix} \dot{q}_1 \\ \dot{q}_2 \\ \cdots \\ \dot{q}_n \end{bmatrix} \qquad (3 - 59)$$

于是末端执行器的线速度 v 和角速度 ω 可表示为关节速度的线性函数，即

$$\left.\begin{aligned} v &= J_{L1}\dot{q}_1 + J_{L2}\dot{q}_2 + \cdots + J_{Ln}\dot{q}_n \\ \omega &= J_{A1}\dot{q}_1 + J_{A2}\dot{q}_2 + \cdots + J_{An}\dot{q}_n \end{aligned}\right\} \tag{3-60}$$

末端执行器的微分移动矢量 d 和微分转动矢量 δ 与各关节的微分运动 dq 之间的关系为

$$\left.\begin{aligned} d &= J_{L1}q_1 + J_{L2}q_2 + \cdots + J_{Ln}q_n \\ \delta &= J_{A1}q_1 + J_{A2}q_2 + \cdots + J_{An}q_n \end{aligned}\right\} \tag{3-61}$$

式（3-59）、式（3-60）、式（3-61）中 J_{Li} 和 J_{Ai} 分别代表第 i 个关节单独微分运动引起的末端执行器的微分移动和微分转动。

雅各比矩阵可以利用微分变换方法求得。对于转动关节 i，连杆 i 相对于 $i-1$ 绕坐标系 $\{i\}$ 的 z_i 做微分运动 $d\theta_i$。则连杆 i 坐标系的相应微分运动矢量为

$$d = \begin{bmatrix} 0 \\ 0 \\ 0 \end{bmatrix}, \quad \delta = \begin{bmatrix} 0 \\ 0 \\ 1 \end{bmatrix} \cdot d\theta_i = \begin{bmatrix} 0 \\ 0 \\ \delta_z \end{bmatrix}$$

根据微分运动变换可知，末端执行器相应的微分运动，即由关节 i 的微分运动 $d\theta_i$ 所引起的末端执行器相应的微分运动。此时可以认为第 i 号关节以外的其余关节没有发生微分运动。

$$\begin{bmatrix} T_{dx} \\ T_{dy} \\ T_{dz} \\ T_{\delta x} \\ T_{\delta y} \\ T_{\delta z} \end{bmatrix} = \begin{bmatrix} (\boldsymbol{p} \times \boldsymbol{n})_z \\ (\boldsymbol{p} \times \boldsymbol{o})_z \\ (\boldsymbol{p} \times \boldsymbol{a})_z \\ n_z \\ o_z \\ a_z \end{bmatrix} d\theta_i(\delta_z) \tag{3-62}$$

式中 $\boldsymbol{n}$、$\boldsymbol{o}$、$\boldsymbol{a}$、$\boldsymbol{p}$——末端执行器 $_n^i T$ 的四个列向量。

若关节 i 是移动关节，连杆 i 相对于连杆 $i-1$ 做微分移动 dd_i，相应的微分运动矢量为

$$d = \begin{bmatrix} 0 \\ 0 \\ 1 \end{bmatrix} \cdot dd_i(d_z), \quad \delta = \begin{bmatrix} 0 \\ 0 \\ 0 \end{bmatrix}$$

末端执行器的相应微分运动矢量

$$\begin{bmatrix} T_{dx} \\ T_{dy} \\ T_{dz} \\ T_{\delta x} \\ T_{\delta y} \\ T_{\delta z} \end{bmatrix} = \begin{bmatrix} n_z \\ o_z \\ a_z \\ 0 \\ 0 \\ 0 \end{bmatrix} dd_i(d_z) \tag{3-63}$$

利用式（3-62）、式（3-63）可得到雅各比矩阵的各个列矢量。

如果关节 i 是移动关节，则 $\boldsymbol{J}$ 的第 i 列为

$$
{}_{Li}^{T}\boldsymbol{J} = \begin{bmatrix} n_z \\ o_z \\ a_z \end{bmatrix}, \qquad {}_{Ai}^{T}\boldsymbol{J} = \begin{bmatrix} 0 \\ 0 \\ 0 \end{bmatrix} \tag{3-64}
$$

如果关节 i 是转动关节，则 $\boldsymbol{J}$ 的第 i 列为

$$
{}_{Li}^{T}\boldsymbol{J} = \begin{bmatrix} (p \times n)_z \\ (p \times o)_z \\ (p \times a)_z \end{bmatrix} = \begin{bmatrix} -n_x P_y + n_y P_x \\ -o_x P_y + o_y P_x \\ -a_x P_y + a_y P_x \end{bmatrix}
$$

$$
{}_{Ai}^{T}\boldsymbol{J} = \begin{bmatrix} n_z \\ o_z \\ a_z \end{bmatrix} \tag{3-65}
$$

上面计算机器人的雅各比矩阵是构造型的，只要知道机器人各杆件的变换矩阵 ${}_{i}^{i-1}\boldsymbol{T}$，就能够以其为基础求出 ${}_{n}^{i}\boldsymbol{T}$，并自动生成它的雅各比矩阵。

3.6.1.2　雅各比矩阵的奇异问题

在一般情况下，雅各比矩阵可以写成形式

$$
\boldsymbol{J} = \begin{bmatrix} J_{11} & J_{12} & \cdots & J_{1n} \\ J_{21} & J_{22} & \cdots & J_{2n} \\ \cdots & \cdots & \cdots & \cdots \\ J_{m1} & J_{m2} & \cdots & J_{mn} \end{bmatrix} \tag{3-66}
$$

由式（3-66）可得到表示速度关系的一般简写形式

$$
\dot{\boldsymbol{x}}_{m \times 1} = \boldsymbol{J}_{m \times n}\dot{\boldsymbol{q}}_{n \times 1} \tag{3-67}
$$

式中　m——机器人手臂末端执行器的自由度数；

n——机器人手臂运动链的自由度数，由具体情况而定，一般情况下自由度数等于独立的关节变量数；

$\dot{\boldsymbol{x}}_{m \times 1}$——广义速度列向量；

$\dot{\boldsymbol{q}}_{n \times 1}$——广义关节速度列向量。

当 $m \neq n$ 时，$\boldsymbol{J}$ 为非方矩阵，这时求逆运算可用引出 $\boldsymbol{J}$ 的伪逆矩阵的方法解决，在式（3-67）两边乘以 $\boldsymbol{J}^{\mathrm{T}}$，即：

$$
\boldsymbol{J}^{\mathrm{T}}\dot{\boldsymbol{x}}_{m \times 1} = \boldsymbol{J}^{\mathrm{T}}\boldsymbol{J}_{m \times n}\dot{\boldsymbol{q}}_{n \times 1} \tag{3-68}
$$

$$
\dot{\boldsymbol{q}}_{n \times 1} = \begin{bmatrix} \boldsymbol{J}^{\mathrm{T}}\boldsymbol{J}_{m \times n} \end{bmatrix}^{-1}\boldsymbol{J}^{\mathrm{T}}\dot{\boldsymbol{x}}_{m \times 1} \tag{3-69}
$$

当 $m > n$，机器人手臂的独立关节变量少于末端执行器的运动自由度数时，一般来说式（3-67）无逆解，也就是说无法对机器人手臂的末端速度实现全面控制。

当 $m < n$，机器人手臂的独立关节变量多于末端执行器的运动自由度数时，其中 $n - m$ 个关节变量可作为自由变量，可取任意可能的值，这就构成了无穷多的解，可从中进行选择和优化。

当 $m = n$，分为两种情况：

①当 $|\boldsymbol{J}| \neq 0$ 时，$\boldsymbol{J}$ 存在逆阵，故式（3-67）有唯一逆解；

②当 $|J| = 0$ 时，雅各比矩阵 J 奇异，此时它的逆矩阵不存在，即在 J 中存在线性相关的列向量（行）向量，也就是说，其中总有一列（行）向量与其他一个或几个列（行）向量平行，即某个关节或几个关节丧失了自由度。这是由于关节速度所引起的末端速度向量只对应某一特定方向，获得任意的速度向量是不可能的。

3.2 工业机器人动力学分析

3.2.1 刚体动力学基础知识

3.2.1.1 概述

与其他一般机构动力学系统相比，机器人动力学系统更为复杂，因而机器人动力学涉及的问题也更为复杂。机器人动力学与现代控制技术和计算技术联系紧密。从本质上看，机器人是一种主动的机电一体化装置，要研究和控制机器人的整个系统，就必须首先建立其动力学模型，即动力学方程。在机器人技术领域，动力学方程是指作用于机器人各关节的力或力矩与其位置、速度、加速度关系的方程式，也是指以力或力矩为输入量，机器人各关节的位移、速度、加速度为输出量的关系式[115-116]。

机器人往往是由多个关节和连杆组成，具有多个输入和多个输出，这些输入与输出之间存在着复杂的耦合关系。同时，由于机器人是一个复杂的动力学系统，存在严重的非线性，因此在分析机器人的动力学特性时，要仔细选择科学、合理、可靠、有效的方法。目前采用的经典方法有两大类：牛顿－欧拉法和拉格朗日法。它们的建模方法在解决工程问题中起着重要作用。

（1）牛顿－欧拉法。

牛顿－欧拉法建立在牛顿第二定律的基础上，它利用牛顿力学的刚体力学知识导出机器人逆动力学的递推计算公式，再由它归纳出机器人动力学的数学模型——机器人矩阵形式的运动学方程。换言之，用此方法时，需要从运动学出发应用牛顿方程求解加速度，并消去各内作用力，最后得到机器人各关节输入转矩和机器人输出运动之间的关系。这种方法的表达式直观明了，但求解工作量较大。

（2）拉格朗日法。

拉格朗日法即拉格朗日功能平衡法，是达朗贝尔方程的一种特殊表达形式。采用拉格朗日方程可直接获得机器人动力学方程的解析公式，并可得到其递推计算方法。由于它只需要求速度而不必求内力，因此机器人的拉格朗日方程较为简捷，其解算过程也较为方便。

3.2.1.2 动力学分析基础

（1）广义坐标。

广义坐标是描述动力学系统的最少一组独立变量，它表征了动力学系统的状态。一般情况下，设由 N 个质点组成的力学系统具有 S 个约束方程，即有

$$\begin{cases} f_1(x_1,y_1,z_1,\cdots,x_N,y_N,z_N) = 0 \\ f_2(x_1,y_1,z_1,\cdots,x_N,y_N,z_N) = 0 \\ \qquad\qquad\cdots \\ f_S(x_1,y_1,z_1,\cdots,x_N,y_N,z_N) = 0 \end{cases} \qquad (3-70)$$

因此，在 $3N$ 个坐标 x_i,y_i,z_i 中有 $k = 3N - S$ 个坐标是独立的，人们可以选择这 k 个独立参数，把系统的坐标表示成它们的函数，可得

$$\begin{cases} x_i = x_i(q_1,q_2,\cdots,q_k) \\ y_i = y_i(q_1,q_2,\cdots,q_k) \qquad i = 1,2,\cdots,N \\ z_i = z_i(q_1,q_2,\cdots,q_k) \end{cases} \qquad (3-71)$$

或合并成一个向量形式，即有

$$r_i = r_i(q_1,q_2,\cdots,q_k) \qquad i = 1,2,\cdots,N \qquad (3-72)$$

这 k 个决定质点系统位置的独立参数称之为系统的广义坐标，在系统的约束都是几何约束的情况下，广义坐标数等于系统的自由度数。广义坐标在具体问题中可以取直角坐标，也可以取其他坐标。

（2）虚位移和虚功原理。

机器人的机构通常都较为复杂，在它们的动力学平衡方程中，会出现许多未知的约束反力，这些未知的约束反力往往在研究问题时并不需要知道。应用虚位移原理求解系统的平衡问题，在所列的方程中将不出现约束反力，因而联立方程的数目有所减少，进而使运算过程大为简化。

由于存在约束，非自由质点系里各质点的位移将受到一定的限制，有些位移是约束所允许的，而另一些位移则是约束所不允许的。在给定瞬时，约束所允许的系统质点任何无限小位移，称为虚位移。虚位移与质点的实际位移是不同的，实位移与作用在质点系上的力、初始条件及时间有关，随着这些条件的变化而变换。而虚位移与质点系上的力、初始条件及时间无关，它完全由约束的性质决定。

质点系统的虚位移由各个质点的虚位移 $\sum\limits_{i=1}^{N} F_i \cdot \delta r_i = 0(i = 1,2,\cdots,N)$ 组成，在广义坐标中各质点的虚位移 $\delta r_i(i = 1,2,\cdots,N)$ 也可用广义坐标的变分 $\delta q_1,\delta q_2,\cdots,\delta q_k$（称为广义虚位移）表示，只需对式（3-71）和式（3-72）进行虚微分或变分，即可得

$$\begin{cases} \delta x_i = \sum\limits_{j=1}^{k} \dfrac{\partial x_i}{\partial q_j}\delta q_j \\ \delta y_i = \sum\limits_{j=1}^{k} \dfrac{\partial y_i}{\partial q_j}\delta q_j \qquad (i = 1,2,\cdots,N) \\ \delta z_i = \sum\limits_{j=1}^{k} \dfrac{\partial z_i}{\partial q_j}\delta q_j \end{cases} \qquad (3-73)$$

$$\delta r_i = \sum\limits_{j=1}^{k} \dfrac{\partial r_i}{\partial q_j}\delta q_j \qquad (i = 1,2,\cdots,N) \qquad (3-74)$$

当质点系处于平衡状态时，作用于质点系中任一质点 M_i 上的合力 $F_i = 0$。F_i 所引起的质点 i 的虚位移是 δr_i，相应的虚功也为零，即 $\delta r_i \cdot F_i = 0$，系统中各质点的虚功之和也为

零，即

$$\sum_{i=1}^{N} F_i \cdot \delta r_i = 0 \tag{3-75}$$

$$\sum_{i=1}^{N} F_i \cdot \delta r_i = \sum_{i=1}^{N} (F_{xi}i + F_{yi}j + F_{zi}k)(\delta x_i i + \delta y_i j + \delta z_i k)$$

$$= \sum_{i=1}^{N} (F_{xi}\delta x_i + F_{yi}\delta y_i + F_{zi}\delta z_i) = 0 \tag{3-76}$$

其中　F_{xi}, F_{yi}, F_{zi}——主动力 F_i 在 x, y, z 坐标轴上的投影；

$\delta x_i, \delta y_i, \delta z_i$——虚位移 δr_i 在 x, y, z 坐标轴上的投影。

F_i 由内力 $F_{i内}$ 和外力 $F_{i外}$ 两部分组成，当质点系是刚体或相接触的刚体集合时，内力或接触力在任意方向都成对存在且为零，所以内力的虚功为零，即式（3-75）变为

$$\sum_{i=1}^{N} F_{i外} \cdot \delta r_i = 0 \tag{3-77}$$

式（3-77）表明，对处于平衡状态的质点系统来说，作用在系统上的外力的虚功之和为零，这就是虚功原理。

（3）广义外力。

由于质点系统内力的虚功之和为零，$F_{i外}$ 在虚位移上所做的功为：

$$\sum_{i=1}^{N} \delta W_F = \sum_{i=1}^{N} F_{i外} \cdot \delta r_i \tag{3-78}$$

将式（3-74）代入式（3-78），可得

$$\sum_{i=1}^{N} \delta W_F = \sum_{i=1}^{N} F_{i外} \cdot \sum_{j=1}^{k} \frac{\partial r_i}{\partial q_j} \delta q_j = \sum_{j=1}^{k} \left(\sum_{i=1}^{N} F_{i外} \cdot \frac{\partial r_i}{\partial q_j} \right) \delta q_j \tag{3-79}$$

令 $Q_j = \sum_{i=1}^{N} F_{i外} \cdot \frac{\partial r_i}{\partial q_j} (j = 1, 2, \cdots, k)$，则有

$$\sum_{i=1}^{N} \delta W_F = \sum_{j=1}^{k} Q_j \delta q_j \tag{3-80}$$

称 $Q_j(j = 1, 2, \cdots, k)$ 为对应于广义坐标 $q_j(j = 1, 2, \cdots, k)$ 的广义外力。

（4）达朗贝尔原理。

达朗贝尔原理（D'Alembert's principle）是求解约束系统动力学问题的普遍原理，由法国数学家和物理学家达朗贝尔于1743年创立[117]。该原理与牛顿第二定律相似，但其发展在于可以把动力学问题转化为静力学问题处理，还可以用平面静力的方法来分析刚体的平面运动，从而使一些力学问题的分析变得简化。达朗贝尔原理与上述虚位移原理结合起来，组成动力学方程，为求解复杂的动力学问题提供了一种普遍适用的方法。

$P_i(i = 1, 2, \cdots, N)$ 为质点系中各质点的动量，任意一个质点 i 的动力学平衡方程式为

$$F_i - \dot{P}_i = 0 \tag{3-81}$$

F_i 是作用在 i 质点上的合力，δr_i 为质点 i 的虚位移，则有

$$\sum_{i=1}^{N} \sum_{j=1}^{k} F_{i外} \cdot \frac{\partial r_i}{\partial q_j} \delta q_j - \sum_{i=1}^{N} \sum_{j=1}^{k} \dot{q}_i \frac{\partial r_i}{\partial q_j} \delta q_j = 0 \tag{3-82}$$

这里 r_i 为质点 i 的位置矢量。

对整个系统，有

$$\sum_{i=1}^{N} (F_i - \dot{P}_i)\delta r_i = 0 \tag{3-83}$$

由于质点系统内力的虚功之和为零，由式（3-83）可得

$$\sum_{i=1}^{N} (F_{i外} - \dot{P}_i)\delta r_i = 0 \tag{3-84}$$

这就是达朗贝尔原理的符号表达式。

另外，

$$\dot{P}_i = m_i \ddot{r}_i (m_i \text{ 是质点 } i \text{ 的质量}) \tag{3-85}$$

将式（3-78）、式（3-80）和式（3-85）代入式（3-84），可得

$$\sum_{j=1}^{k} Q_j \delta q_j - \sum_{i=1}^{N}\sum_{j=1}^{k} m_i \ddot{r}_i \frac{\partial r_i}{\partial q_j}\delta q_j = 0 \tag{3-86}$$

已知 $\displaystyle\sum_{i=1}^{N} \frac{\mathrm{d}}{\mathrm{d}t}\Big(m_i\dot{r}_i\frac{\partial r_i}{\partial q_j}\Big) = \sum_{i=1}^{N} m_i\ddot{r}_i\frac{\partial r_i}{\partial q_j} + \sum_{i=1}^{N} m_i\dot{r}_i\frac{\partial \dot{r}_i}{\partial q_j}$，即有

$$\sum_{j=1}^{k} Q_j \delta q_j - \sum_{j=1}^{k}\sum_{i=1}^{N} \Big[\frac{\mathrm{d}}{\mathrm{d}t}\Big(m_i\dot{r}_i\frac{\partial r_i}{\partial q_j}\Big) - m_i\dot{r}_i\frac{\partial \dot{r}_i}{\partial q_j}\Big]\delta q_j = 0 \tag{3-87}$$

由于 $\dfrac{\partial r_i}{\partial q_j} = \dfrac{\partial \dot{r}_i}{\partial \dot{q}_j}$，代入式（3-87），可有

$$\sum_{j=1}^{k} Q_j \delta q_j - \sum_{j=1}^{k}\Big\{\frac{\mathrm{d}}{\mathrm{d}t}\Big[\frac{\partial}{\partial \dot{q}_j}\Big(\sum_{i=1}^{N}\frac{1}{2}m_i\dot{r}_i^2\Big)\Big] - \frac{\partial}{\partial q_j}\Big(\sum_{i=1}^{N}\frac{1}{2}m_i\dot{r}_i^2\Big)\Big\}\delta q_j = 0 \tag{3-88}$$

上式中质点系统的动能 $\displaystyle\sum_{i=1}^{N}\frac{1}{2}m_i\dot{r}_i^2$ 用 T 表示，则有

$$\sum_{j=1}^{k} Q_j \delta q_j - \sum_{j=1}^{k}\Big[\frac{\mathrm{d}}{\mathrm{d}t}\Big(\frac{\partial T}{\partial \dot{q}_j}\Big) - \frac{\partial T}{\partial q_j}\Big]\delta q_j = 0$$

即

$$\sum_{j=1}^{k}\Big\{\Big[\frac{\mathrm{d}}{\mathrm{d}t}\Big(\frac{\partial T}{\partial \dot{q}_j}\Big) - \frac{\partial T}{\partial q_j}\Big] - Q_j\Big\}\delta q_j = 0 \tag{3-89}$$

式（3-89）就是达朗贝尔原理的力学表达式，由于广义坐标和虚位移相互独立，所以式（3-89）成立的唯一条件是

$$\frac{\mathrm{d}}{\mathrm{d}t}\Big(\frac{\partial T}{\partial \dot{q}_j}\Big) - \frac{\partial T}{\partial q_j} = 0 \quad j = 1, 2, \cdots, N \tag{3-90}$$

式（3-90）表征了质点系统的动态力学关系，式中 T 是质点的动能，Q_j 是广义外力，q_j 是广义坐标。

3.2.2　牛顿-欧拉方程

应用牛顿-欧拉方程建立工业机器人机构的动力学方程是指：对构件质心的运动用牛顿方程，相对于构件质心的转动用欧拉方程[118-119]。当把工业机器人机构中的每个构件看作为一个刚体对，如果已知构件质心的位置和表征其质量分布的惯性张量，那么要使构件运动，则必须让它加速或减速，这时所需的力和力矩是期望的加速度和构件质量及其分布的函数。牛顿-欧拉方程就表明了力、力矩、惯性张量和加速度之间的关系。

对一质量为 m，质心在 c 点的刚体，要使其质心得到加速度 $\boldsymbol{a}_c$，则作用在质心处的力

F 的大小为：

$$F = ma_c \qquad (3-91)$$

式（3-91）就是牛顿方程，式中 F、a_c 为三维矢量。

要使刚体得到角速度 ω 和角加速度 ε 的转动，则作用在刚体上的力矩 M 的大小为：

$$M = {}^cT\varepsilon + \omega \times {}^cI\omega \qquad (3-92)$$

式（3-92）就是欧拉方程，式中 M、ε、ω 均为三维矢量，${}^cI$ 为刚体相对于原点通过质心 c 并与刚体固连的刚体坐标系的惯性张量。

在三维空间运动的任一刚体，其惯性张量可用 6 个广义化的数量矩为元素的 3×3 阶矩阵或 4×4 阶齐次坐标矩阵来表示。通常将描述惯性张量的参考坐标系固定在刚体上，以方便刚体运动的分析。这种坐标系被称之为刚体坐标系，或简称为体坐标系。

设刚体的体坐标系为 $\{A\}$，则该刚体的惯性张量定义为：

$$
{}^AI = \begin{bmatrix} {}^AI_{xx} & {}^AI_{xy} & {}^AI_{xz} \\ {}^AI_{xy} & {}^AI_{yy} & {}^AI_{yz} \\ {}^AI_{xz} & {}^AI_{yz} & {}^AI_{zz} \end{bmatrix} \qquad (3-93)
$$

该矩阵主对角线上的元素是质量的惯性矩，定义为：

$$
{}^AI_{xx} = \iiint_V (y^2 + z^2)\rho \mathrm{d}v, \ {}^AI_{yy} = \iiint_V (x^2 + z^2)\rho \mathrm{d}v, \ {}^AI_{zz} = \iiint_V (x^2 + y^2)\rho \mathrm{d}v \qquad (3-94)
$$

其他元素是质量的惯性积，定义为：

$$
{}^AI_{xy} = \iiint_V xy\rho \mathrm{d}v, \ {}^AI_{xz} = \iiint_V xz\rho \mathrm{d}v, \ {}^AI_{yz} = \iiint_V yz\rho \mathrm{d}v \qquad (3-95)
$$

式（3-94）和式（3-95）中，ρ 为材料的密度，当质量均布时，为常数；$\mathrm{d}v$ 为体积的微元。该刚体的位置矢量为 r_A，用坐标系 $\{A\}$ 的描述即为：

$$r_A = \begin{bmatrix} x & y & z \end{bmatrix}^{\mathrm{T}} \qquad (3-96)$$

由上面的定义可以看出，惯性张量是一个实对称矩阵，其中 6 个独立元素依赖于其参考系（体坐标系）在该刚体上的位置和方向。若适当地安排坐标系的位置和方向，可使惯性积为零，则此时的轴称为惯性主轴。同理，惯性矩则称为惯性主矩。

在应用惯性张量时，惯性张量的平行轴原理是非常有用的。

假设坐标系 $\{A\}$ 定在刚体的某个点上，现将此坐标系平移到刚体的质量分布中心，记为坐标系 $\{C\}$。若已知以坐标系 $\{C\}$ 为参考系的惯性张量（可用计算方法或实验方法确定）和坐标系 $\{C\}$ 的原点（质心）相对于坐标系 $\{A\}$ 位置矢量 $[x_c y_c z_c]^{\mathrm{T}}$，则可利用平行轴原理决定以 $\{A\}$ 坐标系为参考系的惯性张量，即有：

$$
\left.\begin{aligned} {}^AI_{zz} &= {}^CI_{zz} + m(x_c^2 + y_c^2) \\ {}^AI_{xy} &= {}^CI_{xy} + mx_c y_c \end{aligned}\right\} \qquad (3-97)
$$

同理可得到其他惯性张量的推算方程式。式中 m 为刚体的质量。除此以外，刚体的惯性张量还有以下几条常用的性质：

（1）对于有对称面的刚体，带有与对称面垂直的轴的下标的惯性积为零；

（2）惯性矩总是为正，而惯性积可以为正，也可以为负；

（3）只改变体坐标系的方向时，三个惯性矩的总和不变；

（4）惯性张量矩阵的特征值是刚体的惯性主矩，特征矢量的方向就是惯性主轴的方向。

在工业机器人的机构中，构件的几何形状及其组成常常比较复杂，计算每个构件的惯性矩非常困难，因此实际应用中多是采用惯量摆等仪器经过实测而得的。

3.2.3　拉格朗日方程

从虚位移原理可以得到受理想约束的质点系不含约束力的平衡方程，而达朗贝尔原理则将列写平衡方程的静力学方法应用于建立质点系的动力学方程，将这两者结合起来，便可得到不含约束力的质点系动力学方程，这就是动力学普遍方程。而拉格朗日方程则是动力学普遍方程在广义坐标下的具体表现形式。

拉格朗日方程可以用来建立不含约束力的动力学方程，也可以用来在给定系统运动规律的情况下求解作用在系统上的主动力。如果要想求约束力，可以将拉格朗日方程与达朗贝尔原理或动量定理（或质心运动定理）联用。

通常，人们将牛顿定律及建立在此基础上的力学理论称为牛顿力学，将拉格朗日方程及建立在此基础上的力学理论称为拉格朗日力学。拉格朗日力学通过位形空间描述力学系统的运动，它适合于研究受约束质点系的运动。拉格朗日力学在解决刚体动力学的一些问题的过程中起着重要的作用。

机器人动力学系统拉格朗日动力学方程的普遍形式为：

$$\frac{\mathrm{d}}{\mathrm{d}t}\frac{\partial L}{\partial \dot{q}_j} - \frac{\partial L}{\partial q_j} = Q_j \qquad j = 1,2,\cdots,n \tag{3-98}$$

式中，L 为机器人动力学系统的拉格朗日函数，$L = T - P$；T 为系统的动能；P 为系统的势能；q_j 为系统的广义坐标；Q_j 为作用在系统上对应于 q_j 的广义外力；N 为机器人的运动关节数。

3.2.3.1　连杆系统动力学方程的建立

首先以图 3.15 所示平面关节机器人（SCARA）手臂为例，说明其拉格朗日动力学方程的建立。图 3.16 是该平面关节机器人手臂机构的俯视示意图，A_1、A_2 是平面关节，l_1、l_2 是连杆有效长度，m_1、m_2 是集中于连杆端部的归算质量，α_1、α_2 是连杆自零位算起的角位移变量。广义坐标选为 α_1、α_2。

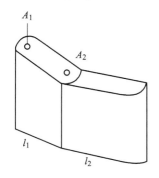

图 3.15　平面关节机器人手臂

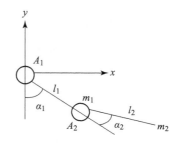

图 3.16　平面机器人的手臂机构俯视示意图

3.2.3.2 动能与势能

动能的一般表达式为 $T = \dfrac{1}{2}mv^2$。设连杆 l_1 的质量为 m_1，其动能为 T_1，则有

$$T_1 = \frac{1}{2}m_1 (l_1 \cdot \dot{\alpha}_1)^2$$

势能与质量和垂直高度有关，高度用 y 坐标表示，于是势能可直接写成 $P_1 = -m_1gl_1\cos\alpha_1$。

对于质量 m_2，先写出笛卡尔坐标位置的表达式，如下所示：

$$\begin{cases} x_2 = l_1\sin\alpha_1 + l_2\sin(\alpha_1 + \alpha_2) \\ y_2 = -l_1\cos\alpha_1 - l_2\cos(\alpha_1 + \alpha_2) \end{cases} \tag{3-99}$$

然后求其微分，即可得到速度

$$\begin{cases} \dot{x}_2 = l_1\cos\alpha_1\dot{\alpha}_1 + l_2\cos(\alpha_1 + \alpha_2) \cdot (\dot{\alpha}_1 + \dot{\alpha}_2) \\ \dot{y}_2 = l_1\sin\alpha_1\dot{\alpha}_1 + l_2\sin(\alpha_1 + \alpha_2) \cdot (\dot{\alpha}_1 + \dot{\alpha}_2) \end{cases} \tag{3-100}$$

质量 m_2 速度的平方 $\dot{x}_2^2 + \dot{y}_2^2$，由式（3-100）可以得出

$$\begin{aligned} v_2^2 = \dot{x}_2^2 + \dot{y}_2^2 &= l_1^2\dot{\alpha}_1^2 + l_2^2(\dot{\alpha}_1^2 + 2\dot{\alpha}_1\dot{\alpha}_2 + \dot{\alpha}_2^2) + \\ &\quad 2l_1l_2\cos\alpha_1\cos(\alpha_1 + \alpha_2)(\dot{\alpha}_1^2 + \dot{\alpha}_1\dot{\alpha}_2) + 2l_1l_2\sin\alpha_1\sin(\alpha_1 + \alpha_2) \\ &= l_1^2\dot{\alpha}_1^2 + l_2^2(\dot{\alpha}_1^2 + 2\dot{\alpha}_1\dot{\alpha}_2 + \dot{\alpha}_2^2) + 2l_1l_2\cos\alpha_2 \cdot (\dot{\alpha}_1^2 + \dot{\alpha}_1\dot{\alpha}_2) \end{aligned} \tag{3-101}$$

所以 m_2 的动能为

$$T_2 = \frac{1}{2}m_2 l_1^2\dot{\alpha}_1^2 + \frac{1}{2}m_2 l_2^2(\dot{\alpha}_1^2 + 2\dot{\alpha}_1\dot{\alpha}_2 + \dot{\alpha}_2^2) + m_2l_1l_2\cos\alpha_2 \cdot (\dot{\alpha}_1^2 + \dot{\alpha}_1\dot{\alpha}_2)$$

$$\tag{3-102}$$

势能为

$$P_2 = -m_2gl_1\cos\alpha_1 - m_2gl_2\cos(\alpha_1 + \alpha_2) \tag{3-103}$$

3.2.3.3 拉格朗日算子

拉格朗日算子 $L = T - P$，根据上述内容可得

$$L = T_1 - P_1 + T_2 - P_2 = \frac{1}{2}(m_1 + m_2) l_1^2\dot{\alpha}_1^2 + \frac{1}{2}m_2 l_2^2(\dot{\alpha}_1^2 + 2\dot{\alpha}_1\dot{\alpha}_2 + \dot{\alpha}_2^2) +$$

$$m_2l_1l_2\cos\alpha_2 \cdot (\dot{\alpha}_1^2 + \dot{\alpha}_1\dot{\alpha}_2) + (m_1 + m_2)gl_1\cos\alpha_1 + m_2gl_2\cos(\alpha_1 + \alpha_2) \tag{3-104}$$

3.2.3.4 动力学方程

为求得动力学方程，对拉格朗日方程进行微分，即有

$$\frac{\partial L}{\partial \dot{\alpha}_1} = (m_1 + m_2) l_1^2\dot{\alpha}_1 + m_2 l_2^2(\dot{\alpha}_1 + \dot{\alpha}_2) + m_2l_1l_2\cos\alpha_2 \cdot (2\dot{\alpha}_1 + \dot{\alpha}_2) \tag{3-105}$$

$$\frac{\partial L}{\partial \alpha_1} = -(m_1 + m_2)gl_1\sin\alpha_1 - m_2gl_2\sin(\alpha_1 + \alpha_2) \tag{3-106}$$

$$\frac{\partial L}{\partial \dot{\alpha}_2} = m_2 l_2^2(\dot{\alpha}_1 + \dot{\alpha}_2) + m_2l_1l_2\cos\alpha_2 \cdot \dot{\alpha}_1 \tag{3-107}$$

$$\frac{\partial L}{\partial \alpha_2} = -m_2l_1l_2\sin\alpha_2 \cdot (\dot{\alpha}_1^2 + \dot{\alpha}_1\dot{\alpha}_2) - m_2gl_2\sin(\alpha_1 + \alpha_2) \tag{3-108}$$

$$\frac{\mathrm{d}}{\mathrm{d}t}\left(\frac{\partial L}{\partial \dot{\alpha}_1}\right) = (m_1 + m_2)\, l_1^{\,2}\ddot{\alpha}_1 + m_2\, l_2^{\,2}(\ddot{\alpha}_1 + \ddot{\alpha}_2) + m_2 l_1 l_2\cos\alpha_2 \cdot (2\ddot{\alpha}_1 + \ddot{\alpha}_2) -$$

$$2m_2 l_1 l_2\sin\alpha_2 \cdot \dot{\alpha}_1 \cdot \dot{\alpha}_2 - m_2 l_1 l_2\sin\alpha_2 \cdot \dot{\alpha}_2^{\,2}$$

$$\frac{\mathrm{d}}{\mathrm{d}t}\left(\frac{\partial L}{\partial \dot{\alpha}_2}\right) = m_2\, l_2^{\,2}\ddot{\alpha}_1 + m_2\, l_2^{\,2}\ddot{\alpha}_2 + m_2 l_1 l_2\cos\alpha_2 \cdot \ddot{\alpha}_1 - m_2 l_1 l_2\sin\alpha_2 \cdot \dot{\alpha}_1 \cdot \dot{\alpha}_2 \qquad (3-109)$$

如前所述，该机器人手臂的拉格朗日动力学方程的广义坐标为 α_1、α_2，对应的广义力为作用在两关节上的驱动力矩 n_{11}、n_{22}，这一系统的拉格朗日方程为

$$\frac{\mathrm{d}}{\mathrm{d}t}\left(\frac{\partial L}{\partial \dot{\alpha}_1}\right) - \frac{\partial L}{\partial \alpha_1} = n_{11} \qquad (3-110)$$

$$\frac{\mathrm{d}}{\mathrm{d}t}\left(\frac{\partial L}{\partial \dot{\alpha}_2}\right) - \frac{\partial L}{\partial \alpha_2} = n_{22} \qquad (3-111)$$

将式（3-109）代入式（3-110）和式（3-111），可得

$$n_{11} = \left[(m_1 + m_2)\, l_1^{\,2} + m_2\, l_2^{\,2} + 2m_2 l_1 l_2\cos\alpha_2\right] \cdot \ddot{\alpha}_1 + (m_2\, l_2^{\,2} + m_2 l_1 l_2\cos\alpha_2) \cdot$$
$$\ddot{\alpha}_2 - 2m_2 l_1 l_2\sin\alpha_2 \cdot \dot{\alpha}_1 \cdot \dot{\alpha}_2 - m_2 l_1 l_2\sin\alpha_2 \cdot \dot{\alpha}_2^{\,2} + (m_1 + m_2)gl_1\sin\alpha_1 +$$
$$m_2 g l_2\sin(\alpha_1 + \alpha_2) \qquad (3-112)$$

$$n_{22} = m_2\, l_2^{\,2}\ddot{\alpha}_1 + m_2\, l_2^{\,2}\ddot{\alpha}_2 + m_2 l_1 l_2\cos\alpha_2 \cdot \ddot{\alpha}_1 + m_2 l_1 l_2\sin\alpha_2 \cdot \dot{\alpha}_1^{\,2} +$$
$$m_2 g l_2\sin(\alpha_1 + \alpha_2) \qquad (3-113)$$

3.2.3.5　机器人动力学方程的建立

下面将推导用一套 A 变换所描述的机械手的动力学方程，推导分五步进行，首先计算任意连杆上任意一点的速度，再计算其动能，然后推导其势能，得到拉格朗日算子，进而对其微分，最后得到动力学方程。

（1）机器人手臂上任意一点的速度。

假定机器人手臂的连杆 L_i 上有一点 r_i，它在基座坐标系中的位置为：

$$r = T_i \cdot r_i \qquad (3-114)$$

式中，r_i——连杆 L_i 上一点在 i 坐标系中的位置矢量；

$\qquad T_i$——i 坐标系（$o_i x_i y_i z_i$）相对于基座坐标系（$oxyz$）的齐次变换矩阵；

$\qquad r$——连杆 L_i 上一点在基座坐标系中的位置矢量。

那么该点的速度为：

$$v_i = \frac{\mathrm{d}r}{\mathrm{d}t} = \left(\sum_{j=1}^{i} \frac{\partial T_i}{\partial q_j}\dot{q}_j\right)r_i \qquad (3-115)$$

其速度的平方为：

$$\left(\frac{\mathrm{d}r}{\mathrm{d}t}\right)^2 = \dot{r} \cdot \dot{r} = \mathrm{tr}\left\{\left(\sum_{j=1}^{i} \frac{\partial T_i}{\partial q_j}\dot{q}_j\right)r_i \cdot \sum_{k=1}^{i}\left(\frac{\partial T_i}{\partial q_k}\dot{q}_k r_i\right)^{\mathrm{T}}\right\}$$

$$= \mathrm{tr}\left[\sum_{j=1}^{i}\sum_{k=1}^{i} \frac{\partial T_i}{\partial q_j}r_i\, r_i^{\mathrm{T}}\left(\frac{\partial T_i}{\partial q_k}\right)^{\mathrm{T}}\dot{q}_j\dot{q}_k\right] \qquad (3-116)$$

式中，tr 为方矩阵迹（在线性代数中，一个 $n \times n$ 的对角矩阵 A 的主对角线上各个元素的总和被称为矩阵 A 的迹）的运算符号。

（2）动能。

在连杆 L_i 上的 r_i 处，质量为 $\mathrm{d}m$ 的质点的动能为：

$$\mathrm{d}k_i = \frac{1}{2}\mathrm{d}m \cdot v^2 = \frac{1}{2}\mathrm{d}m \cdot \mathrm{tr}\Big[\sum_{j=1}^{i}\sum_{k=1}^{i}\frac{\partial T_i}{\partial q_j}r_i\,r_i^{\mathrm{T}}\Big(\frac{\partial T_i}{\partial q_k}\Big)^T\dot{q}_j\dot{q}_k\Big]$$

$$= \frac{1}{2}\mathrm{tr}\Big[\sum_{j=1}^{i}\sum_{k=1}^{i}\frac{\partial T_i}{\partial q_j}(r_i\mathrm{d}m\,r_i^{\mathrm{T}})\Big(\frac{\partial T_i}{\partial q_k}\Big)^{T}\dot{q}_j\dot{q}_k\Big] \tag{3-117}$$

于是连杆 L_i 的动能等于连杆 L_i 上所有点的动能积分，即有

$$K_i = \int\mathrm{d}k_i = \frac{1}{2}\mathrm{tr}\Big[\sum_{j=1}^{i}\sum_{k=1}^{i}\frac{\partial T_i}{\partial q_j}\Big(\int r_i\,r_i^{\mathrm{T}}\mathrm{d}m\Big)\Big(\frac{\partial T_i}{\partial q_k}\Big)^{T}\dot{q}_j\dot{q}_k\Big] \tag{3-118}$$

式（3-118）中圆括号内的积分为齐次坐标表示的惯性矩阵 H_i，其表达式为：

$$H_i = \int r_i\,r_i^{\mathrm{T}}\mathrm{d}m = \begin{bmatrix} \int x_i^2\mathrm{d}m & \int x_iy_i\mathrm{d}m & \int x_iz_i\mathrm{d}m & \int x_i\mathrm{d}m \\ \int x_iy_i\mathrm{d}m & \int y_i^2\mathrm{d}m & \int y_iz_i\mathrm{d}m & \int y_i\mathrm{d}m \\ \int x_iz_i\mathrm{d}m & \int y_iz_i\mathrm{d}m & \int z_i^2\mathrm{d}m & \int z_i\mathrm{d}m \\ \int x_i\mathrm{d}m & \int y_i\mathrm{d}m & \int z_i\mathrm{d}m & \int\mathrm{d}m \end{bmatrix} \tag{3-119}$$

由惯性矩、惯量矩和物体的阶矩的定义可得

$$H_i = \begin{bmatrix} \dfrac{-I_{ixx}+I_{iyy}+I_{izz}}{2} & I_{ixy} & I_{ixz} & S_{ix} \\ I_{ixy} & \dfrac{I_{ixx}-I_{iyy}+I_{izz}}{2} & I_{iyz} & S_{iy} \\ I_{ixz} & I_{iyz} & \dfrac{I_{ixx}+I_{iyy}-I_{izz}}{2} & S_{iz} \\ S_{ix} & S_{iy} & S_{iz} & m_i \end{bmatrix} \tag{3-120}$$

式中 $I_{ixx}, I_{iyy}, I_{izz}$ ——连杆 L_i 相对于基座坐标系平面的转动惯量；

$I_{ixy}, I_{iyz}, I_{ixz}$ ——连杆 L_i 的离心转动惯量。

由式（3-120）可知，连杆 L_i 在其刚体坐标系中的惯量矩阵是一对称矩阵，它不包含任何运动变量，与运动特性无关。

设机器人手臂共有 N 个运动连杆，则机器人的动能 K 为：

$$K = \sum_{i=1}^{N}K_i = \frac{1}{2}\mathrm{tr}\sum_{i=1}^{N}\Big[\sum_{j=1}^{i}\sum_{k=1}^{i}\frac{\partial T_i}{\partial q_j}H_i\Big(\frac{\partial T_i}{\partial q_k}\Big)^{T}\dot{q}_j\dot{q}_k\Big]$$

$$= \frac{1}{2}\sum_{i=1}^{N}\sum_{j=1}^{i}\sum_{k=1}^{i}\mathrm{tr}\Big[\frac{\partial T_i}{\partial q_j}H_i\Big(\frac{\partial T_i}{\partial q_k}\Big)^{T}\Big]\dot{q}_j\dot{q}_k \tag{3-121}$$

此外，还有驱动各构件运动的驱动和传动元件，其中与构件有相对运动的部分，如驱动电机和液压马达的转子、减速器的齿轮等。通过传动机构的惯性及有关的关节速度表示出这部分动能，即有：

$$K_{ai} = \frac{1}{2}I_{ai}q_i^2 \tag{3-122}$$

式中，I_{ai} 为驱动电机转子等在广义坐标上的等效转动惯量；若是移动副，则为等效质量。

机构的总动能应为以上二式之和，可有：

$$K = \frac{1}{2} \sum_{i=1}^{N} \sum_{j=1}^{i} \sum_{k=1}^{i} \mathrm{tr}\left[\frac{\partial T_i}{\partial q_j} H_i \left(\frac{\partial T_i}{\partial q_k}\right)^{\mathrm{T}}\right] \dot{q}_j \dot{q}_k + \frac{1}{2} \sum_{i=1}^{N} I_{ai} \cdot \dot{q}_i^2 \tag{3-123}$$

（3）势能。

连杆 L_i 的质量为 m_i，其质心 c_i 在 i 坐标系中的径矢为 $\boldsymbol{r}_i$，而在基座坐标系中的径矢为 r，则有 $\boldsymbol{r} = \boldsymbol{T}_i \boldsymbol{r}_i$

连杆 L_i 的势能

$$P_i = mgh = -m_i g^{\mathrm{T}} T_i r_i \tag{3-124}$$

式中，重力加速度矢量为

$$\boldsymbol{g} = \begin{bmatrix} g_1 & g_2 & g_3 & 0 \end{bmatrix}^{\mathrm{T}}$$

若取 z 轴垂直向上，则有

$$g = \begin{bmatrix} 0 & 0 & -9.81 & 0 \end{bmatrix}^{\mathrm{T}}$$

所以机构的总势能为：

$$P_i = -\sum_{i=1}^{N} m_i g^{\mathrm{T}} T_i r_i \tag{3-125}$$

因为 $L = K - P$，故由式（3-123）和式（3-125）可知，拉格朗日算子 L 为

$$L = \frac{1}{2} \sum_{i=1}^{N} \sum_{j=1}^{i} \sum_{k=1}^{i} \mathrm{tr}\left[\frac{\partial T_i}{\partial q_j} H_i \left(\frac{\partial T_i}{\partial q_k}\right)^{\mathrm{T}}\right] \dot{q}_j \dot{q}_k + \frac{1}{2} \sum_{i=1}^{N} I_{ai} \cdot \dot{q}_i^2 + \sum_{i=1}^{N} m_i g^{\mathrm{T}} T_i r_i \tag{3-126}$$

这样就可以求得动力学方程

$$Q_j = \frac{\mathrm{d}}{\mathrm{d}t}\left(\frac{\partial L}{\partial \dot{q}_j}\right) - \frac{\partial L}{\partial q_j} \qquad j = 1, 2, \cdots, N \tag{3-127}$$

（4）动力学方程。

求拉格朗日函数关于 $\dot{q}_p$ 的一阶偏导数，可得：

$$\frac{\partial L}{\partial \dot{q}_p} = \frac{1}{2} \sum_{i=1}^{N} \sum_{k=1}^{i} \mathrm{tr}\left[\frac{\partial T_i}{\partial q_p} H_i \left(\frac{\partial T_i}{\partial q_k}\right)^{\mathrm{T}}\right] \dot{q}_k + \frac{1}{2} \sum_{i=1}^{N} \sum_{j=1}^{i} \mathrm{tr}\left[\frac{\partial T_i}{\partial q_j} H_i \left(\frac{\partial T_i}{\partial q_p}\right)^{\mathrm{T}}\right] \dot{q}_j + I_{ap} \dot{q}_p \tag{3-128}$$

由于 $\boldsymbol{H}_i$ 为对称矩阵，因此可进行如下变换：

$$\mathrm{tr}\left[\frac{\partial T_i}{\partial q_p} H_i \left(\frac{\partial T_i}{\partial q_k}\right)^{\mathrm{T}}\right] = \mathrm{tr}\left[\left(\frac{\partial T_i}{\partial q_p} H_i \frac{\partial T_i}{\partial q_k}^{\mathrm{T}}\right)^{\mathrm{T}}\right] = \mathrm{tr}\left[\frac{\partial T_i}{\partial q_k} H_i \left(\frac{\partial T_i}{\partial q_p}\right)^{\mathrm{T}}\right]$$

并将第二项的下标 j 换成 k，则式（3-128）变为：

$$\frac{\partial L}{\partial \dot{q}_p} = \sum_{i=1}^{N} \sum_{k=1}^{i} \mathrm{tr}\left[\frac{\partial T_i}{\partial q_k} H_i \left(\frac{\partial T_i}{\partial q_p}\right)^{\mathrm{T}}\right] \dot{q}_k + I_{ap} \dot{q}_p \tag{3-129}$$

因为 T_i 只与 $q_1, q_2, \cdots q_i$ 有关，当 $p > i$，后面连杆变量 q_p 对前面各连杆不产生影响，即 $\dfrac{\partial T_i}{\partial q_p} = 0$，只有 $i \geq p$ 时，该项才不为 0，所以有：

$$\frac{\partial L}{\partial \dot{q}_p} = \sum_{i=p}^{N} \sum_{k=1}^{i} \mathrm{tr}\left[\frac{\partial T_i}{\partial q_k} H_i \left(\frac{\partial T_i}{\partial q_p}\right)^{\mathrm{T}}\right] \dot{q}_k + I_{ap} \dot{q}_p \tag{3-130}$$

因此

$$\frac{\mathrm{d}}{\mathrm{d}t}\Big(\frac{\partial L}{\partial \dot{q}_p}\Big) = \sum_{i=p}^{N}\sum_{k=1}^{i}\mathrm{tr}\Big[\frac{\partial T_i}{\partial q_k}H_i\Big(\frac{\partial T_i}{\partial q_p}\Big)^{\mathrm{T}}\Big]\ddot{q}_k + I_{ap}\ddot{q}_p +$$

$$\sum_{i=p}^{N}\sum_{j=1}^{i}\sum_{k=1}^{i}\mathrm{tr}\Big[\frac{\partial^2 T_i}{\partial q_j \partial q_k}H_i\Big(\frac{\partial T_i}{\partial q_i}\Big)^{\mathrm{T}}\Big]\dot{q}_j\dot{q}_k +$$

$$\sum_{i=p}^{N}\sum_{j=1}^{i}\sum_{k=1}^{i}\mathrm{tr}\Big[\frac{\partial^2 T_i}{\partial q_p \partial q_k}H_i\Big(\frac{\partial T_i}{\partial q_i}\Big)^{\mathrm{T}}\Big]\dot{q}_j\dot{q}_k$$

$$= \sum_{i=p}^{N}\sum_{k=1}^{i}\mathrm{tr}\Big[\frac{\partial T_i}{\partial q_k}H_i\Big(\frac{\partial T_i}{\partial q_p}\Big)^{\mathrm{T}}\Big]\ddot{q}_k + I_{ap}\ddot{q}_p +$$

$$2\sum_{i=p}^{N}\sum_{j=1}^{i}\sum_{k=1}^{i}\mathrm{tr}\Big[\frac{\partial^2 T_i}{\partial q_j \partial q_k}H_i\Big(\frac{\partial T_i}{\partial q_i}\Big)^{\mathrm{T}}\Big]\dot{q}_j\dot{q}_k \qquad (3-131)$$

注意式中，由于 T_i 与 $q_{i+1}, q_{i+2}, \cdots, q_N$ 无关，所以 $p > i$ 时，

$$\frac{\partial^2 T_i}{\partial q_p \partial q_k} = \frac{\partial^2 T_i}{\partial q_j \partial q_k} = 0$$

因而只需对 $i = p, p+1, \cdots, N$ 求和，所以可得：

$$\frac{\partial L}{\partial q_p} = \sum_{i=p}^{N}\sum_{j=1}^{i}\sum_{k=1}^{i}\mathrm{tr}\Big[\frac{\partial^2 T_i}{\partial q_j \partial q_p}H_i\Big(\frac{\partial T_i}{\partial q_k}\Big)^{\mathrm{T}}\Big]\dot{q}_j\dot{q}_k + \sum_{i=p}^{N}m_i g^{\mathrm{T}}\frac{\partial T_i}{\partial q_p}r_i \qquad (3-132)$$

将式（3-131）和式（3-132）代入拉格朗日方程，得到：

$$\frac{\mathrm{d}}{\mathrm{d}t}\Big(\frac{\partial L}{\partial \dot{q}_p}\Big) - \frac{\partial L}{\partial q_p} = \sum_{i=p}^{N}\sum_{k=1}^{i}\mathrm{tr}\Big[\frac{\partial T_i}{\partial q_k}H_i\Big(\frac{\partial T_i}{\partial q_p}\Big)^{\mathrm{T}}\Big]\ddot{q}_k + I_{ap}\ddot{q}_p +$$

$$2\sum_{i=p}^{N}\sum_{j=1}^{i}\sum_{k=1}^{i}\mathrm{tr}\Big[\frac{\partial^2 T_i}{\partial q_j \partial q_k}H_i\Big(\frac{\partial T_i}{\partial q_i}\Big)^{\mathrm{T}}\Big]\dot{q}_j\dot{q}_k -$$

$$\sum_{i=p}^{N}\sum_{j=1}^{i}\sum_{k=1}^{i}\mathrm{tr}\Big[\frac{\partial^2 T_i}{\partial q_j \partial q_p}H_i\Big(\frac{\partial T_i}{\partial q_k}\Big)^{\mathrm{T}}\Big]\dot{q}_j\dot{q}_k - \sum_{i=p}^{N}m_i g^{\mathrm{T}}\frac{\partial T_i}{\partial q_p}r_i$$

$$= \sum_{i=p}^{N}\sum_{k=1}^{i}\mathrm{tr}\Big[\frac{\partial T_i}{\partial q_k}H_i\Big(\frac{\partial T_i}{\partial q_p}\Big)^{\mathrm{T}}\Big]\ddot{q}_k + I_{ap}\ddot{q}_p +$$

$$\sum_{i=p}^{N}\sum_{j=1}^{i}\sum_{k=1}^{i}\mathrm{tr}\Big[\frac{\partial^2 T_i}{\partial q_j \partial q_k}H_i\Big(\frac{\partial T_i}{\partial q_p}\Big)^{\mathrm{T}}\Big]\dot{q}_j\dot{q}_k - \sum_{i=p}^{N}m_i g^{\mathrm{T}}\frac{\partial T_i}{\partial q_p}r_i \qquad (3-133)$$

最后替换下标 $p \to i, i \to j, j \to m$ 就得到动力学方程

$$Q_i = \sum_{j=i}^{N}\sum_{k=1}^{j}\mathrm{tr}\Big[\frac{\partial T_j}{\partial q_k}H_j\Big(\frac{\partial T_j}{\partial q_i}\Big)^{\mathrm{T}}\Big]\ddot{q}_k + I_{ai}\ddot{q}_i +$$

$$\sum_{j=i}^{N}\sum_{m=1}^{i}\sum_{k=1}^{i}\mathrm{tr}\Big[\frac{\partial^2 T_j}{\partial q_m \partial q_k}H_j\Big(\frac{\partial T_j}{\partial q_i}\Big)^{\mathrm{T}}\Big]\dot{q}_m\dot{q}_k - \sum_{j=i}^{N}m_j g^{\mathrm{T}}\frac{\partial T_j}{\partial q_i}r_j \qquad (3-134)$$

改变求和顺序，上式可以改写成

$$Q_i = \sum_{j=1}^{N}D_{ij}\ddot{q}_j + I_{ai}\ddot{q}_i + \sum_{j=1}^{N}\sum_{k=1}^{i}D_{ijk}\dot{q}_j\dot{q}_k + D_i \qquad i = 1,2,\cdots,N \qquad (3-135)$$

式中 $\quad D_{ij} = \sum_{p=\max(i,j,k)}^{N}\mathrm{tr}\Big[\frac{\partial T_p}{\partial q_j}H_p\Big(\frac{\partial T_p}{\partial q_i}\Big)^{\mathrm{T}}\Big]$

$$D_{ii} = \sum_{p=\max(i,j,k)}^{N} \mathrm{tr}\Big[\frac{\partial T_p}{\partial q_i} H_p \Big(\frac{\partial T_p}{\partial q_i}\Big)^{\mathrm{T}}\Big]$$

$$D_{ijk} = \sum_{p=\max(i,j,k)}^{N} \mathrm{tr}\Big[\frac{\partial^2 T_p}{\partial q_j \partial q_k} H_p \Big(\frac{\partial T_p}{\partial q_i}\Big)^{\mathrm{T}}\Big]$$

$$D_i = -\sum_{p=i}^{N} m_p g^{\mathrm{T}} \frac{\partial T_p}{\partial q_i} r_p$$

D_{ii}——关节 i 的惯性变量；

$D_{ii}\ddot{q}_i$——与关节 i 的加速度对应，是在关节 i 上的惯性力矩；

D_{ij}——关节 i 与关节 j 之间的耦合惯量，与关节 j 的加速度对应，在关节 j 上的惯性力矩为 $D_{ji}\ddot{q}_i$，且 $D_{ji} = D_{ij}$；

D_{ijj}——向心力项，与关节 j 的速度相对应，在 i 关节上的离心惯性力为 $D_{ijj}q_j^2$；

D_{ijk}——哥氏力项，与 j 关节和 k 关节速度相对应；

D_i——重力项，表示 i 关节的重力载荷。

其中惯性力和重力载荷对机器人的控制特别重要，因为它们影响伺服系统的稳定性和位置精度。向心力和哥氏力只在机器人高速运动时才会显出重要影响来，但它们产生的误差不大。驱动元件的惯性通常有较大的相对值，这在一定程度上减弱了等效惯量对机构的依赖性，并降低了耦合惯量的相对重要性。

本章小结与思考

工业机器人是由若干关节（运动副）连在一起的构件所组成的具有多个自由度的开链型空间连杆机构。这个开链机构的一端固接在机器人的机座上，另一端则是机器人的末端执行器，中间由一些构件用转动关节或移动关节串接而成。机器人运动学就是利用建立各运动构件与末端执行器位置、姿态之间的空间关系，为机器人的运动控制提供分析的依据、手段和方法。机器人运动学主要研究两个问题：一个是运动学正问题，即给定机器人手臂、手腕等构件的几何参数及连接构件运动的关节变量（位置、速度和加速度），求机器人末端执行器对于参考坐标系的位置和姿态；另一个是运动学逆问题，即已知各构件的几何参数和机器人末端执行器相对于参考坐标系的位置与姿态，求能够实现这个位姿的关节变量并判明存在几种解。本章详细介绍了机器人运动学分析的基础知识，进行了机器人正运动学分析和逆运动学讨论，重点阐述了 D－H 矩阵的使用方法，并结合上述知识进行了四自由度机器人的正逆运动学分析案例的学习。此外，本章还系统介绍了工业机器人动力学分析的理论与方法，从刚体动力学基础知识的学习入手，讲述了达朗贝尔原理、牛顿－欧拉方程、拉格朗日方程的原理与作用，为学习者奠定了开展动力学分析的理论基础。

本章习题与训练

（1）何谓机器人运动学正问题？何谓机器人运动学逆问题？

（2）简述"D－H 矩阵"的作用。

（3）有一旋转变换，先绕固定坐标系 Z_0 轴转 $30°$，再绕 X_0 轴转 $30°$，最后绕 Y_0 轴转

60°，试求其齐次变换矩阵。

（4）写出齐次变换矩阵 $^A\boldsymbol{H}_B$，它表示坐标系 $\{B\}$ 相对固定坐标系 $\{A\}$ 连续作以下变换：

①绕 Z_A 轴转 $90°$；

②绕 X_A 轴转 $-90°$；

③移动 $[3，7，9]^T$。

（5）点矢量 $\boldsymbol{v}$ 为 $[10.00\quad 20.00\quad 30.00]^T$，相对参考系作如下齐次变换：

$$A = \begin{bmatrix} 0.866 & -0.500 & 0.000 & 11.0 \\ 0.500 & 0.866 & 0.000 & -3.0 \\ 0.000 & 0.000 & 1.000 & 9.0 \\ 0 & 0 & 0 & 1 \end{bmatrix}$$

写出变换后矢量 $\boldsymbol{v}$ 的表达式，并说明这是什么性质的变化。

（6）三自由度机械手如图 3.17 所示，其臂长为 l_1 和 l_2，手部中心离手腕中心的距离为 H，转角为 $\theta_1,\theta_2,\theta_3$，试建立杆件坐标系，并推导出该机械手的运动方程。

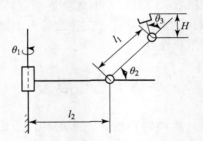

图 3.17　三自由度机械手

（7）已知二自由度机器手的雅各比矩阵为 $\boldsymbol{J} = \begin{bmatrix} -l_1 s_1 - l_2 s_{12} & -l_2 s_{12} \\ -l_1 c_1 - l_2 c_{12} & l_2 c_{12} \end{bmatrix}$，若忽略重力的影响，当手部端点力 $F = [1\quad 0]^T$ 时，求此力相应的关节力矩。

（8）图 3.18 所示为一种三自由度机械手，其末端执行器夹持着一个质量为 10kg 的物体，该机械手 $l_1 = l_2 = 0.8\text{m}$，$l_3 = 0.4\text{m}$，$\theta_1 = 60°$，$\theta_2 = -60°$，$\theta_3 = -90°$，若不计机械手的重量，求机械手处于平衡时各关节力矩。

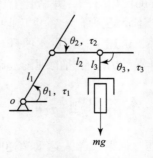

图 3.18　三自由度机械手

（9）图 3.19 所示为一个二自由度机械手，其两个连杆的长度均为 1m，试建立该机械手各杆件坐标系，并求出 A_1、A_2 及该机械手的运动学逆解。

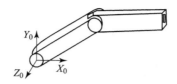

图 3.19　二自由度机械手

（10）机器人力雅各比矩阵和速度雅各比矩阵有什么关系？

（11）什么是拉格朗日函数和方程？

（12）什么是机器人逆解的多重性？

（13）什么叫机械臂连杆之间的耦合作用？

（14）为什么要研究机器人动力学问题？

（15）在什么情况下可以简化机器人动力学方程的计算过程？

第 4 章
工业机器人仿真模拟技术

4.1 仿真的基本概念

所谓仿真（simulation），是指采用项目模型将特定于某一具体层次的不确定性转化为它们对目标的影响，该影响是在仿真项目整体的层次上表示的[120]。

所谓系统仿真（system simulation），是指根据系统分析的目的，在分析系统各要素性质及其相互关系的基础上，建立能描述系统结构或行为过程的，且具有一定逻辑关系或数量关系的仿真模型，据此进行实验或定量分析，以获得正确决策所需的各种信息[121]。

利用模型复现实际系统中发生的本质过程，并通过对系统模型的实验来研究已存在或设计中的系统，又称模拟。其间所用的模型既包括物理的和数学的，也包括静态的和动态的，还包括连续的和离散的各种模型。所适用的系统也非常广泛，既包括电气、机械、化工、水力、热力等系统，也包括社会、经济、生态、管理等系统。对那些系统构造复杂、造价昂贵、实验风险性很大或实验周期很长才能了解系统参数变化所引起的后果的研究对象，仿真是一种十分有效的研究手段。从本质上分析，仿真的主要特点在于：

（1）它是一种对系统问题求数值解的计算技术。尤其当系统无法通过建立数学模型求解时，仿真技术能有效地来处理[122]。

（2）它是一种人为的实验手段。它和现实系统实验的差别在于，仿真实验不是依据实际环境，而是作为实际系统映像的系统模型以及在相应的"人造"环境下进行的。这是仿真的主要功能。

（3）它可以比较真实地描述系统的运行、演变及其发展过程。

（4）我国学者认为，系统仿真就是在计算机上或（和）实体上建立系统的有效模型（数字的、物理效应的、数字物理效应混合的模型），并在模型上进行系统实验。

仿真的主要作用在于：

（1）仿真的过程既是实验的过程，也是系统收集和积累信息的过程。尤其是对一些复杂的随机问题，应用仿真技术是提供所需信息的唯一令人满意的方法。

（2）对一些难以建立数学模型和物理模型的研究对象，可以通过仿真模型来顺利解决预测、分析和评价等系统问题。

（3）通过系统仿真，可以把一个复杂的大系统降阶成若干简单的子系统以便于分析。

（4）通过系统仿真，能启发人们产生新思想或构思新策略，还能暴露出原系统中隐藏着的深层次问题，以便及时解决。

仿真的重要工具是计算机。仿真与数值计算、求解方法的区别在于它首先是一种实验技术。仿真的过程包括建立仿真模型和进行仿真实验两个主要步骤。

仿真的基本方法是建立系统的结构模型和量化分析模型，并将其转换为适合在计算机上编程的仿真模型，然后对模型进行仿真实验。由于连续系统和离散系统的数学模型有很大差别，所以仿真方法基本上分为两大类，即连续系统仿真方法和离散系统仿真方法。在以上两类基本方法的基础上，还有一些用于系统特别是社会经济和管理系统仿真的特殊而有效的方法，如系统动力学方法、蒙特卡洛法等。系统动力学方法通过建立系统动力学模型、利用DYNAMO 仿真语言在计算机上实现对真实系统的仿真实验，研究系统结构、功能和行为之间的动态关系。

20 世纪初，仿真技术已在一些科技发达的国家和地区得到应用。例如欧美一些国家在实验室中建立水利模型，进行水利学方面的研究。20 世纪 40—50 年代，世界范围内航空、航天和原子能技术的发展推动了仿真技术的持续进步。20 世纪 60 年代，计算机技术的突飞猛进，为仿真技术提供了更加先进的工具，加速了仿真技术的快速发展。利用计算机技术开展系统仿真不仅方便、灵活，而且经济、实惠，因此计算机仿真越来越重要，也越来越普及。20 世纪 50 年代初，连续系统的仿真研究大多数是在模拟计算机上进行的，50 年代中后期，人们开始利用数字计算机进行数字仿真。计算机仿真技术遂沿模拟计算机仿真和数字计算机仿真两个方向发展。在模拟计算机仿真中增加逻辑控制和模拟存储功能之后，又出现了混合模拟计算机仿真，以及把混合模拟计算机和数字计算机联合在一起的混合计算机仿真[123]。在发展仿真技术的过程中人们已研制出大量仿真程序包和仿真语言。20 世纪 70 年代后期，人们还研制成功专用的全数字并行仿真计算机。

4.2　仿真软件简介

正如生产离不开生产工具一样，仿真也离不开仿真工具。仿真工具主要包括仿真硬件和仿真软件。仿真硬件中最主要的是计算机。用于仿真的计算机通常有三种类型：模拟计算机、数字计算机和混合计算机[124]。数字计算机还可分为通用型数字计算机和专用型数字计算机。模拟计算机主要用于连续系统的仿真，称为模拟仿真。在进行模拟仿真时，依据仿真模型将各运算放大器按要求连接起来，并调整有关的系数器。改变运算放大器的连接形式和各系数的调定值，就可修改模型。模拟仿真的结果可以连续输出。因此，模拟计算机的人机交互性很好，适合实时仿真。如果改变时间比例尺还可实现超实时的仿真。20 世纪 60 年代前的数字计算机由于运算速度较低和人机交互性较差，在仿真中的应用受到一定限制。随着计算机技术的发展，现代的数字计算机已具有很高的速度，某些专用型数字计算机的速度更高，已能满足大部分系统实时仿真的严格要求，特别是由于软件、接口和终端技术的发展，数字计算机的人机交互性日新月异，有了很大提高，因此数字计算机已成为现代仿真的主要工具。混合计算机把模拟计算机和数字计算机联合起来工作，可充分发挥模拟计算机的高速度和数字计算机的高精度、逻辑运算好、存储能力强的优点。但这种系统的造价较高，只宜在一些要求严格的系统仿真中使用。除计算机外，仿真硬件还包括一些专用的物理仿真器，如运动仿真器、目标仿真器、负载仿真器、环境仿真器等。

仿真软件包括为仿真服务的仿真语言、仿真程序、仿真程序包，以及以数据库为核心的仿真软件系统[125]。仿真软件的种类很多,有些应用的历史也很长。在工程领域用于系统性能评估的仿真软件,如机构动力学分析、控制力学分析、结构分析、热分析、加工仿真等的仿真软件系统 MSC Software,在航空、航天等高科技领域就已有 40 多年的应用历史。

仿真技术得以迅猛发展和普遍使用的主要原因是它能够带来巨大的社会经济效益。20世纪 50 年代和 60 年代,仿真主要应用于航空、航天、电力、化工以及其他工业过程控制等行业和领域,成效显著,作用极大[126]。例如,在航空工业方面,采用仿真技术可使大型客机的设计和研制周期缩短 20%。利用飞行仿真器在地面训练飞行员,不仅节省大量燃料和经费(其经费仅为空中飞行训练的十分之一),而且不受气象条件和场地环境的限制,可以全天候、全时段进行。此外,人们可以在飞行仿真器上设置一些在空中训练时无法设置的故障,培养飞行员应付突发故障的能力。训练仿真器所特有的安全性与可靠性也是仿真技术的重要优点。在航天工业方面,采用仿真实验代替实弹实验,可使实弹实验的次数减少 80%,节省的资金十分可观。现代仿真技术不仅可以应用于传统的工程领域,而且可以广泛应用于社会、经济、生物等领域,诸如交通管理、城市规划、资源利用、污染防治、生产运营、市场预测、股市分析、经济评估、人口控制等重大问题都是仿真技术的"用武之地"。对于社会经济等系统,很难在其上进行实验。因此,利用仿真技术来研究这些系统就具有更为重要的现实意义。

仿真软件是专门用于仿真的计算机软件。它与仿真硬件同为仿真必不可少的工具。20世纪 50 年代中期开始,仿真软件得到蓬勃发展,且其发展与仿真应用、算法、计算机和建模等技术的发展相辅相成。1984 年,第一个以数据库为核心的仿真软件系统面世,不久之后又出现了采用人工智能技术(专家系统)的仿真软件系统。人工智能技术的介入使仿真软件具有更强大、更灵活、更丰富的功能,能为更多的用户提供更优质的仿真服务。目前虚拟现实仿真软件得到人们的普遍青睐,例如虚拟现实仿真平台(VR – Platform)就受到人们的热烈追捧。

从本质上分析,仿真软件的目标是不断改善其面向问题、面向用户的模块描述能力和模型实验功能。不同技术水平的用户通过仿真软件能在不同程度上采用他们表达问题的习惯语言,方便地与计算机对话,完成建模或仿真实验(图 4.1 所示为不同仿真环境下的仿真模型)。

仿真软件应当具备以下主要功能:

(1)源语言的规范化和处理,即规定描述模型的符号、语句、句法、语法,检测源程序中的错误和将源程序翻译成机器可执行码。

(2)仿真的执行和控制。

(3)数据的分析和显示。

(4)模型、程序、数据、图形的存储和检索。

仿真软件可分为仿真语言、仿真程序包和仿真软件系统三类。仿真语言是应用最广泛的仿真软件。仿真程序包是针对仿真的专门应用领域建立起来的程序系统。软件设计人员通常会将常用的程序段设计成通用的子程序模块,并设计一个主程序模块,用来调用各种子程序模块。通过使用这种程序包,仿真研究人员可免去繁重的程序编制工作。仿真程序包除了不具备仿真软件的功能(1)以外,至少具备功能(2)、(3)、(4)中的任一种。仿真软件系统以数据库为核心将仿真软件的所有功能有机地统一起来,构成一个完善的系统。它由建模

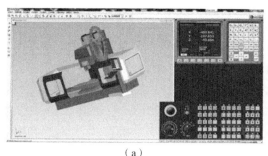
（a）

（b）

（c）

图 4.1　不同仿真环境下的仿真模型

软件、仿真运行软件（语言）、输出结果分析报告软件和数据库管理系统组成。

当前，在仿真技术领域，MATLAB、ADAMS、ANSYS 三款仿真软件因功能强、性能好、用户多、用途广而得到广泛应用，本章将分别进行概要介绍。

4.2.1　MATLAB 的特点与应用

4.2.1.1　MATLAB 简述

MATLAB（其图标参见图 4.2）是 matrix（矩阵）和 laboratory（实验室）两个词各取前三个字母加以组合而成，意为矩阵实验室（或矩阵工厂），它是由美国 MathWorks 公司出品的一种主要面对科学计算、可视化以及交互式程序设计的高科技计算环境[127]。它将数值分析、矩阵计算、科学数据可视化以及非线性动态系统的建模和仿真等诸多强大功能集成在一个易于使用的视窗环境中，为科学研究、工程设计以及必须进行有效数值计算的众多科学领域提供了一种全面的解决方案，并在很大程度上摆脱了传统非交互式程序设计语言（如 C 语言、Fortran 语言）的编辑模式，代表了当今国际科学计算软件的先进水平。

图 4.2　MATLAB 图标

MATLAB 和 Mathematica、Maple 并称为当今世界三大数学软件。在数学类科技应用软件中，MATLAB 的数值计算能力首屈一指。MATLAB 可以进行矩阵运算、绘制函数和数据、实现算法、创建用户界面、连接其他编程语言的程序等，主要应用于工程计算、控制设计、信号处理与通信、图像处理、信号检测、金融建模设计与分析等领域。

MATLAB 的基本数据单位是矩阵，它的指令表达式与数学、工程中常用的形式十分相似，故用 MATLAB 解算问题要比用 C、Fortran 等语言完成相同的工作简捷得多，并且 MATLAB 也吸收了像 Maple 等软件的优点，使 MATLAB 成为一个功能强大、性能卓越的数学软件。在 MATLAB 新的版本中也加入了对 C、Fortran、C++、JAVA 等语言的支持。

4.2.1.2 MATLAB 的特点

MATLAB 的优点很多，归纳起来主要有以下几个方面：

（1）编程效率高。用 MATLAB 编写程序犹如在演算纸上排列公式与求解问题，所以 MATLAB 也可通俗地称为演算纸式的科学算法语言。由于它编写简单，所以编程效率高，易学易懂[128]。

（2）扩充能力强。高版本的 MATLAB 有丰富的库函数，在进行复杂数学运算时可以直接调用，而且 MATLAB 的库函数同用户文件在形成上一样，所以用户文件也可作为 MATLAB 的库函数加以调用。因而用户可以根据自己的需要极为方便地建立和扩充新的库函数，以提高 MATLAB 的使用效率并扩充其功能。

（3）使用方便，上手快捷。MATLAB 把编辑、编译、连接和执行等多项工作融为一体，其调试程序手段丰富，调试速度快，而需要学习的时间却很少。它能在同一画面上进行灵活操作，快速排除输入程序中的书写错误、语法错误以至语意错误，加快了用户编写、修改和调试程序的速度，可以说在编程和调试过程中它是一种比 VB 还要简单的语言。

（4）语句简单，内涵丰富。MATLAB 中最基本、最重要的成分是函数，其一般形式为 $(a, b, c, \cdots) = \text{fun}(d, e, f, \cdots)$，即一个函数由函数名，输入变量 $d, e, f, \cdots$ 和输出变量 $a, b, c, \cdots$ 组成，同一函数名 F、不同数目的输入变量（包括无输入变量）及不同数目的输出变量，代表着不同的含义。这不仅使 MATLAB 的库函数功能更为丰富，而且极大地减少了存储空间，使得 MATLAB 编写的 M 文件短小精悍而高效可靠。

（5）高效的运算能力。MATLAB 像 Basic、Fortran 和 C 语言一样规定了矩阵的一系列运算符，并给出矩阵函数、特殊矩阵专门的库函数，但它不需定义数组的维数，这使其具有高效的矩阵和数组运算能力，在求解诸如信号处理、建模、系统识别、控制、优化等领域的问题时，显得简捷、高效，这是其他高级语言难以比拟的。

（6）方便的绘图功能。在 MATLAB 中绘图是十分方便的，它有一系列绘图函数（命令），使用时只需调用不同的绘图函数（命令），就可在图上标出图题，并进行 XY 轴标注。格的绘制也只需调用相应的命令，简单易行。另外，在调用绘图函数时调整自变量还可绘出不变颜色的点、线、复线或多重线。

（7）丰富的应用功能。MATLAB 具有功能丰富的应用工具箱，如信号处理工具箱、通信工具箱等，能为用户提供大量方便实用的处理工具。

根据其各个方面的特点做进一步说明如下：

（1）MATLAB 的编程环境。

　　MATLAB 由一系列工具组成。这些工具能够极大方便用户使用 MATLAB 的函数和文件，其中许多工具采用的是图形用户界面，包括 MATLAB 桌面和命令窗口、历史命令窗口、编辑器和调试器、路径搜索和用于用户浏览帮助、工作空间、文件浏览器等[129]。随着 MATLAB 的持续商业化和软件本身的不断升级，MATLAB 的用户界面（见图 4.3）也越来越精致，更加接近 Windows 的标准界面，人机交互性变得更强，操作也变得更简单。新版本的 MATLAB 提供了完整的联机查询、帮助系统，极大方便了人们的使用。简单的编程环境提供了比较完备的调试系统，程序不必经过编译就可以直接运行，而且能够及时地报告出现的错误并进行出错原因分析。

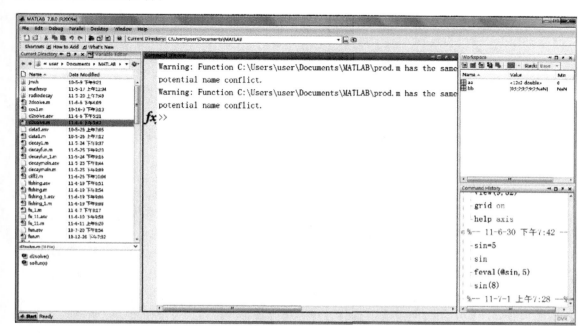

图 4.3　MATLAB 的主界面

　　如图 4.3 所示，MATLAB 主界面中间部分是命令窗口（command window），在命令窗口输入语句或程序名然后回车，则系统运行相应的语句或程序。主界面左边是当前用户文件目录（current directory），用户可以单击查看、修改和运行。右上部分是内存工作区（workspace），记录内存中的变量，用户可以随时单击打开修改。右下部分是过去命令窗口运行过的命令（command history），用户可以通过双击相应的命令重复运行。例如，主界面可以按照用户的要求进行设置，在主界面下拉菜单 File 中双击 Preferences（见图 4.4（a）），即可打开 Preferences 窗口，用户可以在窗口中修改系统的设置（见图 4.4（b））。

　　（2）MATLAB 的使用特点。

　　MATLAB 是一种高级矩阵/阵列语言，它包含控制语句、函数、数据结构、输入和输出及面向对象编程的特点。用户可以在命令窗口中将输入语句与执行命令同步完成，也可以先编写好一个较大的复杂应用程序（M 文件）后再一起运行[130]。新版本的 MATLAB 是基于普遍流行的 C＋＋语言的，其语法特征与 C＋＋语言极为相似，而且更加简单，更加符合科技人员对数学表达式的书写格式与习惯，使之更加方便非计算机专业的科技人员使用。这种

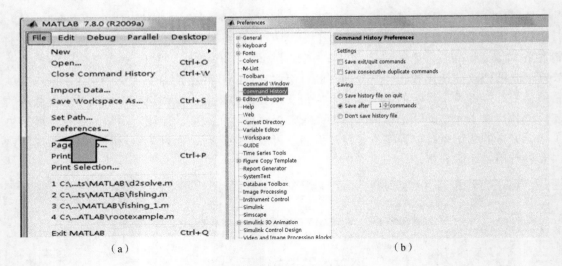

（a）　　　　　　　　　　　　　（b）

图4.4　主界面的设置

语言的可移植性好、可拓展性强，这也是 MATLAB 能够深入到科学研究及工程计算各个领域的重要原因所在。

（3）MATLAB 的计算处理能力。

MATLAB 是一个包含大量计算算法的集合体，拥有 600 多个工程中经常用到的数学运算函数，可以帮助用户极为方便地实现所需各种计算功能[131]。其函数中所使用的算法都是科学研究和工程计算中的最新研发成果，并且经过了各种优化和容错处理。在一般情况下，可以用它来代替底层编程语言，如 C 和 C＋＋语言。在计算要求相同的情况下，使用 MATLAB 产生的编程工作量会大大减少。MATLAB 的这些函数集包括从最简单、最基本的函数到诸如矩阵、特征向量、快速傅立叶变换等一系列复杂函数[132]。这些函数所能解决的问题大致包括矩阵运算和线性方程组的求解、微分方程组和偏微分方程组的求解、符号运算、傅立叶变换和数据的统计分析、工程中的优化问题、稀疏矩阵运算、复数的各种运算、三角函数和其他初等数学运算、多维数组操作以及建模动态仿真等。

（4）MATLAB 的图形处理功能。

MATLAB 自产生之日起就具有十分方便的数据可视化功能，可以将向量和矩阵用图形表现出来，并且可以对图形进行标注和打印。高层次的作图包括二维和三维的可视化、图像处理、动画和表达式作图，还可用于科学计算和工程绘图。新版本的 MATLAB 在整个图形处理功能方面有了很大提升和改善，使其不仅在一般数据可视化软件都具有的常规功能（例如二维曲线和三维曲面的绘制和处理等）方面更加先进，而且对于一些其他软件所没有的特殊功能（例如图形的光照处理、色度处理以及四维数据的表现等）方面，同样表现出了令人惊艳的处理能力[133]。即便对一些特殊的可视化要求，例如图形对话等，MATLAB 也有相应的功能函数，可保证不同用户不同层次的不同要求。另外，新版本的 MATLAB 还着重在图形用户界面（GUI）的制作上加以改进，在这方面有着特殊要求的用户也能够心满意足。图4.5 所示为人们采用 MATLAB 进行图像处理。

（5）MATLAB 的程序接口。

MATLAB 可以利用自带的编译器和 C/C＋＋数学库和图形库，将自己的程序自动转换为

图 4.5　MATLAB 进行图像处理

独立于 MATLAB 运行的 C 和 C + +代码；也允许用户编写可以和 MATLAB 进行交互的 C 或 C + +语言程序[134]。另外，MATLAB 网页服务程序还容许在 Web 应用中使用自己的 MATLAB 数学和图形程序。这些都极大地方便了用户。MATLAB 的一个重要特色就是具有一套程序扩展系统和一组称之为工具箱的特殊应用子程序。工具箱是 MATLAB 函数的子程序库，每一个工具箱都是为某一类学科专业和应用而定制的，主要包括信号处理、控制系统、神经网络、模糊逻辑、小波分析和系统仿真等方面的应用。

（6）MATLAB 的应用软件开发。

在开发环境中，使用户更方便地控制多个文件和图形窗口；在编程方面支持了函数嵌套、有条件中断等；在图形化方面，有了更强大的图形标注和处理功能，包括对性对起连接注释等；在输入输出方面，可以直接与 Excel 和 HDF5 进行连接[135]。

4.2.1.3　MATLAB 的主要功能

MATLAB 的主要工作栏和工具箱及其功能如下[136]：

（1）MATLAB ©：MATLAB 语言的单元测试框架；

（2）Trading Toolbox™：一款用于访问价格并将订单发送到交易系统的新产品；

（3）Financial Instruments Toolbox™：赫尔–怀特、线性高斯和 LIBOR 市场模型的校准和 Monte Carlo 仿真；

（4）Image Processing Toolbox™：使用有效轮廓进行图像分割、对 10 个函数实现 C 代码生成，对 11 个函数使用 GPU 加速；

（5）Image Acquisition Toolbox™：提供了用于采集图像、深度图和框架数据的 Kinect © for Windows ©传感器支持；

（6）Statistics Toolbox™：用于二进制分类的支持向量机（SVM）、用于缺失数据的 PCA 算法和 Anderson–Darling 拟合优度检验；

（7）Data Acquisition Toolbox™：为 Digilent Analog Discovery Design Kit 提供支持包；

（8）Vehicle Network Toolbox™：为访问 CAN 总线上的 ECU 提供 XCP、MATLAB 支持。

4.2.1.4　Simulink 产品系列及其重要功能

MATLAB 主要包括 MATLAB 和 Simulink 两大部分。Simulink 是 MATLAB 最重要的组件之一，它提供一个动态系统建模、仿真和综合分析的集成环境。在该环境中，无需大量书写程序，只需通过简单、直观的鼠标操作，就可构造出复杂的系统。Simulink 具有适应面广、结构和流程清晰及仿真精细、贴近实际、效率高、使用灵活等优点，故而已被广泛用于控制理论和数字信号处理的复杂仿真与设计。同时有大量的第三方软件和硬件可应用于或被要求应用于 Simulink。

Simulink 是 MATLAB 中的一种可视化仿真工具，是一种基于 MATLAB 的框图设计环境，是实现动态系统建模、仿真和分析的一个软件包，目前已广泛应用于线性系统、非线性系统、数字控制及数字信号处理的建模和仿真中[137]。Simulink 可以用连续采样时间、离散采样时间或两种混合的采样时间进行建模，同时它也支持多速率系统，即支持系统中的不同部分采取不同的采样速率。为了创建动态系统模型，Simulink 提供了一个建立模型方块图的图形用户接口，在这个创建过程中，用户只需单击和拖动鼠标操作就能完成。它为用户提供了一种更快捷、更直接、更明了的处置方式，而且用户可以立即看到系统仿真的结果。

从本质上看，Simulink 是一种用于动态系统和嵌入式系统的多领域仿真和基于模型的设计工具，对各种时变系统，如通信、控制、信号处理、视频处理和图像处理系统，Simulink 都提供了交互式图形化环境和可定制模块库来对其进行设计、仿真、执行和测试[138]。

建构在 Simulink 基础之上的一些其他产品扩展了 Simulink 多领域建模功能，也提供了用于设计、执行、验证和确认任务的相应工具[139]。例如，Simulink 与 MATLAB 紧密集成，可以直接访问 MATLAB 大量的工具来进行算法研发、仿真分析和可视化、批处理脚本的创建、建模环境的定制以及信号参数和测试数据的定义[140]。

Simulink 的优点很多，以下是其突出优点：

（1）具有丰富的、可扩充的预定义模块库；

（2）具有交互式的图形编辑器，可以用来组合和管理直观的模块图；

（3）可以利用设计功能的层次性来分割模型，实现对复杂设计的有序管理；

（4）可以通过 Model Explorer 导航、创建、配置、搜索模型中的任意信号、参数、属性，生成模型代码；

（5）可以提供 API，用于与其他仿真程序的连接或与手写代码集成；

（6）可以使用 Embedded MATLAB™模块在 Simulink 和嵌入式系统执行中调用 MATLAB 算法；

（7）可以使用定步长或变步长来运行仿真，并根据仿真模式（Normal、Accelerator、Rapid Accelerator）决定以解释性方式或以编译 C 代码形式来运行模型；

（8）可以利用图形化的调试器和剖析器来检查仿真结果，诊断设计的性能和异常行为；

（9）可以访问 MATLAB，从而对结果进行分析与可视化观察，定制建模环境，定义信号参数和测试数据；

（10）可以利用模型分析和诊断工具来保证模型的一致性，确定模型中的错误。

4.2.2 ADAMS 的特点与应用

4.2.2.1 ADAMS 简述

Automatic Dynamic Analysis of Mechanical Systems 是由美国机械动力公司（Mechanical Dynamics Inc.）开发的一种虚拟样机（Virtual Prototyping）分析软件，中文意思是机械系统动力学自动分析，其各词的首字母组合在一起即为 ADAMS。ADAMS（其操作界面如图 4.6 所示）已经被全世界很多行业的主要厂商采用，美国机械动力公司也曾凭此软件而扬名世界，但该公司在经历了 12 个版本的开发以后，现已被美国 MSC 公司收购。在当今动力学分析软件市场上，ADAMS 独占鳌头，拥有 70% 的市场份额[141]。

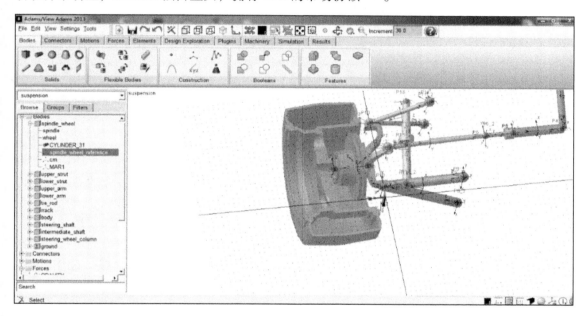

图 4.6 ADAMS 的操作界面

如前所述，ADAMS 是一款专门应用于机械产品虚拟样机开发的分析软件，而虚拟样机是指在计算机中利用虚拟实体造型技术建立出来的用于辅助产品开发的模型，并具有人们所需的某些特定的功能。ADAMS 具有强大的功能模块和突出的使用特点，在众多学科领域得到广泛应用。学习并熟悉 ADAMS 的功能特性与实际应用，是从事机械产品设计和开发的人员必须要掌握的一项"基本功"。

虚拟样机对科学、合理、可靠、有效地辅助产品开发具有十分重要的意义。那么何谓虚拟样机呢？虚拟样机是建立在计算机上的原型系统或子系统模型，它在一定程度上具有与物理样机相当的功能真实度[142]。从本质上来看，虚拟样机是一种计算机模型，但它能够反映实际产品的一些特性，包括外观、空间关系以及运动学和动力学特性。借助于虚拟样机技术，设计者可以在计算机上建立机械系统模型，伴之以三维可视化处理，模拟在真实环境下系统的运动和动力特性，并根据仿真结果精简和优化机械系统。

虚拟样机技术（Virtual Prototyping Technology，VPT）是一种全新的机械设计方法，作为一项计算机辅助工程（Computer Aided Engineering，CAE）技术于 20 世纪 80 年代出现并兴起，进入 21 世纪以后，虚拟样机技术得到迅速发展和广泛应用[143]。

虚拟样机是针对物理样机而言的，虚拟样机技术则是针对传统设计方法而言的。在机械工程领域，对一个机械系统的研究可分为静力学、运动学、动力学三种类型，虚拟样机技术主要进行的是机械系统运动学和动力学分析，因此也被称为机械系统动态仿真技术。

按照实现功能的不同，虚拟样机可分为结构虚拟样机、功能虚拟样机、结构与功能虚拟样机三类。其中，结构虚拟样机主要用来评价产品的外观、形状和装配。例如，新产品的外观形状是否令人满意？产品零部件能否按要求顺利安装，且能否满足配合要求？这些都可在产品的结构虚拟样机中得到检验与评价[144]。功能虚拟样机主要用来验证产品的工作原理，如机构运动学仿真和动力学仿真。满足外观形状的要求之后，就要检验产品整体上是否符合基于物理学的功能原理。结构与功能虚拟样机主要用来综合检查新产品研制或生产过程中的各种问题。它是将结构虚拟样机与功能虚拟样机整合在一起的一种完备型的虚拟样机。它将机械系统的结构检验目标和功能检验目标有机结合起来，提供全方位的产品组装测试和检验评价，实现真正意义上的虚拟样机系统。这种完备型虚拟样机是目前虚拟样机技术领域研究的主要方向。

一方面，ADAMS 是虚拟样机的应用软件，用户可以运用该软件非常方便地对虚拟机械系统进行静力学、运动学和动力学分析。另一方面，ADAMS 又是虚拟样机的开发工具，其开放的程序结构和丰富的接口类型可以成为人们进行特殊类型虚拟样机的二次开发工具平台[145]。这款集建模、求解、可视化技术于一体的虚拟样机软件，是目前世界上使用范围最广、名气最大的机械系统仿真分析软件。ADAMS 全仿真软件包能够提供一个功能强大的建模和仿真环境，利用它可以对任何机械系统进行建模、仿真、细化及优化设计，应用范围从汽车、火车、航空航天器一直到新型摄像机等。使用该软件可以产生复杂机械系统的虚拟样机，真实地仿真其运动过程，并且可以迅速分析和比较多种参数方案，直至获得优化的工作性能，既能大大减少制造物理样机的昂贵费用及漫长时间，还能大大减少物理样机的试验次数，显著提高产品的设计质量[146]。ADAMS 将强大的分析求解功能与易学易用的用户界面相结合，使该软件使用起来既直观又方便，还可帮助用户实现专门化处置。图 4.7 表明了采用虚拟样机技术开发新产品的流程与传统方式的比较情况。

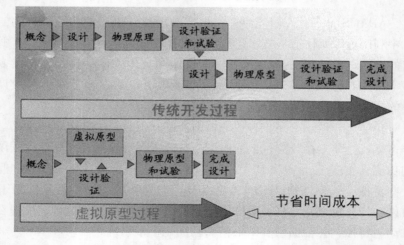

图 4.7　采用虚拟样机技术开发新产品的流程与传统方式的比较

4.2.2.2　ADAMS 的主要特点

ADAMS 主体由基本模块、扩展模块、接口模块、专业领域模块以及工具箱五类模块组成。它使用交互式图形环境和零件库、约束库、力库，创建出完全参数化的机械系统几何模型，其求解器采用多刚体系统动力学理论中的拉格朗日方程方法，建立起系统动力学方程，以便对虚拟机械系统进行静力学、运动学和动力学分析，输出位移、速度、加速度和反作用力曲线。

ADAMS 的主要特点如下[147]：

（1）可利用交互式图形环境和零件库、约束库、力库建立机械系统的三维参数化模型。

（2）可进行机械系统的运动学、静力学、准静力学分析，也可进行线性和非线性动力学分析，还可进行刚体和柔性体分析。

（3）具有先进的数值分析技术和强大的求解器，使求解快速、准确。

（4）具有组装、分析和动态显示不同模型或同一模型在某一过程中变化的能力，可以提供多种"虚拟样机"方案。

（5）具有强大的函数库，可供用户自定义力和运动发生器。

（6）具有开放式结构，可允许用户集成自己的子程序。

（7）可自动输出位移、速度、加速度和反作用力曲线，仿真结果可显示为动画和曲线图形。

（8）可预测机械系统的性能、运动范围、碰撞、包装、峰值载荷，还可计算有限元的输入载荷。

（9）可支持同大多数 CAD、FEA（Finite Element Analysis，有限元分析）和控制设计软件包之间的双向通信。

4.2.2.3　ADAMS 的主要功能

ADAMS 具有双重身份，作为虚拟样机分析工具的应用软件功能是其一重身份，作为虚拟样机分析工具的应用软件则是其另一重身份。这样的双重身份使其在很多领域内有着重要的应用价值。现将其主要应用领域介绍如下：

1. 在汽车工程中的应用

图 4.8 所示为 ADAMS 在汽车组件仿真分析中的应用情况。

ADAMS 在汽车工程中主要用于对汽车产品的开发。有过汽车产品设计经历的人们知道，对于复杂的车辆动态工况，应用有限元软件来计算车辆结构的动力学问题通常是较为困难的，特别是如果该车辆相应机构的运动关系还存在着非线性特性，此时采用有限元软件是不能直接处理或考查该结构在车辆运动过程中的应力状况的[148]。但若是将 MSC. Nastran 和 ADAMS 联合起来应用，就可以很好地解决上述问题。解决此类问题时，先用 MSC. Nastran 生成 ADAMS 需要的柔性体，然后在 ADAMS 中建立整车的刚柔混合动力学模型，继而模拟任何复杂的动态工况，并将动力学计算结果返回到 MSC. Nastran 中，此后就可深入研究该结构的动力学响应特性。

ADAMS 在汽车工程中的具体应用往往体现在对汽车动力性能、制动性能、操纵稳定性和平顺性的研究上。例如，在研究电动代步车的平顺性时，可利用 ADAMS 和 ANSYS 两款

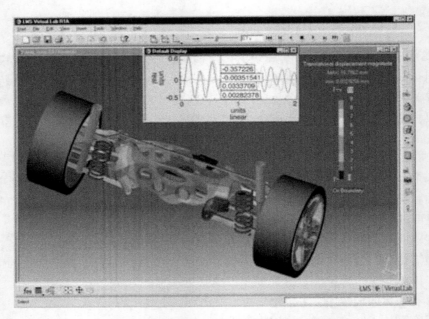

图 4.8　ADAMS 在汽车组件仿真分析中的应用

软件将车架柔性化并对其运动过程进行仿真分析，这时表明该柔性系统的仿真结果能更真实、更准确地反映电动代步车的运动特性，且输出 ADAMS 中柔性系统的仿真载荷，在ANSYS 中进行应力应变分析，这样就可为车架提供进一步的改进措施和优化方案——开发一种新型悬挂式结构座椅，即可调叉式结构座椅，并用 ADAMS 对其垂向振动特性进行仿真分析，提出该座椅进行结构参数优化设计的具体方法。

　　悬架是汽车的主要部件之一，对车辆操纵的稳定性和平顺性影响甚大。ADAMS/CAR 模块内有悬架运动学、动力学分析的专门模板，人们可以十分方便地用其建立各种结构形式的悬架，迅速得出有关悬架的多达 30 多种参数的性能曲线。而且所有模型全部采用数字化设计，可极为迅捷地对设计参数进行修改和调整，及时发现其对各种性能参数的影响，优化设计目标，最终为企业提供产品开发的合理解决方案。

**　　2. 在航空航天工程中的应用**

　　在航空航天工程领域，ADAMS 主要用于小型卫星入轨初期的动力学仿真与控制效果研究、差动式机电缓冲阻尼机构的动力学仿真和飞机起落架的研究。例如，人们运用 ADAMS仿真技术分析飞机起落架及全机的动态特性，这对降低飞机研发成本、提高飞机性能具有十分重要的工程意义。具体研究过程如下：首先基于多体系统动力学理论，在分析某型飞机小车式起落架的结构、运动和受力特点的基础上，构建该起落架的多体系统动力学模型，推导起落架着陆时各部件的动力学方程及运动学关系，并以 ADAMS 为分析工具，建立该起落架着陆状况的 ADAMS 分析模型，深入分析该起落架的有关参数对着陆动力学性能的影响，通过仿真分析对该起落架进行参数优化设计。最后，建立由机身、前起落架缓冲支柱、前起落架机轮、主起落架缓冲支柱和主起落架机轮五个子系统构成的整机多体系统动力学模型，导出全机滑跑的动力学方程组，然后基于 ADAMS/Aircraft 模块进行整机滑跑动力学仿真，研究不同跑道地面情况对整机滑跑动力学性能的影响，并对仿真结果进行深入分析和系统研究，为小车式起落架及飞机整机的设计和改型提供必要的理论依据。

3. 在铁路车辆及装备工程中的应用

在铁路车辆及装备的开发过程中，ADAMS 可以扮演十分重要的角色。例如，不久之前，美国 MDI 公司驻北京办事处与原铁道部四方车辆研究所合作，利用 ADAMS/Rail 模块完成了对几种铁路机车的动力学仿真。在整个工作中，双方精诚合作、群策群力，在很短时间内就运用 ADAMS 完成了三个项目的研究任务。具体工作如下：①在 MDI 公司技术人员的帮助下，四方车辆研究所的工程师们利用 ADAMS/Rail 模块对我国自行设计的高速铁路铰接式客车单元（3 节车）进行了建模，并开展了稳定性临界速度分析；②除利用 ADAMS 进行常规建模以外，双方的技术人员还详细考虑了客车车体的弹性状况，将车体分成五块，每两块之间利用 ADAMS 弹性单元进行连接，有效提升了仿真分析的水平；③利用 ADAMS/Rail 建立了出口缅甸的米轨三大件式罐车模型，且利用该模型进行了稳定性临界速度、曲线通过性能以及直线响应的仿真分析，取得了令人满意的结果。通过以上应用案例可知，利用 ADAMS/Rail 软件，工程师们能够极为方便和快速地建立模型，处理各种约束、悬挂类型并进行相关的计算分析，还可以得到技术人员所关心的各种信息，如稳定性临界速度、各物体的位移、速度、加速度、轮/轨作用力（包括横向、垂向和纵向）、脱轨系数、轮重减载率、接触几何参数、蠕滑参数以及响应点的加速度和加速度 FFT（Fast Fourier Transformation，快速傅氏变换）变换结果以及平稳性指标，等等。与此同时，技术人员还可以利用 ADAMS 的可视化技术来逼真显示轮轨的接触关系和各部件的运动关系。利用 ADAMS 的可视化技术，还可以使工程师们像在真实世界里一样从各种角度以多种方式来观察设计方案（虚拟样机），可以清晰地观察到是否发生轮缘接触现象、间隙是否足够，等等，从而极大改善了铁路车辆及装备的研发水平。

4.2.3　ANSYS 的特点与应用

4.2.3.1　ANSYS 简述

ANSYS 是美国 ANSYS 公司研制的一种大型通用有限元分析（FEA）软件，是世界范围内增长最快的 CAE 软件，它能与众多 CAD 软件（如 Creo、NASTRAN、Alogor、I - DEAS、AutoCAD 等）接口，实现数据的共享和交换，是融结构、流体、电场、磁场、声场分析功能于一体的大型通用有限元分析软件，在核工业、铁道、石油化工、航空航天、机械制造、能源、汽车交通、国防军工、电子、土木工程、造船、生物医学、轻工、地矿、水利、日用家电等领域有着广泛的应用。ANSYS 功能强大、操作简单、使用方便，现已成为国际最流行的有限元分析软件，在历年的 FEA 评比中都名列第一。目前，中国数百所理工类高等院校都在采用 ANSYS 进行有限元分析或作为标准教学软件[149]。

CAE 的技术种类很多，其中包括有限元法（FEM，即 Finite Element Method），边界元法（BEM，即 Boundary Element Method），有限差分法（FDM，即 Finite Difference Method）等，每一种方法各有其应用的领域[150]。相比而言，ANSYS 有限元软件包可以用来求解结构、流体、电力、电磁场及碰撞等问题。因此它可应用于航空航天、汽车工业、生物医学、桥梁、建筑、电子产品、重型机械、微机电系统、运动器械等。

ANSYS 主要包括三个部分：前处理模块，分析计算模块和后处理模块。其中，前处理模块提供了实体建模及网格划分的强大工具，借助于该工具，用户可以十分方便地构造有限元模型；分析计算模块提供了结构分析（可进行线性分析、非线性分析和高度非线性分析）、流体动力学分析、电磁场分析、声场分析、压电分析以及多物理场耦合分析的强大功能，凭借该功能，用户可以十分准确地模拟多种物理介质的相互作用，完成灵敏度分析及优化分析；后处理模块提供了灵活的显示方式，可将计算结果以彩色等值线显示、梯度显示、矢量显示、粒子流迹显示、立体切片显示、透明及半透明显示（可看到结构内部）等图形方式显示出来，也可将计算结果以图表、曲线形式显示或输出[151]。

ANSYS 提供了 100 种以上的单元类型，用来模拟工程中的各种结构和材料。ANSYS 有多种不同版本，可以在多种计算机设备上运行，如 PC、SGI、HP、SUN、DEC、IBM 和 CRAY 等。

4.2.3.2 ANSYS 的主要特点

ANSYS 主要特点如下：

（1）它是唯一能够实现多场及多场耦合分析的软件；

（2）它是唯一能够实现前后处理、求解及多场分析统一数据库的一体化大型 FEA 软件；

（3）它是唯一具有多物理场优化功能的 FEA 软件；

（4）它是唯一具有中文界面的大型通用有限元软件；

（5）具有强大的非线性分析功能；

（6）具有多种求解器，分别适用于不同的问题求解及不同的硬件配置；

（7）支持异种、异构平台的网络浮动，在异种、异构平台上用户界面统一、数据文件全部兼容[152]；

（8）具有强大的并行计算功能，支持分布式并行计算和共享内存式并行计算；

（9）具有多种自动网格划分功能；

（10）具有良好的用户开发环境。

4.2.3.3 ANSYS 的主要功能

ANSYS 的主要功能如下：

1. 能够实现电子设备的互联

时至今日，电子设备连接功能的普及化和物联网应用的全面化，都对 CAE 的硬件和软件的可靠性提出了更高的要求和更严的标准。最新版本的 ANSYS 提供了众多电子设备可靠性和性能的验证功能，贯穿了产品设计的整个流程，且覆盖了电子行业的全部供应链。在最新版本的 ANSYS 中，全新推出了"ANSYS 电子设计桌面"（ANSYS Electronics Desktop）[153-154]。在单个窗口高度集成化的界面中，电磁场、电路和系统分析构成了无缝的工作环境，从而确保在所有应用中实现科学、合理、高效的仿真分析。高版本的 ANSYS（如 ANSYS 16.0）中另一个重要的新功能是可以建立三维组件（3D Component），并将它们集成到更大的装配体中。使用该功能，用户可以非常容易地构建一个无线通信系统，这对日益复杂的系统设计尤其重要。对于用户来说，建立可以直接仿真的三维组件，并将它们存储在库文件中，就能够十分方便地在更大的系统设计中添加这些组件，而无须再进行任何激励、边界条件和材料属性的设置，因为所有的内部细节已经包含在三维组件的原始设计之内。

2. 能够仿真各种类型的结构材料

对于每位结构设计工程师来说，在减轻结构重量的同时，提升结构的性能并增加其设计美感，是一种激动人心的挑战。有经验的工程师在结构设计中会经常选用一些薄型材料和新型材料，选用这些材料会给人们带来一些好处，但有时也会为仿真带来一些难题。金属薄板在提供所需性能的同时能够较大限度地减少材料和重量，因而是每个行业都会采用的"传统"或"首选"材料，采用 ANSYS 16.0，工程师们能够加快薄型材料的建模速度，并能够迅速定义一个完整装配体中各部件的连接方式。采用 ANSYS 辅助设计，使工程师们可以利用其提供的复合材料设计功能，以及其他实用工具，提高设计效率，且能够更好地理解仿真结果。

3. 能够简化复杂的流体动力学工程问题

现代社会，产品变得越来越复杂，人们对产品的性能和可靠性要求也越来越严格，这些都促使工程师们研究更为复杂的物理现象并探讨其设计方法。最新版本的 ANSYS 不仅可以简化复杂几何结构的前处理工作程序，同时还能显著提高前处理的工作速度，甚至能提高40%。当工程师们面临多目标优化设计问题时，ANSYS 可以通过伴随优化技术和多目标优化技术，来实现智能设计与优化设计。最新版本的 ANSYS 除了能够简化复杂的设计和优化工作以外，还能够简化复杂物理现象的仿真工作。在船舶与海洋工程应用中，工程师们利用 ANSYS 可以对复杂的海洋波浪模式进行仿真。在设计各种压缩机、水力旋转机械、蒸汽轮机、泵等旋转机械装置时，若采用 ANSYS 辅助分析，工程师们就可以通过傅立叶变换方法，简捷、高效地获得固定组件与旋转组件之间相互作用的结果。

4. 能够实现基于模型的系统和嵌入式软件开发

基于系统和嵌入式软件的创新在工业领域中取得了显著增长。最新版本的 ANSYS 为系统研发人员和嵌入式软件开发者提供了多项新功能。例如，针对系统设计工程师的工作需求，ANSYS 扩展了建模功能，这样工程师们就可以定义系统与其子系统之间复杂的操作模式。

4.2.3.4　ANSYS 对不同类型问题的分析

1. 采用 ANSYS 进行结构静力学分析

采用 ANSYS 求解外载荷引起的位移、应力和力。静力学分析非常适合用来求解那些惯性和阻尼对结构的影响并不显著的问题。ANSYS 中的静力学分析功能不仅可以进行线性分析，而且也可以进行非线性分析，如塑性、蠕变、膨胀、大变形、大应变及接触分析。图4.9 为采用 ANSYS 进行结构静力学分析示例。

2. 采用 ANSYS 进行结构动力学分析

采用 ANSYS 进行结构动力学分析，可用来求解随时间变化的载荷对结构或部件的影响。与结构静力学分析不同，动力学分析要考虑随时间变化的力载荷以及它们对阻尼和惯性的影响。ANSYS 可进行的结构动力学分析类型包括：瞬态动力学分析、模态分析、谐波响应分析，以及随机振动响应分析。图 4.10 为采用 ANSYS 进行结构动力学分析示例。

3. 采用 ANSYS 进行结构非线性分析

结构非线性会导致结构或部件的响应随外载荷不成比例地发生变化。采用 ANSYS 可以方便快捷地求解静态和瞬态的非线性问题，包括材料非线性、几何非线性和单元非线性三种。

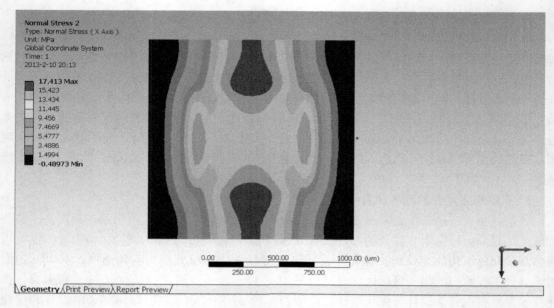

图 4.9　结构静力学分析

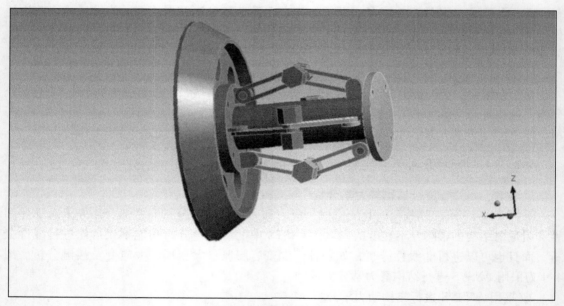

图 4.10　结构动力学分析

4. 采用 ANSYS 进行运动分析

采用 ANSYS 可以分析大型三维柔体的运动。当运动的积累影响起主要作用时,可使用这些功能分析复杂结构在空间中的运动特性,并确定结构中由此产生的应力、应变和变形。

5. 采用 ANSYS 进行热分析

采用 ANSYS 可处理传导、对流和辐射这三种热传递的基本类型。在 ANSYS 中,热传递的三种类型均可进行稳态和瞬态、线性和非线性分析。ANSYS 的热分析还具有可模拟材料固化和熔解过程的相变分析能力以及模拟热与结构应力之间的热 – 结构耦合分析能力。图

4.11 为采用 ANSYS 进行热分析示例[155]。

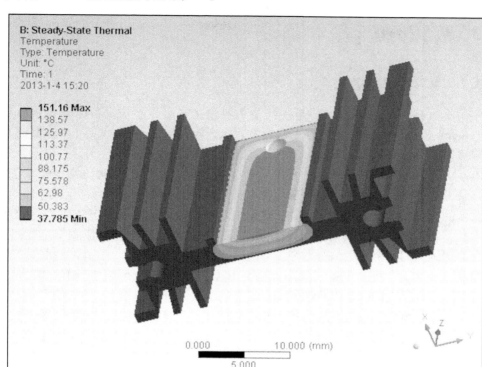

图 4.11　采用 ANSYS 进行热分析

6. 采用 ANSYS 进行电磁场分析

ANSYS 可用于电磁场分析，如电感、电容、磁通量密度、涡流、电场分布、磁力线分布、力、运动效应、电路和能量损失等；还可用于螺线管、调节器、发电机、变换器、磁体、加速器、电解槽及无损检测装置等的设计和分析。

7. 采用 ANSYS 进行流体动力学分析

ANSYS 流体单元能进行流体动力学分析，分析类型可以为瞬态或稳态。分析结果可以是每个节点的压力和通过每个单元的流率。ANSYS 还可以利用后处理功能产生压力、流率和温度分布的图形显示。另外，还可以使用 ANSYS 的三维表面效应单元和热 – 流管单元来模拟结构的流体绕流及对流换热效应。

8. 采用 ANSYS 进行声场分析

ANSYS 的声学功能可用来研究在含有流体的介质中声波的传播，或分析浸在流体中的固体结构的动态特性。这些功能可用来确定音响话筒的频率响应，或用来研究音乐大厅的声场强度分布，或用来预测水对振动船体的阻尼效应。

9. 采用 ANSYS 进行压电分析

ANSYS 可用于分析二维或三维结构对 AC（交流）、DC（直流）或任意随时间变化的电流或机械载荷的响应；也可用于对换热器、振荡器、谐振器、麦克风等部件及其他电子设备的结构动态性能的分析；还可用于静态分析、模态分析、谐波响应分析、瞬态响应分析[156]。

4.3 数字仿真

4.3.1 数字仿真的基本概念

数字仿真（Digital Simulation）是一门技术科学，它由数字仿真技术理论（Technology theory of digital simulation）和数字仿真专业技术（Specialized technology of digital simulation）两部分组成。

仿真系统（Simulation system）是仿真工作的直接依托，对于任何仿真工作来说，它都是不可或缺的工具。每个仿真应用领域，都有各自适用的仿真系统，也都据此才能给出具有所需置信度的仿真实验结果[157-158]。数字仿真技术理论指出，为了充分发挥数字仿真的有效性与可靠性，各仿真应用领域均应按照"仿真需求—仿真系统—仿真应用"这个过程循序渐进，最终达到面向整个领域的全寿命（包括论证、设计、研制、生产和使用等阶段），全系统（包括主要装备、支持装备、保障装备）和全方位服务。因此，正确的作法应当考虑需要和可能相结合，在需求牵引、技术推动、经济支撑等外因作用下，把建立仿真应用当作一项仿真工程来规范地进行，经过需求分析、初步设计、详细设计、试运行、确认验收，有针对性地建立适用的仿真系统、仿真实验室或仿真中心，而且按照边建边用的原则，及时投入使用，勇于跻身于世界先进行列和自主创新，多出成果，在使用中改进和发展，并在各个应用领域内使其仿真系统日臻完善。

4.3.2 数字仿真的专业技术

数字仿真的专业技术主要集中在仿真系统，仿真软件，校核、验证和确认三大方面。三者相辅相成，缺一不可；它们共同构成了数字仿真区别于其他学科所独有的部分。

1. 仿真系统

现有许多仿真系统、仿真实验室、仿真中心可供参考。诸如美国亚那巴马州红石兵工厂的高级仿真中心（ASC）、美国 Rockwell 国际公司空间分部的航天飞机仿真实验室、以法尔肯空军基地国家实验中心为核心的美国国家实验台、德国航空航天实验院的空间运行中心、中国航天部门遍布全国各地的仿真中心，等等。若按空间分布不同，仿真系统可分为集中式、分布式和嵌入式三大类型。无论哪种类型，仿真系统通常都是由数字计算机系统、系统实际设备（实物）和一些专用与通用设备组成，且兼有构造仿真、实况仿真和虚拟仿真三种功能。仿真系统的中心就是数字计算机系统，具体包括单片机、单板机、仿真机系统、微机系统、工作站系统、小巨型机系统、多机系统，等等。它们各自都含有硬、软件两部分。数字计算机的机型往往直接决定着仿真系统的形式，用户可从中选择经济适用的机型。通用设备就是商品化的观测记录设备、信号发生器、声像通信设备等，而系统实际设备（实物）和一些专用设备随仿真应用领域的不同而差别甚大。比如，航空航天领域的飞行仿真系统，除了需要控制系统实物以外，还需要转台、负载台、离心机、实物操作台等专用设备。

2. 仿真软件

仿真过程一般是根据需求先用程序设计语言、仿真语言或种种建模语言把仿真对象的数学模型描述成数字计算机上能实现的等价模型，称之为仿真模型（Simulation Model）。仿真模型是否同仿真对象的数学模型等价，可用校核定量给出逼真度。逼真度过低的仿真模型毫无意义。而后，在实时操作系统下运行合格的仿真模型，给出仿真结果。用交互命令修改参数或模型，再运行，再给出仿真结果。如此反复地多次仿真，以完成给定的仿真研究。通常人们把上述过程简单地分成四个环节：①研究需求；②模型设计；③模型编码；④运行模型。仿真软件在其中是一个技术密集点，也是仿真系统的灵魂；它有别于通用的科学计算软件，属于专用的数字软件，其发展目标是不断改善其面向问题、面向用户的模型描述能力及增强它对模型建立、实验、设计和检验的功能。

迄今为止，常用仿真软件有通用型、专业型和支撑型三类。通用仿真软件目前以简单系统仿真软件为主，包括连续系统仿真语言、离散事件系统仿真语言和连续—离散混合系统仿真语言，复杂系统仿真软件正在热研中；专业仿真软件有各应用领域的专业仿真软件、虚拟仿真软件、智能仿真软件、网络仿真软件等；支撑型仿真软件有柔性仿真、仿真软件平台、仿真应用框架、一体化或智能化仿真环境等。

3. 校核、验证与确认

校核、验证与确认（Validation，Verification and Accreditation，VV&A）能够确保数字仿真的置信度，它是维系数字仿真科学性与可靠性的唯一手段，至关重要。美国在建模与仿真的校核、验证与确认方面始终走在世界前列，DMSO 在 1996 年建立军用仿真 VV&A 工作技术支持小组，负责起草美国国防部 VV&A 建议规范，并于同年 11 月和 2000 年先后发布第一版和第二版。IEEE 于 1997 年通过了关于 DIS 的建模与仿真 VV&A 建议标准。加拿大国防部合成环境协调办公室于 2005 年颁布了建模与仿真 VV&A 指南，成为加拿大防御体系中 M&S 发展和应用中使用的 VV&A 工具和技术有关的指导书。我国把确认搞得严肃而又庄重，通常仅在仿真最后时刻由权威性团队进行一次，而校核和验证在仿真的全生命周期里却要进行多次。总的说来，我国对 VV&A 的研究尚有一些不足，如：①概念不统一、不完备；②应用对象不明确；③实施过程缺乏目的明确、完备的阶段性划分；④缺少评价指标和评价方法；⑤没有可供使用的软件工具。实际上，建立数学模型和仿真建模之后，都需验模。不过，两者验模方法不同，前者是验证，后者是校核。目前 VV&A 正在逐步深入到数字仿真的全生命周期。

实际上，数字仿真技术科学包括技术理论和专业技术两部分。这是数字仿真区别于其他学科而独有的内容。尽管技术在发展，而且不断上升为新的理论，但基本框架业已形成。需求牵引、技术推动和经济支撑，促使各个仿真应用领域逐步完善各自的仿真系统，研发出一体化或智能化仿真软件，面向全寿命、全系统和全方位服务，经过校核、验证和确认来确保仿真置信度，不断地导演出有声有色的仿真研究，跻身于世界先进行列和自主创新的硕果日益增多。数字仿真的发展正在向数字化、智能化、虚拟化、集成化、网络化、协同化的方向大踏步地迈进。

4.3.3　数字仿真的基本步骤

数字仿真的基本步骤如下：

（1）建立数学模型。对拟研究的真实系统进行调查研究，分析系统问题的关键所在，建立能够描述问题的数学模型，并给出评价该数学模型的有关性能准则。

（2）准备仿真模型。根据物理系统的特点、数字仿真的要求和仿真计算机的性能，对系统的数学模型进行修改、简化，并选择合适的算法，以保证数字仿真的稳定性、精度、速度。

（3）绘出仿真流程图。根据仿真模型的实施要点，绘制仿真流程图，以保证数字仿真工作有条不紊地进行。

（4）仿真程序设计。将仿真数学模型的仿真步骤设计成仿真计算机能够执行的程序，该程序中要包括仿真实验的要求、仿真所需的运行参数、控制参数、输出要求。

（5）仿真程序验证。进行仿真程序调试，检验仿真算法的合理性，检验仿真计算的正确性。

（6）仿真程序运行。运行仿真程序，对仿真模型进行实验。

（7）仿真结果分析。输出仿真结果，进行仿真分析，并对系统的性能作出评价。

4.3.4　运动学数字仿真举例

本处将要展开讨论的机器人共有三个自由度，每时每刻机器人都对应着一个位置，且机器人末端执行器的位姿已经确定[159]。要想实现对该工业机器人空间运动轨迹的实时控制，完成预定的作业任务，就必须知道机器人手部在空间对应时刻的位置和姿态，求解机器人手部位置和姿态的相关参数就是运动学分析所要解决的问题。

机器人运动学分析可分为正运动学分析和逆运动学分析。其中，正运动学分析主要是根据机器人的自由度配置情况，确定机器人末端执行器在某个时刻于三维空间中所处的位置及姿态，正解具有唯一性[160]。而机器人逆运动学分析正好相反，它主要研究机器人在运动过程中如何通过控制其三个自由度实现想要的位姿，也就是反解问题。

4.3.4.1　正运动学分析

首先，按照 D－H 法对该工业机器人的各个关节进行编号，其中将机架和地面连接处标为关节 0，随后采用后置坐标系法建立各关节的局部坐标系，基础坐标系设定在机架和地面连接处，所得结果如图 4.12 所示。

然后，在已有坐标系的基础上确定各连杆参数和关节变量，得到的结果如前文表 3.1 所示。其中 a_i 表示连杆长度，α_i 表示连杆扭角，d_i 表示连杆距离，θ_i 表示连杆夹角。

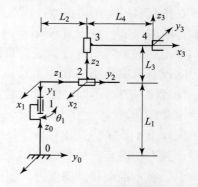

图 4.12　机器人坐标系设立情况

接着，写出相邻两连杆间的位姿矩阵，其中从坐标系 $\sum_{i-1}$ 到 $\sum_i$ 的变换矩阵为：

$$_i^{i-1}\boldsymbol{A} = \boldsymbol{R}_{z_{i-1}}(\theta_i)\boldsymbol{T}_{z_{i-1}}(d_i)\boldsymbol{T}_{x_i}(a_i)\boldsymbol{R}_{x_i}(\alpha_i) \tag{4-1}$$

上述作用可以看作是坐标系 $\sum_{i-1}$ 沿自身 z_{i-1} 轴旋转 θ_i 度，然后沿 z_{i-1} 轴平移 d_i，再沿 $\sum_i$ 的 x_i 轴平移 a_i 距离，最后沿 x_i 轴旋转 α_i 度，至坐标系 $\sum_{i-1}$ 和坐标系 $\sum_i$ 完全重合。式（4-1）化简后的结果见式（4-2）。

$$_i^{i-1}\boldsymbol{A} = \boldsymbol{R}_{z_{i-1}}(\theta_i)\boldsymbol{T}_{z_{i-1}}(d_i)\boldsymbol{T}_{x_i}(a_i)\boldsymbol{R}_{x_i}(\alpha_i)$$

$$
=\begin{bmatrix} \cos\theta_i & -\sin\theta_i & 0 & 0 \\ \sin\theta_i & \cos\theta_i & 0 & 0 \\ 0 & 0 & 1 & 0 \\ 0 & 0 & 0 & 1 \end{bmatrix}\begin{bmatrix} 1 & 0 & 0 & a_i \\ 0 & 1 & 0 & 0 \\ 0 & 0 & 1 & d_i \\ 0 & 0 & 0 & 1 \end{bmatrix}\begin{bmatrix} 1 & 0 & 0 & 0 \\ 0 & \cos\alpha_i & -\sin\alpha_i & 0 \\ 0 & \sin\alpha_i & \cos\alpha_i & 0 \\ 0 & 0 & 0 & 1 \end{bmatrix}
$$

$$
=\begin{bmatrix} \cos\theta_i & -\cos\alpha_i\sin\theta_i & \sin\alpha_i\sin\theta_i & a_i\cos\theta_i \\ \sin\theta_i & \cos\alpha_i\cos\theta_i & -\sin\alpha_i\cos\theta_i & a_i\sin\theta_i \\ 0 & \sin\alpha_i & \cos\alpha_i & d_i \\ 0 & 0 & 0 & 1 \end{bmatrix} \tag{4-2}
$$

机器人末端执行器的空间位姿矩阵标准形式为：

$$
{}_3^0\boldsymbol{T} = \begin{bmatrix} n_x & o_x & a_x & p_x \\ n_y & o_y & a_y & p_y \\ n_z & o_z & a_z & p_z \\ 0 & 0 & 0 & 1 \end{bmatrix} \tag{4-3}
$$

于是可得出机器人末端执行器的运动学方程，如下所示：

$$
\begin{cases} p_x = (L_4 + L_2)\sin\theta_1 \\ p_y = -(L_4 + L_2)\cos\theta_1 \\ p_z = L_3 + L_1 \end{cases} \tag{4-4}
$$

其中 $L_1 = 670$，$L_4 = 470$，每一组 θ_1, L_2, L_3 对应唯一的位置 (p_x, p_y, p_z)，即具有唯一正解。

4.3.4.2　逆运动学分析

在水平方向上，机器人手臂在水平方向移动量、竖直臂和旋转轴间距离与竖直臂臂长三者之和即为圆的半径 920mm，结合式（4-4）可以得出气缸的伸缩量。长度关系满足：

$$
\sqrt{p_x^{\,2} + p_y^{\,2}} = 920 \tag{4-5}
$$

即

$$
L_4 + L_2 = 920 \tag{4-6}
$$

将 $L_4 = 470$mm 代入式（4-6）中，可得 $L_2 = 450$mm，所以气缸的行程与竖直轴到旋转轴的距离之和为 450mm。

在竖直方向上满足：

$$
p_z = L_3 + L_1 \tag{4-7}
$$

其中 $L_1 = 670$mm，可得：

$$
L_3 = p_z - 670 \tag{4-8}
$$

如果知道机器人末端执行器的空间坐标，即可算出唯一对应的竖直移动臂相对水平滑台的距离，进而实现控制。

4.3.4.3　工作空间分析

工作空间指机器人末端执行器正常运行时，其坐标原点能在空间活动的最大范围，或者说是该原点可达点占有的体积空间。工作空间是从几何方面讨论机器人的工作性能[161]。

由式（4-4）可知机器人末端执行器的工作空间，即三个自由度对应的运动副由最小值分别增大到最大值时末端可达点占有的空间。故将机器人末端执行器坐标原点在空间的坐标编写成 MATLAB 语言，并利用 plot 函数绘制坐标点，即可得到机器人末端执行器的工作空间。

分别将 x 和 y 坐标点步长设置为 10，将 θ_1 的步长设置为 10°，得到的工作空间结果如图 4.13 所示。由图可以看出该工作空间为一个空心圆柱体。空心圆柱体的内径为 470mm，外径为 870mm，圆柱体高为 310mm，坐标分布从 670 到 980。

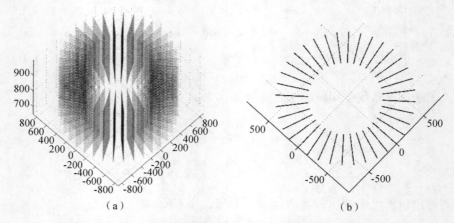

（a）   （b）

图 4.13　机器人末端执行器工作空间的 MATLAB 图
（a）全局图像；（b）沿 z 轴逆向观察结果

采用 MATLAB 绘制工作空间的程序如下：

```
syms a L2 L3 pi
for L2 = (0:10:400)
for L3 = (0:10:310)
for a = (0:10* pi /180:2* pi)
                x = (470 + L2)* sin(a);
                y = (470 + L2)* cos(a);
                z = 670 + L3;
plot3(x,y,z,'r')
hold on;
grid on;
end
end
end
title('work space')
```

4.4　虚拟样机

4.4.1　虚拟样机的基本概念

随着经济全球化的不断发展，产品的市场竞争日趋激烈，客户对产品多样化和个性化的要求亦愈加强烈。市场竞争的核心是产品，产品竞争的核心是创新，而产品创新主要体现在对客户要求的响应速度和响应品质上[162]。传统的物理样机设计流程在当前产品的研发中已日趋落伍，越来越无法满足多变的、持续发展的市场需求。在此情况下，要想在市场竞争中获胜，缩短产品开发周期、快速响应市场需求、降低产品生命周期成本、提高产品质量成为企业追求的目标。在持续性发展战略下，为提高核心竞争力，制造企业必须解决其新产品的"T（上市时间）""Q（质量）""C（成本）""S（服务）""E（环境）""F（柔性）"等难题。虚拟样机（Virtual Prototyping，VP）正是为满足人们的这些需求而产生的。按照美国MDI 公司前总裁 Robert R. Ryan 博士的界定，虚拟样机是面向系统级设计、应用于基于仿真设计过程的，它包含有数字物理样机（Digital Mock-Up，DMU）、功能虚拟样机（Functional Virtual Prototype，FVP）和虚拟工厂仿真（Virtual Factory Simulation，VFS）三个方面的内容。其中，DMU 对应于产品的装配过程，用于快速评估组成产品的全部三维实体模型装配件的形态特性和装配性能；FVP 对应于产品分析过程，用于评价已装配系统整体上的功能和操作性能；VFS 对应于产品制造过程，用于评价产品的制造性能。

4.4.2　虚拟样机技术的基本内涵

虚拟样机技术（Virtual Prototyping Technology，VPT）是一种基于虚拟样机的数字化设计方法，是各领域 CAx/DFx 技术的发展和延伸[163]。VPT 是 20 世纪 90 年代随着计算机技术的发展而兴起的一项计算机辅助工程技术。它是一种崭新的产品设计研发方法，它利用基于产品的计算机仿真模型代替真实的物理样机进行数字化设计[164]。VPT 涉及机械、电子、计算机图形学、协同仿真技术、系统建模技术、虚拟现实技术等多个领域、多项技术，其本质是以计算机支持的仿真技术和生命周期建模技术为前提，以多体系统运动学、动力学和控制理论为核心，借助计算机图形技术、交互式用户界面技术、并行工程技术、信息技术和集成技术等，从外观、功能和空间关系上模拟真实产品，模拟这些产品在真实环境下的系统运动学和动力学特性，并根据仿真结构来优化系统，为物理样机的设计和制造提供参数依据[165]。

VPT 进一步融合了先进建模/仿真技术、现代信息技术、先进设计制造技术和现代管理技术，将这些技术应用于复杂产品全生命周期和全系统设计，并对它们进行综合管理。与传统产品设计技术相比，VPT 强调系统的观点，涉及产品全生命周期，支持对产品的全方位测试、分析与评估，强调不同领域的虚拟化协同设计。

4.4.3　虚拟样机技术对制造业的影响

VPT 是一种概念新颖、方法先进的设计技术，它改变了传统的设计理念，对制造业产生了深远的影响。图 4.14 和图 4.15 分别给出了传统的物理样机设计流程和 VPT 的设计流程。

由图 4.14 可知，在传统的物理样机设计中，首先要进行用户需求和市场分析，制订产品计划，编制设计任务书，然后提出原理性的设计方案，绘制原理图或机构运动简图。在技术设计阶段，则绘制总体设计草图、零部件图和总装图。当设计完成后，制造物理样机并进行运行试验，有时试验是破坏性的，如压力容器的水压试验和汽车的碰撞试验。当通过试验发现存在缺陷时，需要修改设计方案并再制样机进行验证，直至达到设计要求。最后，完成详细设计，投入批量生产。

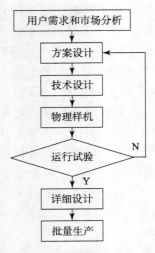

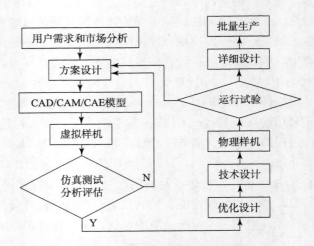

图 4.14　物理样机设计流程　　　　图 4.15　虚拟样机技术设计流程

由图 4.15 可知，在 VPT 的设计过程中，在制造首台物理样机之前，先建立 VP 模型，并在虚拟环境下进行系统仿真测试、分析和评估。由于传统的串行设计并不考虑各个子系统之间的动态交互与协同关系，容易导致各子系统出现干涉和反复，所以应以并行设计取代串行设计，即进行面向产品全生命周期的一体化设计，在设计阶段就从整体上并行地考虑产品全生命周期的功能结构、工艺规划、可制造性、可装配性、可测试性、可维修性以及可靠性等各方面的要求及相互关系，并不断优化设计方案。

传统的物理样机设计由于要考虑研制成本、研制周期等因素，只能进行有限范围、有限次数的试验，而 VPT 则可实现对 VP 无数次的仿真测试，便于及时发现产品在设计、制造和使用中的各种缺陷并采取改正措施。用 VPT 取代传统的物理样机设计，将有利于降低生产成本，提高设计质量，缩短研发周期，快速响应市场，促进环保型、节约型社会的建设。

4.4.4　虚拟样机的核心技术

VPT 是一项复杂的系统工程，涉及多个学科领域，其核心技术包含系统总体技术、建模技术、协同仿真技术、虚拟样机支撑环境技术等[166]。

4.4.4.1　系统总体技术

VP 系统总体技术必须从整体出发，规定和协调构成 VP 各子系统的运行和相互之间的关系，形成信息和资源共享，实现系统总体目标。系统总体技术涉及规范化的体系结构、系统标准与协议、网络、数据库、系统集成技术以及系统运行模式等。其中，系统集成技术的核心是工程设计技术、建模/仿真技术和虚拟现实/可视化技术这三类技术的集成与优化。

4.4.4.2　建模技术

建模技术是 VPT 的一个重要组成部分，VP 模型是对实体的一种数学表示，它给出对象结构和性能的描述，并能产生相应的图形，如功能视图、结构视图和行为视图。随着仿真技术的发展，VP 建模技术已经从对实体的建模发展到对环境的建模和对人体行为的建模。实体建模技术涉及工程和非工程领域各种实体的建模技术，环境建模技术主要解决环境（如地形、地貌、海洋、大气、空间环境等）的建立；人体建模技术主要涉及模拟人体器官组织和人体在外界物理刺激下的人体外表、功能、性能和行为等的建模技术。目前主要的建模技术有几何建模技术、机理建模技术、面向对象建模技术、面向组件/服务建模技术、辨识建模技术、基于知识的建模技术、多模式建模技术、可视化建模技术及多媒体建模技术等。随着被建模系统的日益复杂化，单一模式的建模仅能描述对象的某一特征，在工程应用中，常常是多种建模技术的集成使用。

4.4.4.3　协同仿真技术

　　系统建模是系统仿真的基础。由于航天器、铁路机车、汽车通常都涉及机械、电子、软件、控制等多个技术领域，它们的 VP 系统较为复杂，呈现出分布、交互的特点，依靠单一仿真工具无法解决这些装备的复杂设计问题。对于复杂的 VP 系统，可通过构建复杂系统的混合模型，再对混合模型开展分布/协同仿真，以实现对复杂系统进行模拟仿真的目的。近年来，协同仿真技术日益成为了解复杂产品行为、进行产品优化设计、提高系统整体性能、改善产品研制质量的有力工具和重要手段。从功能上分析，协同仿真技术具有结构仿真、性能仿真、控制仿真、多体动力学仿真等功能，这些功能在对复杂系统进行模拟仿真时相当有用。

　　需要指出，复杂 VP 系统的协同仿真技术包括协同建模技术、协同仿真技术和协同仿真运行管理技术等方面。协同仿真技术主要解决由不同工具、不同算法实现的分布、异构模型之间的互操作与分布式仿真问题。

4.4.4.4　虚拟样机支撑环境技术

　　VP 的支撑环境应具备以下特点：
　　（1）采用开放性、模块化的系统体系结构，能够最大限度地采用目前流行的产品和标准，以减少新工具和新支撑系统的开发工作量；
　　（2）采用支持未来软件概念的可扩展性架构；
　　（3）提供支持多领域协同建模/仿真环境和虚拟现实/可视化显示环境；
　　（4）集成各类已有的建模和仿真工具，实现模型和工具的即插即用，支持并行工作方式；
　　（5）采用分布式数据库，实现各种数据的统一存储和管理；
　　（6）实现分布、异构的不同软硬件平台、不同网络及不同操作系统之间的互操作。

4.4.5　虚拟样机技术的工业应用

　　作为一项概念先进、方法科学的制造辅助技术，VPT 还处于不断发展阶段，它在国外的汽车制造、航空航天、铁路机车、工程机械等诸多领域已经获得一些成功的应用，对产业界产生了强大的冲击作用。
　　由原德国戴姆勒 - 奔驰汽车公司与美国克莱斯勒汽车公司合并而成的戴姆勒 - 克莱斯

勒公司开发的 93LH 列汽车，采用 VPT 辅助研发工作，使开发周期由 48 个月缩短至 39 个月。

由美国波音公司设计的 VS－X 虚拟飞机，可用头盔显示器和数据手套进行观察与控制，使飞机设计人员仿佛身临其境地观察飞机设计的结果，并对其外观形态、内部结构及使用性能进行考察。波音 77 型客机的设计，从整机设计、部件测试到整机装配以及各种环境下的试飞考核，均采用了 VPT，使该机型的开发周期由 8 年缩短至 5 年。

美国航空航天局的喷气推进实验室采用了 VPT，成功实现了火星探测器"探路号"在火星上的软着陆。

世界最大的工程机械和建筑设备制造商——美国卡特彼勒公司将 VPT 用于反铲装载机的优化设计、内部可视性评价方面，取得了很好的效果[167]。

日本 Matsushita 公司开发的虚拟厨房设备系统，允许消费者在购买商品前，在虚拟的厨房环境中体验不同设备的不同功能，按自己的喜好评价、选择和重组这些设备，选择结果将被存储起来，并通过网络发送至生产部门进行订单生产。

国外 VPT 相关软件已经实现了商业化生产，占市场份额一半以上的是美国机械动力学公司（Mechanical Dynamics Inc.）的机械系统自动动力学分析软件（Automatic Dynamic Analysis of Mechanical System）。

在国内，VPT 的研究和应用在经历了起步阶段之后，现已进入高速发展阶段，但就总体而言，我国 VPT 的研究尚停留在系统框架和总体技术方面，实质性的面向应用的关键技术的研究还有待进一步拓展与提升，今后应着力于以下几个方面的研究：

（1）开展基于真实动画感的 VP 的装配仿真、生产制造过程及生产调度仿真、数控加工过程仿真等技术与系统的研究；

（2）应用虚拟现实技术实现虚拟环境及虚拟制造过程中的人机协同求解；

（3）开展虚拟环境下分布式并行处理的智能协同求解技术与系统的研究。

4.4.6　虚拟样机技术应用实例

下面将以笔者开发的某自动送取料机械手系统（送、取的材料为女式文胸海绵衬垫）的结构设计及优化改进工作为例，对 VPT 的功能和应用进行阐述与说明。

该自动送取料机械手系统的结构设计包括标准件的选取和非标准件的设计两部分，合理利用 CAD 技术可以极大地提高机械设计的效率。在这部分里，将结合 VPT，运用 Solidworks 对机械手进行三维实体建模，并结合有限元分析软件 ANSYS 对关键零部件进行强度校核和结构优化。

下面将依序对该机械手的虚拟样机建模方法与过程进行介绍。

4.4.6.1　采用 ANSYS 建立虚拟样机

该自动送取料机械手系统的结构设计可分成机械手部分、末端执行器部分、水平方向移动副部分。

机械手的整体结构（如图 4.16 所示）可以分为三部分，分别为末端执行器部分（对应部件 1）、竖直滑台部分（对应部件 2）、水平滑台与底座部分（对应部件 3 和部件 4（含旋转轴系））。整体结构的轴测图如图 4.17 所示。

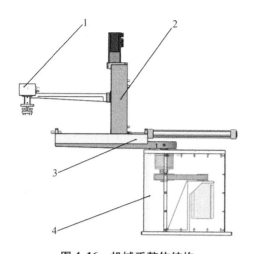

图 4.16　机械手整体结构

1—末端执行器部分；2—竖直滑台部分；
3—水平滑台部分；4—底座部分

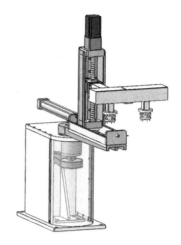

图 4.17　整体结构的轴测图

（1）末端执行器部分的整体设计。

末端执行器是该自动送取料机械手系统直接操作工件的部分，其性能直接影响机械手作业的质量，故其设计离不开对被操作物体特性的研究，由于该机械手送取的物体主要是海绵类材料，因此将主要研究海绵料的特性。

海绵料的稳定可靠抓取是本课题研究的一个难点。由于海绵料柔软、膨松、多孔，受力时易产生变形，一般的抓取方式很难得到理想的效果。经过认真思考和反复尝试，决定采用细针扎取作为末端执行器送取料的方式，扎取的位置选在海绵衬垫上表面的最低处。不同型号海绵衬垫的最低点（有两个最低点）之间的距离不同，所以初步确定执行器手爪间距为 100～200mm 之间，零点位置手爪间距为 170mm。该末端执行器的整体设计效果如图 4.18 所示。

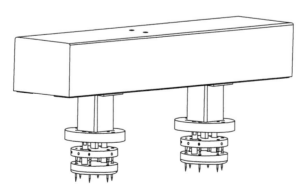

图 4.18　末端执行器整体效果图

由图 4.18 可见，该末端执行器配置两个细针扎取头，两个扎取头之间的距离可调，调节功能是通过步进电机带动螺杆－螺母传动副（螺杆上配有双向螺纹，通过电机正反转可使两个扎取头靠拢或离开，从而实现手爪间距的快速调节）来实现的，步进电机选择双出轴电机。为了检测和调节手爪间距，在其中的一个扎取头滑块上装有感应块，在机架上则装有三个位置感应器，可以检测滑块的极限位置和零点位置。扎取头主要由气缸、气缸固定座、针座、扎针和脱料板组成。通过气缸控制扎针的伸缩，进而实现对海绵衬垫的扎取与释放。脱料板和气缸固定座之间通过导柱连接，沿针座圆周均布着六根扎针，针杆在其径向用紧定螺钉固定。脱料板上有对应的针孔，供扎针伸出与缩回。扎针缩回时海绵衬垫由于被脱料板阻挡而脱离扎针而自动掉落，实现海绵衬垫的卸料。

（2）竖直滑台部分的整体设计。

机械手竖直滑台部分的三维实体模型如图 4.19 所示，图中（a）为左视图，（b）为正视图，（c）为轴测图。具体组成及其连接方式见图 4.20。

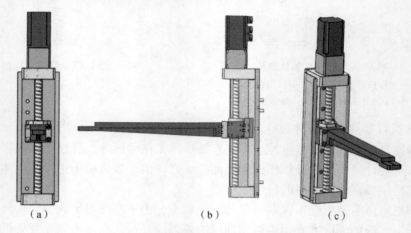

图 4.19　竖直滑台三维实体模型

（a）左视图；（b）正视图；（c）轴测图

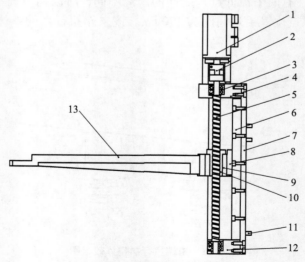

图 4.20　竖直滑台结构图

1—伺服电机；2—联轴器；3—深沟球轴承；4—丝杠上支座；5—丝杠；6—导轨；7—上下滑台底板；
8—导轨滑块；9—丝杠螺母座；10—丝杠螺母；11—感应器；12—丝杠下支座；13—滑动臂

由图 4.20 可见，丝杠 5 的上端采用固定支撑方式，采用两个深沟球轴承 3 支撑，并通过联轴器 2 和伺服电机 1 的外伸轴相连。伺服电机 1 和丝杠 5 的上支座 4 通过电机支座连接，电机支座侧面留有紧固联轴器的方槽。丝杠 5 的下端采用游动的支撑方式，亦用两个深沟球轴承支撑。丝杠支座 4 和 12 固定在上下滑台底板 7 上。丝杠螺母 10 固定在螺母座 9 里，螺母座 9 和导轨上的滑块 8 通过螺钉固定。螺母座 9 的另一端通过连接块和滑动臂 13 相连。

（3）水平滑台与底座部分的整体设计。

水平滑台为末端执行器提供水平方向移动的自由度。水平滑台的三维实体模型如图 4.21 所示（为清晰看到内部情况，拆去了外部防护罩），其中（a）为正视图，（b）为俯视图，具体组成及其连接方式见图 4.22。

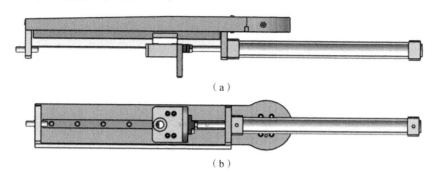

图 4.21　水平滑台三维实体模型
(a) 正视图；(b) 俯视图

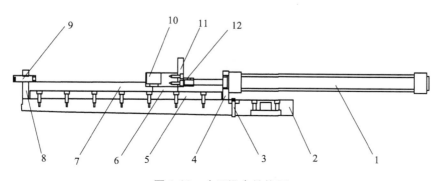

图 4.22　水平滑台结构图
1—气缸；2—旋转臂；3—感应器；4—气缸座；5—导轨；6—导轨滑块；7—防护罩；
8—水平端板；9—缓冲柱；10—丝杠支座；11—上下滑台底板；12—水平滑台连接块

水平滑台用于支撑竖直滑台，并在气缸 1 的作用下推动竖直滑台在水平方向移动，气缸杆通过连接块 12 和上下滑台底板 11 连接在一起。竖直滑台的丝杠支座 10 和水平滑台中的导轨滑块 6 固定在一起，滑块 6 沿导轨 5 移动。导轨 5 固定于旋转臂 2 上，在旋转臂的端部安装有端板 8，端板 8 上装有缓冲柱 9，用于缓冲竖直滑台的冲击，减小振动。旋转臂 2 和旋转轴相连。

水平滑台的非标零件三维模型如图 4.23 所示，其中（a）图所示为旋转臂，（b）图所示为气缸座，（c）图所示为端板，（d）图所示为连接块。

（4）旋转自由度及底座设计。

自动送取料机械手系统水平滑台旋转自由度由旋转轴系、一级减速同步带和伺服电机共同实现。旋转轴系和电机都固定在底座中，底座是一个六面体的箱体，其三维实体模型如图4.24所示。

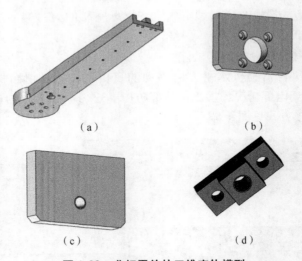

图4.23　非标零件的三维实体模型
（a）旋转臂；（b）气缸座；（c）端板；（d）连接块

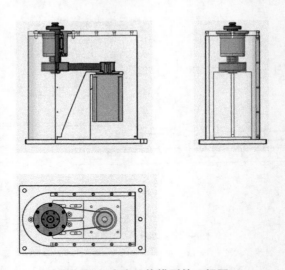

图4.24　底座总体模型的三视图

图4.25表明底座、旋转轴系、减速同步带及伺服电机的连接方式。由图4.25可见，旋转轴系通过轴承座11固定在上面板12上，旋转轴8采用两个深沟球轴承9支撑，轴承9采用内隔套7和外隔套6进行轴向定位。为给深沟球轴承9润滑从而减小摩擦，旋转轴8中设有油道，在轴承盖4处装有油封13。大同步带轮3装在旋转轴8的下端，采用轴肩和带轮挡圈1定位。

（5）关键零部件的校核及优化。

在这部分将对整个自动送取料机械手系统结构中的关键零部件进行校核和优化。在机械

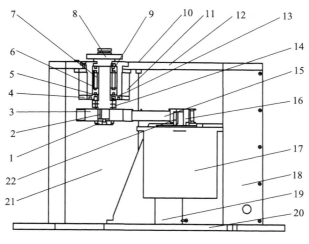

图 4.25　底座结构图

1—带轮挡圈；2—大平键；3—大同步带轮；4—轴承盖；5—内隔套 2；6—外隔套；7—内隔套；
8—旋转轴；9—深沟球轴承；10—感应器；11—轴承座；12—上面板；13—油封；14—螺母；15—同步带；
16—小同步带轮；17—伺服电机；18—护罩板 2；19—电机座；20—底板；21—护罩板 1；22—小平键

手的运行过程中，刚度对运行精度的影响最大，而受力情况最复杂的就是旋转臂。所以首先对旋转臂进行初步设计，在 Solidworks 中建立旋转臂的三维实体模型，然后将模型导入ANSYS 中，进行应力和应变分析，若不满足刚度和强度要求，则返回修改模型，并再次验证，直到满足设计要求。

　　校核时，主要考虑该机械手系统在极限情况下的受力。由使用常识可知，当气缸行程达到最大时，变形也会达到最大（简化后的旋转臂受力情况见图 4.26），考虑到导轨对刚度影响较大，因此将导轨和旋转臂装配在一起进行分析。从图 4.26 可见，主要受力点有 B 点和C 点，A 点和旋转轴固定。作用在 C 点的力主要为竖直滑台和末端执行器的重力，总重量约为 98N；作用于 B 点的力主要为气缸和安装座的重力，总重量约为 19.6N。

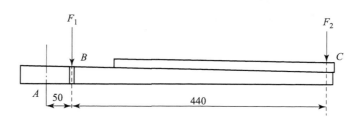

图 4.26　旋转臂受力图

①旋转臂初步设计方案。

　　根据系统作业需求，初步设计的旋转臂结构如图 4.27 所示。由图可知，旋转臂采用先铸造后机加工的工艺流程。为了兼顾强度和刚度，并减轻零件的总体质量，在旋转臂的下表面进行铣削加工，保留一条加强筋。

　　将图 4.27 所示的实体模型导入 ANSYS 中，其结果如图 4.28 所示，此时可给旋转臂添加材质，材质选用结构钢；然后进行网格划分，划分结果如图 4.29 所示。

图 4.27　初步设计的旋转臂实体模型

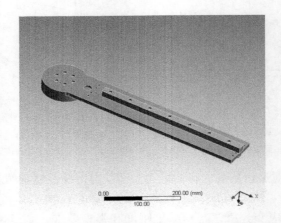

图 4.28　模型导入 ANSYS 后的显示界面

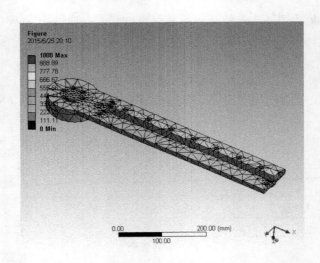

图 4.29　网格划分结果

　　此后，可定义接触和施加载荷，将导轨和旋转臂固定在一起，添加力 F_1 和 F_2，并定义支撑。施加后的结果如图 4.30 所示。

　　最后进行求解，得出其应变和应力分别如图 4.31 和图 4.32 所示。此时的最大应变为 0.113 05 mm，最大应力为 21.525 MPa。经过进一步分析可知，当最大应变为 0.113 05 mm 时，机械手末端产生的误差约为 0.2 mm，属于较大误差，需要进一步优化旋转臂结构方案。

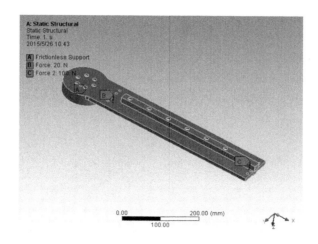

图 4.30 施加载荷图

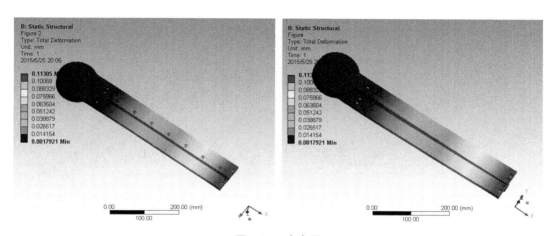

图 4.31 应变图

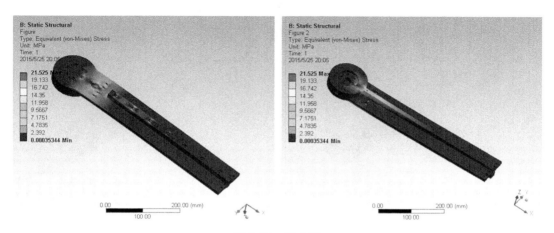

图 4.32 应力图

②旋转臂优化设计方案。

通过对旋转臂初步设计方案的详细分析，其结构在抗变形方面还存在不足。为了提高其刚度，减小变形量，可在最初设置一条加强筋的基础上另加两条对称的加强筋，修改后的模型如图 4.33 所示。然后将该模型导入 ANSYS 中进行求解，方法与参数设置均同前述一致。求解后的应变和应力情况分析如图 4.34 和图 4.35 所示。

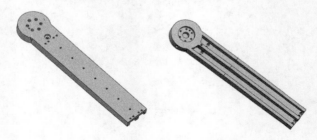

图 4.33　修改后的旋转臂模型

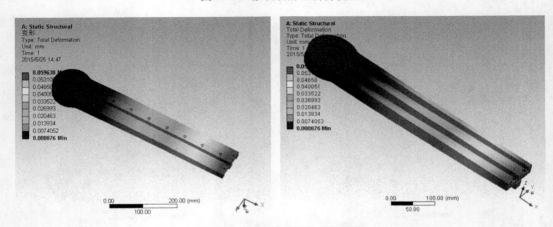

图 4.34　优化后的旋转臂应变图

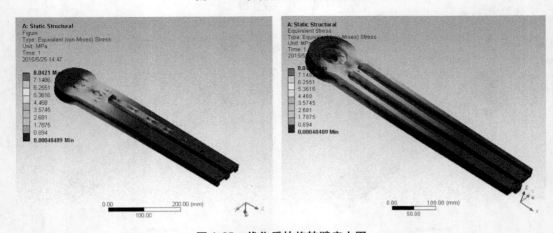

图 4.35　优化后的旋转臂应力图

由以上两图可见，此时的最大应变约为 0.06mm，导致的末端误差约为 0.12mm，属于可接受的范围，且此时的应变为 8MPa，相比优化前也得到了极大的改善，故优化后的结构设计为可行方案。

4.4.6.2　基于 ADAMS 进行机械手运动仿真

在这部分中，将之前建立的机械手系统 Solidworks 装配体模型导入 ADAMS 中，并按前面章节中任务空间和运动学分析中得出的参数进行运动仿真。包括规划机械臂三个自由度的动作顺序和关节变量。

（1）建立 ADAMS 模型。

为了便于数据的测量，首先可将 ADAMS 中默认的坐标系设置为圆柱坐标系，然后将简化后的机械手三维模型导入到 ADAMS 中，并为各个部分添加材质。为了便于区分，可给各个部分赋不同的颜色，模型初步设置完成后的效果如图 4.36 所示。

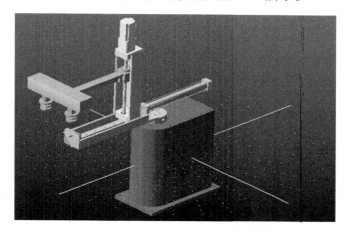

图 4.36　自动送取料机械手系统的 ADAMS 模型

在前文设置的基础上，按照实际的自由度配置，给机械手系统的各个关节添加约束。其中包括一个旋转关节和沿水平与竖直两个方向的移动关节，并将底座固定在地面上；然后给各个关节添加驱动，添加了驱动之后的模型情况如图 4.37 所示。

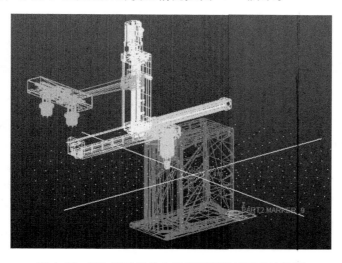

图 4.37　添加驱动后的自动送取料机械手系统模型

（2）机械手运动仿真。

假设此时机械手系统中的水平滑台正好和传送带的运动方向垂直，且末端执行器正对着传送带。这时竖直轴和旋转轴之间的距离为170mm。末端必须到达距旋转轴920mm的圆周上，才有可能实现上下料任务。已知气缸的行程为280mm，竖直方向的位移为70mm。同时由任务空间可知，对于旋转关节，从海绵衬垫的取、卸料位到1、6号热压成型机的转角为55°，其余热压机两两之间的转角为50°。

在实际工作过程中，机械手要将不同型号的海绵衬垫放在对应的热压成型机里。用户可以根据生产需求，自己设置要用热压成型机的数量和工作次序。因此在运动仿真前，需要对机械手的工作流程进行规划。为此，可先规划为一个热压成型机上料的动作流程，流程简图如图4.38所示。每个动作流程分为位置回零，从取料位取料，送料和为热压成型机上料四个阶段。

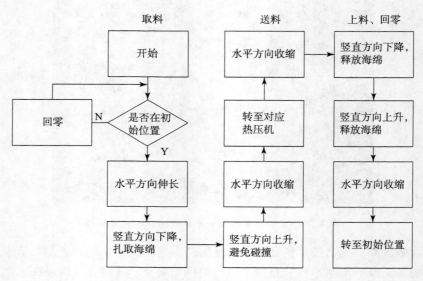

图4.38 为单个热压机上料流程图

当用户选定多个热压成型机同时工作时，工作流程即为上述流程的不断循环。例如，在此可将6号、5号和2号热压成型机依次选为同时参与工作的设备，通过机械手上料过程的运动仿真来观察其工作效果。

（3）仿真结果及后处理。

在机械手末端执行器两爪之间的中心位置上添加测量点MAKER_16，仿真后得到末端执行器的空间运动轨迹如图4.39所示。该轨迹为一段圆弧和沿着圆周径向的几条线段组成，其中有三个线段的远圆心端点为6号、5号和2号热压成型机中心的位置，在图4.39（b）中沿圆周逆时针方向第三个为取料位。

仿真完成后，在后处理模块读取测量点MAKER_16的空间位置信息，即为圆柱坐标系中的Theta、R和Z值。读取的结果如图4.40所示。为了观察方便，可截取6号热压成型机上料的过程进行分析，其末端执行器对应的Theta、R和Z分别如图4.41、图4.42和图4.43所示。

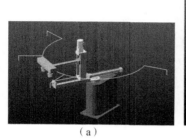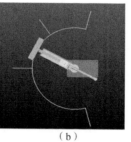

（a）　　　　　　　　　　　　（b）

图 4.39　末端执行器的空间轨迹

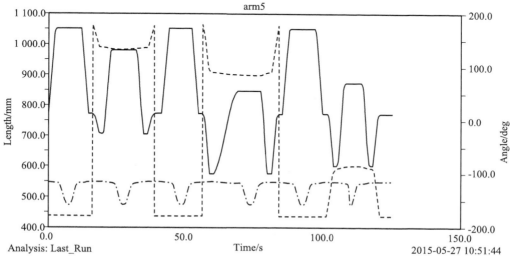

—— MARKER_16.Translational_Displacement.R
--- MARKER_16.Translational_Displacement.Theta
-·- MARKER_16.Translational_Displacement.Z

图 4.40　末端执行器的空间位置曲线

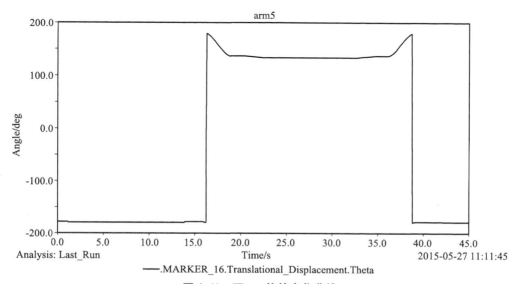

—.MARKER_16.Translational_Displacement.Theta

图 4.41　Theta 值的变化曲线

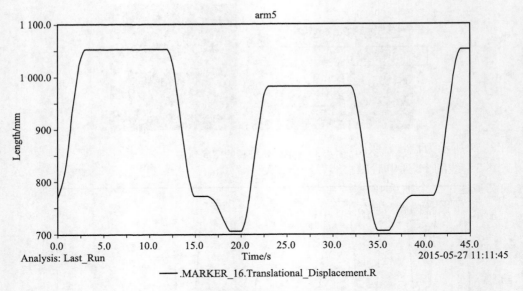

图 4. 42 R 值的变化曲线

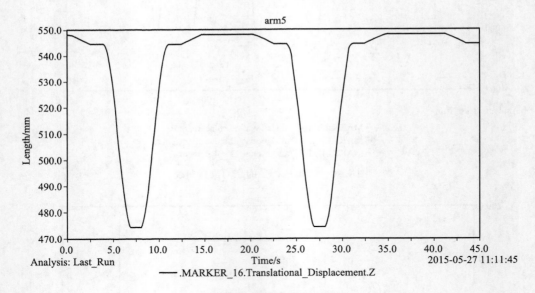

图 4. 43 Z 值的变化曲线

由图 4.41 可知，在 0 ~ 16s 处，Theta 的值最大，此时对应的角度为 - 178.5°，即正向 181.5°；在 20 ~ 30s 时达到稳定，且最小角度值为 126.5°，转角为 55°。同样由图 4.42 可以看出，R 值的最大值为 1051，在第 15 ~ 17s 之间稳定，此时 R 值为 771，和预设的伸缩量 280mm 符合，且水平方向误差极小。由图 4.43 可知，在 7.5s 时达到稳定，此时 Z 值最小，为 474；在 15 ~ 20s 之间达到稳定，最大值为 544，即 Z 方向的位移为 70mm。但因旋转副的影响，会有约 2mm 的振幅，但此时处于送料状态，误差可以接受。

通过详尽分析仿真得出的曲线，发现该机械手的末端执行器能到达预设的任务空间，且误差均在可容忍范围内，效果比较理想。

在所举示例中，笔者采用 Solidworks、ANASYS、ADAMS 等软件对某自动送取料机械手系统进行了运动仿真。主要阐述了 ANSYS 中有限元分析以及 ADAMS 中模型的建立和预设置，并规划了机械手的工作流程，并按照规划的流程为驱动编写了函数，最后进行了运动仿真，得出了末端执行器的运动轨迹和位置曲线。仿真结果显示，该机械手系统可以达到预期的设计效果。

本章小结与思考

工业机器人仿真的过程既是实验的过程，也是系统收集和积累信息的过程。尤其是对一些复杂的随机问题，应用仿真技术是提供工业机器人设计与运行所需信息的唯一令人满意的方法。对一些难以建立数学模型和物理模型的机器人研究对象来说，可以通过仿真模型来顺利解决预测、分析和评价等系统问题。尤其是通过机器人的系统仿真，可以把一个复杂的大系统降阶成若干简单的子系统以便于分析。而且通过系统仿真，能启发人们产生新思想或构思新策略，还能暴露出原系统中隐藏着的深层次问题，以便及时解决。本章对仿真技术的主要特点和仿真软件的基本功能做了简单介绍，对 MATLAB、ANSYS、ADAMS 三款仿真软件的功能特性、使用特点进行了扼要阐述，对数值仿真技术的基本步骤与实施要点做了重点说明，对虚拟样机的基本内涵和核心技术则进行了细致讲述，并以笔者开展的三自由度海绵衬模送料机械手机械系统的设计为例，对数值仿真技术和虚拟样机技术的联立使用过程进行了详尽解答。

虚拟样机技术作为一种全新的设计制造概念和一种方兴未艾的先进制造技术，有着广阔的发展和应用前景，它的研究和实践必将深刻地改变我国制造业的面貌。深入研究虚拟样机的关键技术并不断拓展其工业应用领域对于我国实现从制造大国向制造强国的转变具有重要意义。

本章习题与训练

（1）仿真技术的主要特点是什么？

（2）仿真软件的主要功能有哪些？

（3）与其他计算机语言相比较，MATLAB 最突出的特点是什么？

（4）MATLAB 系统由哪些部分组成？

（5）安装 MATLAB 时，在选择组件窗口中哪些部分必须勾选？没有勾选的部分以后如何补充安装？

（6）MATLAB 操作桌面有几个窗口？如何使某个窗口脱离桌面成为独立窗口？又如何将脱离出去的窗口重新放置到桌面上？

（7）如何启动 M 文件编辑/调试器？

（8）存储在工作空间中的数组能编辑吗？如何操作？

（9）命令历史窗口除了可以观察前面键入的命令外，还有什么用途？

（10）如何设置当前目录和搜索路径，在当前目录上的文件和在搜索路径上的文件有什么区别？

（11）在 MATLAB 中有几种获得帮助的途径？

（12）简述 ADAMS 的主要特点。

（13）简述 ANSYS 的主要特点。

（14）请用 ANSYS 进行编程。如图 4.44 所示，一个承受单向拉伸的平薄板（可忽略厚度方向尺寸），在其中心位置有一个小圆孔。材料属性如下：弹性模量 $E = 2\text{E}11\text{Pa}$，泊松比为 0.3，拉伸载荷 $q = 1\,000\text{Pa}$。

请按照以下要求完成考核内容：

①按照所给尺寸正确地将几何模型建立出来（可以对几何模型进行适当简化，如只建一半的模型）；

②对几何模型进行规则的四边形网格划分；

③加边界条件及载荷。

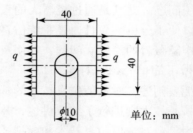

图 4.44　计算附图

（15）简述虚拟样机技术对制造业的影响。

（16）采用 MATLAB 和 ADAMS 联合仿真有何好处？

第 5 章

工业机器人系统控制技术

工业机器人的控制系统类似于人类的大脑，是工业机器人的指挥中枢，其主要任务是控制工业机器人在工作空间中的运动位置、姿态、轨迹、操作顺序以及动作时间等事项。其中有些项目的控制是非常复杂的，这就决定了工业机器人的控制系统具有以下特性：

（1）工业机器人的控制与其机构运动学和系统动力学存在着密不可分的关系，因而要使工业机器人的臂、腕及末端执行器等部位在空间具有准确无误的位姿，就必须在不同的坐标系中描述它们，并且随着基准坐标系的不同能做适当的坐标变换，同时要经常求解运动学和动力学问题。

（2）描述工业机器人状态和运动的数学模型是一个非线性模型，会随着工业机器人的运动及环境的变化而改变。又因为工业机器人往往具有多个自由度，所以引起其运动变化的变量不止一个，而且各个变量之间通常都存在耦合问题。这就使得工业机器人的控制系统不仅是一个非线性系统，而且是一个多变量系统。

（3）对工业机器人臂、腕及末端执行器等部位的任一位姿都可以通过不同的方式和路径达到，因而工业机器人的控制系统还必须解决优化求解的问题。

5.1 工业机器人控制技术概述

5.1.1 工业机器人控制系统的基本原理

为使工业机器人能够按照要求完成特定的作业任务，其控制系统需完成以下四个过程：

（1）示教过程。通过工业机器人计算机系统可以接受的方式，告诉工业机器人去做什么，给工业机器人下达作业命令。

（2）计算与控制过程。负责工业机器人整个系统的管理、信息的获取与处理、控制策略的定制以及作业轨迹的规划，这是工业机器人控制系统的核心部分。

（3）伺服驱动过程。根据不同的控制算法，将工业机器人的控制策略转化为驱动信号，驱动伺服电机等部分，实现工业机器人的高速、高精度运动，去完成指定的作业。

（4）传感与检测过程。通过传感器的反馈，保证工业机器人正确地完成指定作业，同时也将各种姿态信息反馈到工业机器人控制系统中，以便实时监控机器人整个系统的运行情况[168]。

要想工业机器人能够顺畅完成以上控制过程，对工业机器人的控制系统就会提出一些具体要求，即要求其具备一定的基本功能：

（1）记忆功能。工业机器人的控制系统应当能够存储作业顺序、运动路径、运动方式、运动速度和与生产工艺相关的信息。

（2）示教功能。工业机器人的控制系统应当能够离线编程、在线示教、间接示教。其中，在线示教应当包括示教盒和导引示教两种。

（3）与外围设备联系功能。工业机器人的控制系统应当具备输入和输出接口、通信接口、网络接口、同步接口。

（4）坐标设置功能。工业机器人的控制系统应当具有关节、绝对、工具、用户自定义四种坐标系。

（5）人机接口功能。工业机器人的控制系统应当具有示教盒、操作面板、显示屏。

（6）传感器接口功能。工业机器人的控制系统应当具有位置检测、视觉、触觉、力觉等功能。

（7）位置伺服功能。工业机器人的控制系统应当具有多轴联动、运动控制、速度和加速度控制、动态补偿等功能[169]。

（8）故障诊断安全保护功能。工业机器人的控制系统应当具有运行时系统状态监视、故障状态下的安全保护和故障的自诊断功能。

5.1.2 工业机器人控制系统的基本组成

工业机器人控制系统的基本组成如图 5.1 所示，各部分的功能与作用介绍如下：

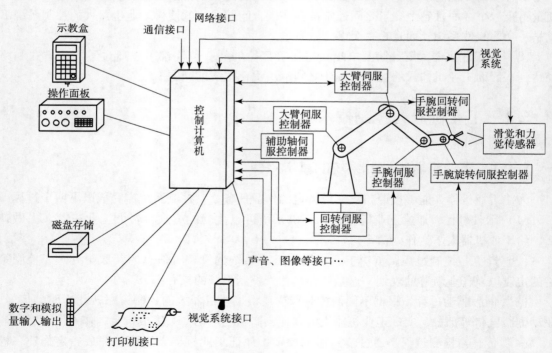

图 5.1 工业机器人控制系统组成框图

（1）控制计算机。它是工业机器人控制系统的调度指挥机构。一般为微型机、微处理器（有 32 位、64 位）等，如奔腾系列 CPU 以及其他类型 CPU。

（2）示教盒。它主要用来示教机器人的工作轨迹和参数设定，以及所有人机交互操作，拥有自己独立的 CPU 以及存储单元，与主计算机之间以串行通信方式实现信息交互。

（3）操作面板。它由各种操作按键、状态指示灯构成，只完成基本的功能操作。

（4）磁盘存储。它是用来存储机器人工作程序的外围存储器。

（5）数字和模拟量输入输出。它主要用于各种状态和控制命令的输入或输出。

（6）打印机接口。它主要用来记录需要输出的各种信息。

（7）传感器接口。它主要用于信息的自动检测，实现机器人的柔顺控制，一般为力觉、触觉和视觉传感器。

（8）轴控制器。它主要用来完成机器人各关节位置、速度和加速度控制。

（9）辅助设备控制。它主要用于和机器人配合的辅助设备控制，如手爪变位器等。

（10）通信接口。它主要用来实现机器人和其他设备的信息交换，一般有串行接口、并行接口等。

（11）网络接口。网络接口可分成两种：一为 Ethernet 接口，可通过以太网实现数台或单台机器人的直接 PC 通信，数据传输速率高达 10Mbit/s，可直接在 PC 上用 Windows 库函数进行应用程序编程之后，支持 TCP/IP 通信协议，通过 Ethernet 接口将数据及程序装入各个机器人控制器中；二为 Fieldbus 接口，它支持多种流行的现场总线规格，如 Device net、AB Remote I/O、Interbus – s、profibus – DP、M – NET 等。

5.1.3　工业机器人控制系统的主要特点

工业机器人控制系统以机器人的单轴或多轴协调运动为控制目的，其控制结构要比一般自动机械的控制结构复杂得多。与一般伺服控制系统或过程控制系统相比，工业机器人的控制系统具有如下特点[170]：

（1）传统的自动机械以自身的动作为控制重点，而工业机器人控制系统更看重机器人本身与操作对象的相互关系。例如，无论以多高的精度去控制机器人手臂，机器人手臂都首先要保证能够稳定夹持物体并顺畅操作该物体到达目的位置。

（2）工业机器人控制系统本质上是一个非线性系统。引发机器人非线性表现的因素很多，例如，机器人的结构、所用传动件、驱动件等都会引起系统的非线性。

（3）工业机器人通常是由多关节组成的一种结构体系，其控制系统因而也是一个多变量的控制系统，由于机器人各关节间具有耦合作用，具体表现为：某一个关节的运动会对其他关节产生动力效应，即每一个关节都会受到其他关节运动所产生扰动的影响。

（4）工业机器人控制系统是一个时变系统，其动力学参数会随着机器人关节运动位置的变化而变化。

5.2　工业机器人控制策略概述

5.2.1　工业机器人控制策略简介

1954 年，美国学者 G. C. Dovel 提出关于实现机器自动化的示教－再现（teaching－playback）的概念，为工业机器人的诞生奠定了基础[171]。1961 年和 1962 年，美国

Unimation 公司和 AMF 公司将这个概念变成了现实，分别制作了世界上第一代工业机器人。从本质上看，工业机器人是一个十分复杂的多输入、多输出、非线性系统，它具有时变、强耦合和非线性的动力学特征，因而给控制带来了困难。由于测量和建模往往不十分精确，再加上负载变化、外部扰动等不确定性因素的影响，人们难以建立工业机器人精确、完整的运动模型。现代工业的快速发展需要高品质的工业机器人为之服务，而高品质的机器人控制必须综合考虑各种不确定性因素的影响，因此针对工业机器人的非线性和不确定性等特点的控制策略成了工业机器人研究的重点和难点。

当前，针对工业机器人多变量、非线性、强耦合以及不确定性的控制特性，正在采用或正在大力研究的机器人控制策略主要有如下几种：

1. 变结构控制

20 世纪 60 年代，苏联学者 Emelyanov 提出了变结构控制的构想。20 世纪 70 年代以来，变结构控制的构想经过 Utkin、Itkis 及其他学者的传播和研究，历经 40 多年的发展与完善，已在国际范围内得到广泛重视，形成了一门相对独立的控制研究分支。

变结构控制方法对于系统参数的时变规律、非线性程度以及外界干扰等不需要精确的数学模型，只要知道它们的变化范围，就能对系统进行精确的轨迹跟踪控制。变结构控制方法设计过程本身就是一种解耦过程，因此在多输入、多输出系统中，多个控制器的设计可按各自的独立系统进行，其参数选择也不是十分严格。尤其是滑模变结构控制系统，无超调、快速性好、计算量小、实时性强。应当指出的是，变结构控制本身的不连续性，以及控制器频繁的切换动作有可能造成跟踪误差在零点附近产生抖动现象，而不能收敛于零，这种抖动轻则会引起机器人执行部件的机械磨损，重则会激励未建模的高频动态响应，特别是考虑到连杆柔性的时候，容易使控制失效。

2. 自适应控制

20 世纪 40 年代末，学者们开始研究与讨论控制器参数的自动调节问题，人们用自适应控制来描述控制器对过程的静态和动态参数的调节能力。自适应控制的方法就是在运行过程中不断测量受控对象的特性，并根据测得的特征信息使控制系统按最新的特性实现闭环最优控制。从根本上看，自适应控制能认识环境的变化，并能自动改变控制器的参数和结构，自动调整控制作用，以保证系统达到满意的控制品质。自适应控制不是一般的系统状态反馈或系统输出反馈控制，而是一种比较复杂的反馈控制，实时性要求十分严格，实现起来比较复杂。特别是当系统存在非参数不确定性时，自适应控制难以保证系统的稳定性。即使对于线性定常的控制对象，其自适应控制也是非线性时变反馈控制的。

3. 鲁棒控制

鲁棒控制（Robust Control）的研究始于 20 世纪 50 年代。1981 年，G. Zames 发表的著名论文可以看成是现代鲁棒控制特别是 H∞ 控制的先驱。H∞ 控制理论是 20 世纪 80 年代开始兴起的一门新的现代控制理论，它是为了改变近代控制理论过于数学化的倾向以适应工程实际的需要而诞生的，其设计思想的真髓是对系统的频域特性进行整形（Loopshaping），而这种通过调整系统频率域特性来获得预期特性的方法，正是工程技术人员所熟悉的技术手段，也是经典控制理论的根本。在该篇论文里，Zames 首次用明确的数学语言描述了 H∞ 优化控制理论，他提出用传递函数阵的 H∞ 范数来记述优化指标。1984 年，Fracis 和 Zames 用古典的函数插值理论提出了 H∞ 设计问题的最初解法，同时基于算子理论等现代数学工具，这种解法很快被推广到一般的多变量系统，而学者 Glover 则将 H∞ 设计问题归纳为函数逼近问题，并用 Hankel 算子理论给出这个问题的解析解。1988 年，Doyle 等人在全美控制年会上发表了著名的 DGKF 论文，证明 H∞ 设计问题的解可以通过适当的代数 Riccati 方程得到。DGKF 的论文标志着 H∞ 控制理论的成熟。迄今为止，H∞ 设计方法主要是 DGKF 等人的解法。不仅如此，这些设计理论的开发者还同美国 The Math Works 公司合作，开发了 MATLAB 中鲁棒控制软件工具箱（Robust Control Toolbox），使 H∞ 控制理论真正成为实用的工程设计理论。

4. 智能控制

1977 年，学者萨里迪斯首次提出了分层递阶的智能控制结构。整个控制结构由上往下分为组织级、协调级和执行级三个层级。其控制精度由下往上逐级递减，而智能程度则由下往上逐级增加。根据机器人的任务分解，在面向设备的基础级即执行级上可以采用常规的自动控制技术，如 PID 控制、前馈控制等。在协调级和组织级，因存在着不确定性，控制模型往往无法建立或建立的模型不够精确，无法取得良好的控制效果。因此，需要采用智能控制方法，如模糊控制、神经网络控制、专家控制或集成智能控制。

5. 模糊控制

模糊逻辑控制（Fuzzy Logic Control）简称模糊控制（Fuzzy Control），它是一种以模糊集合论、模糊语言变量和模糊逻辑推理为基础的计算机数字控制技术。1965 年，美国控制论学者 L. A. Zadeh 创立了模糊集合论；1973 年，他给出了模糊逻辑控制的定义和相关定理。1974 年，学者 E. H. Mamdani 首次根据模糊控制语句组成模糊控制器，并将它用于锅炉和蒸汽机的控制，获得了成功。这一开拓性的工作标志着模糊控制论的诞生。

在传统控制领域里，控制系统动态模式的精确与否是影响控制效果优劣的关键要素，系统动态信息越详细，越能达到精确控制的目的。然而，对于一些复杂系统，由于变量太多，往往难以正确描述系统的动态特征，于是人们便利用各种方法来简化系统动态特征，以达到控制的目的，但往往结果却不甚理想[172]。换言之，传统的控制理论对于明确系统有很好的控制能力，但对于复杂或难以精确描述的系统则显得无能为力。因此人们便尝试着用模糊数学来处理这些控制问题。模糊控制实质上是一种非线性控制，从属于智能控制的范畴。模糊控制的一大特点是既有系统化的理论，又有大量的实际应用背景。模糊控制的发展最初在西方遇到了较大的阻力；然而在东方尤其在日本得到了迅速而广泛的推广应用。近 20 年来，模糊控制不论在理论上还是技术上都有了长足的进步，成为自动控制领域一个非常活跃而又硕果累累的分支，其典型应用涉及生产和生活的许多方面，例如在家用电器设备领域中有模糊洗衣机、空调、微波炉、吸尘器、照相机和摄录机等；在工业控制领域中有水净化处理、发酵过程、化学反应釜、水泥窑炉等；在专用系统和其他方面有地铁靠站停车、汽车驾驶、电梯和自动扶梯、蒸汽引擎以及机器人的模糊控制等等。

例如，为了实现对直线电机运动的高精度控制，系统采用全闭环的控制策略，但在系统的速度环控制中，因为负载直接作用于电机而产生了扰动，如果仅采用 PID 控制，则很难满足系统的快速响应需求[173]。由于模糊控制技术具有适用范围广、对时变负载具有一定的鲁棒性的特点，而直线电机伺服控制系统又是一种要求具有快速响应性并能够在极短时间内实现动态调节的系统，所以可在速度环设计 PID 模糊控制器，利用模糊控制器对电机的速度进行控制，并同电流环和位置环的经典控制策略一起来实现对直线电机的精确控制。

一般说来，模糊控制器主要包括四部分：

①模糊化。其主要作用是选定模糊控制器的输入量，并将其转换为系统可识别的模糊量，具体又包含以下三步：第一，对输入量进行满足模糊控制需求的处理；第二，对输入量进行尺度变换；第三，确定各输入量的模糊语言取值和相应的隶属度函数。

②规则库。根据人类专家的经验建立模糊规则库。模糊规则库包含众多的控制规则，这是从实际控制经验过渡到模糊控制器的关键步骤。

③模糊推理。其主要作用是实现基于知识的推理决策。

④解模糊。其主要作用是将推理得到的控制量转化为控制输出。

实际上，"模糊"是人类感知万物，获取知识，进行思维推理，决策实施的重要特征。"模糊"比"清晰"拥有的信息量更大，内涵更丰富，更符合客观世界。

6. 神经网络控制

神经网络控制是指在控制系统中，应用神经网络技术，对难以精确建模的复杂非线性对象进行神经网络模型辨识，或作为控制器，或进行优化计算，或进行推理处置，或进行故障诊断，或同时兼有上述多种功能[174]。

神经网络是由许多具有并行运算功能的、简单的信息处理单元（人工神经元）相互连接组成的网络，它是在现代神经生物学和认识科学对人类信息处理研究的基础上提出来的，具有很强的自适应性和学习能力、非线性映射能力、鲁棒性和容错能力。充分地将这些神经网络特性应用于控制领域，可使控制系统的智能化水平显著提高。

神经网络控制模型建立后，在输入状态信息不完备的情况下，也能快速做出反应，进行模型辨识，这对于工业机器人的智能控制是十分理想的。由于神经网络系统具有快速并行处理运算能力、很强的容错性和自适应学习能力的特点，因此神经网络控制主要用于处理传统技术不能解决的复杂的非线性、不确定、不确知系统的控制问题。

随着被控系统越来越复杂，人们对控制系统的要求越来越高，特别是要求控制系统能适应不确定性、时变的对象与环境。传统的基于精确模型的控制方法难以适应这种要求，同时现在关于控制的概念也已更加宽泛，它要求包括一些决策、规划以及学习功能也能得到很好的控制。神经网络控制由于具有上述优点而越来越受到人们的重视。常见的神经网络控制结构有：

①参数估计自适应控制系统；

②内模控制系统；

③预测控制系统；

④模型参考自适应控制系统；

⑤变结构控制系统。

需要指出的是，神经网络控制存在自学习的问题，当环境发生变化时，原来的映射关系不再适用，需要重新训练网络。神经网络控制目前还没有一个比较系统的方法来确定网络的层数和每层的节点数，仍然需要依靠经验和试凑方式来解决。

5.2.2 工业机器人控制方式简介

根据分类方法的不同，工业机器人的控制方式也有所不同。从总体上看，工业机器人的控制方式可以分为动作控制方式和示教控制方式。但若按被控对象来分，则工业机器人的控制方式通常分为位置控制、速度控制、力（力矩）控制、力和位置混合控制等，图 5.2 表示了工业机器人常用的分类方法及其结果。

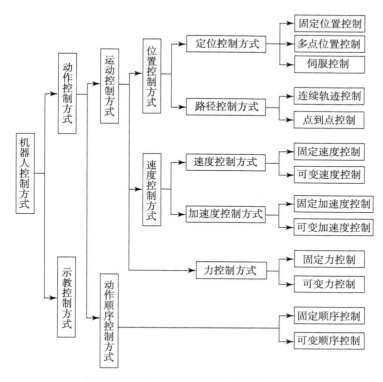

图 5.2　工业机器人控制方式分类示意图

5.2.3　工业机器人的位置控制

工业机器人的位置控制可分为点位（Point To Point，PTP）控制和连续轨迹（Continuous Path，CP）控制两种方式（见图 5.3），其目的是使机器人各关节实现预先规划的运动，保证工业机器人的末端执行器能够沿预定的轨迹可靠运动。

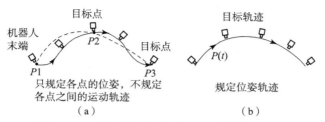

图 5.3　工业机器人的点位控制与连续轨迹控制

（a）PTP 控制；（b）CP 控制

PTP 控制要求工业机器人末端执行器以一定的姿态尽快而无超调地实现相邻点之间的运动，但对相邻点之间的运动轨迹不做具体要求，其主要技术指标是定位精度和运动速度。那些从事在印刷电路板上安插元件、点焊、搬运及上/下料等作业的工业机器人，采用的都是PTP 控制方式。

CP 控制要求工业机器人末端执行器沿预定的轨迹运动，即可在运动轨迹上任意特定数量的点处停留。这种控制方式将机器人运动轨迹分解成插补点序列，然后在这些点之间依次进行位置控制，点与点之间的轨迹通常采用直线、圆弧或其他曲线进行插补。由于要在各个插补点上进行连续的位置控制，所以可能会在运动过程中发生抖动。实际上，由于机器人控制器的控制周期为几毫秒到 30ms 之间，时间很短，可以近似认为运动轨迹是平滑连续的。在工业机器人的实际控制中，通常是利用插补点之间的增量和雅各比逆矩阵求出各关节的分增量，各电动机再按照分增量进行位置控制。

5.2.4　工业机器人的速度控制

工业机器人在进行位置控制的同时，有时候还需要进行速度控制，使机器人按照给定的指令，控制运动部件的速度，实现加速、减速等一系列转换，以满足运动平稳，定位准确等要求。这就如同人的抓举过程，要经历宽拉、高抓、支撑蹲、抓举等一系列动作一样，不可一蹴而就，从而以最精简省力的方式，将目标物平稳、快速地托举至指定位置。为了实现这一要求，机器人的行程要遵循一定的速度变化曲线，图 5.4 为机器人行程的速度 – 时间曲线[175]。

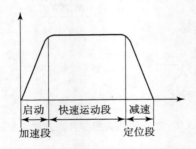

图 5.4　机器人行程的速度 – 时间曲线

5.2.5　工业机器人的力（力矩）控制

对于从事喷漆、点焊、搬运等作业的工业机器人，一般只要求其末端执行器（喷枪、焊枪、手爪等）沿某一预定轨迹运动，运动过程中机器人的末端执行器始终不与外界任何物体相接触，这时只需对机器人进行位置控制即可完成预定作业任务[176]。而对那些应用于装配、加工、抛光、抓取物体等作业的机器人来说，工作过程中要求其手爪与作业对象接触，并保持一定的压力，因此对于这类机器人，除了要求准确定位之外，还要求控制机器人手部的作用力或力矩，这时就必须采取力或力矩控制方式。力（力矩）控制是对位置控制的补充，控制原理与位置伺服控制的原理基本相同，只不过输入量和反馈量不是位置信号，而是力（力矩）信号，因此，机器人系统中必须装有力传感器。

在工业机器人领域，比较常用的机器人力（力矩）控制方法有阻抗控制、位置/力混合控制、柔顺控制和刚性控制四种。力（力矩）控制的最佳方案是以独立的形式同时控制力和位置，通常采用力/位混合控制。工业机器人要想实现可靠的力（力矩）控制，需要有力传感器的介入，大多情况下使用六维（三个力、三个力矩）力传感器，由此就有如下三种力控制系统组成方案：

1. 以位移控制为基础的力控制系统

以位移控制为基础的力控制方式，是在位置闭环之外再加上一个力的闭环。在这种控制方式中，力传感器检测输出力，并与设定的力目标值进行比较，力值的误差经过力/位移变化环节转换成目标位移，参与位移控制。这种控制方式构成的控制系统如图 5.5 所示。

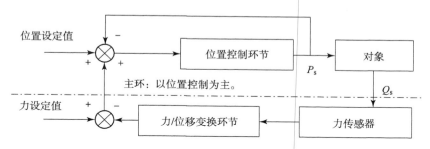

图 5.5　以位移控制为基础的力控制系统框图

图 5.5 中 P_s、Q_s 分别为机器人的手部位移和操作对象的输出力。需要指出的是，以位移为基础的力控制很难使力和位移都得到令人满意的结果。在采用这种控制方式时，要设计好工业机器人手部的刚度，如刚度过大，微小的位移都可能导致很大的力变化，严重时会造成机器人手部的破坏。

2. 以广义力控制为基础的力控制系统

以广义力控制为基础的力控制方式是在力闭环的基础上再加上位置闭环。通过传感器检测机器人手部的位移，经过位移/力变换环节转换为输入力，再与力的设定值合成之后作为力控制的给定量。这种控制方式构成的控制系统如图 5.6 所示。该控制方式的特点在于可以避免小的位移变化引起过大的力变化，对机器人手部具有保护作用。

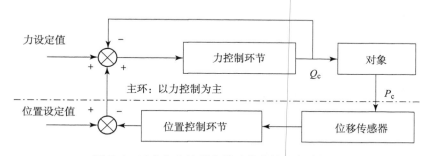

图 5.6　以广义力控制为基础的力控制系统框图

图 5.6 中 P_c、Q_c 分别为操作对象的位移和机器人手部的输出力。

3. 以位控为基础的力/位混合控制系统

工业机器人在从事装配、抛光、轮廓跟踪等作业时，要求其末端执行器与工件之间建立并保持接触。为了成功进行这些作业，必须使机器人具备同时控制其末端执行器和接触力的能力。目前正在使用的大多数工业机器人基本上都是一种刚性的位置伺服机构，具有很高的位置跟踪精度，但它们一般都不具备力控制能力，缺乏对外部作用力的柔顺性，这一点极大限制了工业机器人的应用范围[177]。因此，研究适用于位控机器人的力控制方法具有很高的实用价值。以位控为基础的力/位混合控制系统的基本思想是当工业机器人的末端执行器与工件发生接触时，其末端执行器的坐标空间可以分解成对应于位控方向和力控方向的两个正交子空间，通过在相应的子空间分别进行位置控制和接触力控制以达到柔顺运动的目的。这是一种直观而概念清晰的方法。但由于控制的成功与否取决于对任务的精确分解和基于该分解的控制器结构的正确切换，因此力/位置混合控制方法必须对环境约束作精确建模，而对未知约束环境则无能为力。

力/位混合控制系统由两大部分组成，分别为位置控制部分和力控制部分，其系统框图如图 5.7 所示。

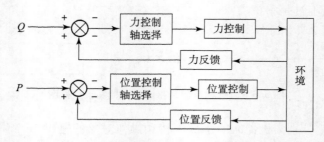

图 5.7　以位控为基础的力/位混合控制系统框图

5.2.6　工业机器人的示教-再现控制方式

示教-再现（Teaching-Playback）控制是工业机器人的一种主流控制方式。为了让工业机器人完成某种作业，首先由操作者对机器人进行示教，即教机器人如何去做。在示教过程中，机器人将作业时的运动顺序、位置、速度等信息存储起来。在执行生产任务时，机器人可以根据这些存储的信息再现示教的动作[178]。

示教分直接示教和间接示教两种，具体介绍如下：

1. 直接示教

该示教方式是操作者使用安装在工业机器人手臂末端的操作杆（Joystick），按给定运动顺序示教动作内容，机器人自动把作业时的运动顺序、位置和时间等数值记录在存储器中，生产时再依次读出存储的信息，重复示教的动作过程。采用这种方法通常只能对位置和作业指令进行示教，而运动速度需要通过其他方法来确定。

2. 间接示教

该示教方式是采用示教盒进行示教。操作者通过示教盒上的按键操纵完成空间作业轨迹点及有关速度等信息的示教，然后通过操作盘用机器人语言进行用户工作程序的编辑，并存储在示教数据区。再现时，控制系统自动逐条取出示教命令与位置数据，进行解读、运算并作出判断，将各种控制信号送到相应的驱动系统或端口，使机器人忠实地再现示教动作。

采用示教-再现控制方式时不需要进行矩阵的逆变换，也不存在绝对位置控制精度的问题。该方式是一种适用性很强的控制方式，但是需由操作者进行手工示教，要花费大量的精力和时间。特别是在因产品变更导致生产线变化时，要进行的示教工作十分繁重。现在人们通常采用离线示教法（Off-line Teaching），即脱离实际作业环境生成示教数据，间接地对机器人进行示教，而不用面对实际作业的机器人直接进行示教了。

5.3　工业机器人控制系统的体系架构

工业机器人控制系统的架构形式将直接决定系统控制功能的最后实现样式。目前，工业机器人的控制系统可归纳为集中式控制系统和分布式控制系统这两种架构形式。

5.3.1　集中式控制系统

集中式控制系统（Centralized Control System，CCS）是利用一台微型计算机实现机器人系统的全部控制功能，在早期的工业机器人中常采用这种控制系统架构[179]。在基于 PC 的集中式控制系统里，充分利用了 PC 资源开放性的特点，可以实现很好的开放性：多种控制卡、传感器设备等都可以通过标准 PCI 插槽或通过标准串口、并口集成到控制系统中，使用起来十分方便。图 5.8 是多关节机器人集中式控制结构的示意图。

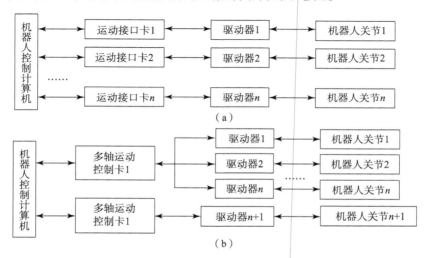

图 5.8　机器人集中式控制系统结构图

（a）使用单独的接口卡驱动机器人的每一个关节；（b）使用多轴运动控制卡驱动机器人的多个关节

集中式控制系统的优点：一是硬件成本较低；二是便于信息的采集和分析，易于实现系统的最优控制；三是整体性与协调性较好，且基于 PC 的系统硬件扩展较为方便。但其缺点也显而易见，比如系统控制缺乏灵活性，容易导致控制危险集中且放大，一旦出现故障，影响面广，后果严重；由于工业机器人的实时性要求很高，当系统进行大量数据计算时，会降低系统的实时性，系统对多任务的响应能力也会与系统的实时性相冲突；此外，系统连线比较复杂，也容易降低控制系统的可靠性。

5.3.2　分布式控制系统

分布式控制系统（Distribute Control System，DCS）的主要宗旨是分散控制，集中管理，即系统对其总体目标和任务可以进行综合协调和分配，并通过子系统的协调工作来完成控制任务。整个系统在功能、逻辑和物理等方面都是分散的，所以 DCS 又称为集散控制系统或分散控制系统。DCS 的优点在于：集中监控和管理，管理和现场分离，管理更加综合化和系统化。由于分散控制，可使控制系统各功能模块的设计、装配、调试、维护等工作相互独立，系统控制的危险性分散了，可靠性提高了，投资也减小了；采用网络通信技术，可根据需要增加以微处理器为核心的功能模块，使 DCS 具有良好的开放性、扩展性、升级性。在 DCS 的架构中，子系统是由控制器和不同被控对象或设备构成的，各个子系统之间通过网络相互通信。所以 DCS 为工业机器人提供了一个开放、实时、精确的控制系统。

DCS 通常采用两级控制方式（见图 5.9），由上位机、下位机和网络组成。上位机可以进行不同的轨迹规划和运行不同的控制算法，下位机进行插补细分、控制优化等的实现。上位机和下位机通过通信总线相互协调工作，这里的通信总线可以是 RS – 232、RS – 485、EEE – 488 以及 USB 总线等形式。

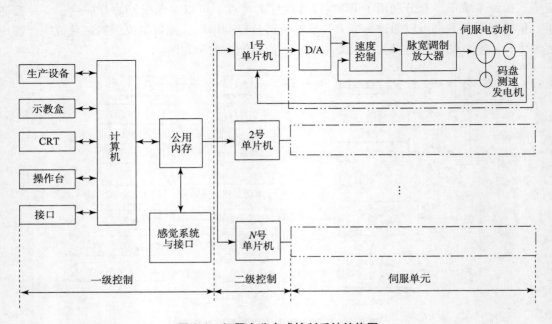

图 5.9　机器人分布式控制系统结构图

以太网和现场总线技术的发展为工业机器人提供了快速、稳定、有效的通信服务。尤其是现场总线，它应用于生产现场，在计算机测量控制设备之间实现双向多节点数字通信，从而形成了新型的网络集成式全分布控制系统——现场总线控制系统 FCS（Filed bus Control System）。在工厂生产网络中，将可以通过现场总线连接的设备统称为"现场设备/仪表"。从系统论的角度来说，工业机器人作为工厂的生产设备之一，也可以归纳为现场设备。在机器人系统中引入现场总线技术后，更有利于机器人在工业生产环境中的集成。

对于那些运动轴数量不多的工业机器人而言，CCS 对各轴之间的耦合关系能够处理得很好，可以十分方便地进行补偿，容易获得好的控制效果。但是，当机器人运动轴的数量增加到使控制算法变得非常复杂时，其控制性能会迅速恶化。而且，当机器人系统中轴的数量增多或控制算法变得十分复杂时，可能会导致机器人系统的重新设计。与之相比，在 DCS 中，机器人的每一个运动轴都由一个控制器处理，这意味着系统有较少的轴间耦合和较高的系统重构性，容易获得更好的控制效果。

5.4　工业机器人控制系统硬件设计

5.4.1　工业机器人控制系统硬件架构

5.4.1.1　工业机器人控制系统硬件子系统的组成

工业机器人控制系统的硬件子系统主要由以下几个部分组成：

1. 传感装置

这类装置主要用以检测工业机器人各关节的位置、速度和加速度等，即用于感知工业机器人本身的状态，可称为内部传感器；而外部传感器就是所谓的视觉、力觉、触觉、听觉等传感器，它们可使工业机器人感知工作环境和工作对象的状态[180]。

2. 控制装置

这类装置主要用以处理各种感觉信息，执行控制软件，产生控制指令。一般由一台微型或小型计算机及相应的接口组成。

3. 关节伺服驱动部分

这部分主要是根据控制装置的指令，按作业任务的要求驱动工业机器人各关节运动。

5.4.1.2　工业机器人控制系统硬件结构的类型

按控制方式的不同，工业机器人控制系统的硬件结构通常分为以下四类：

1. 集中控制方式

在这种控制方式中，用一台功能较强的计算机实现工业机器人全部的控制功能。集中控制方式（其构成框图如图 5.10 所示）结构简单，成本低廉，但实时性差，扩展性弱。在早期的工业机器人中，如 Hero – I，Robot – I 等，就采用这种控制结构，因其控制过程中需要进行许多计算（如坐标变换），所以这种控制结构的工作速度较慢。

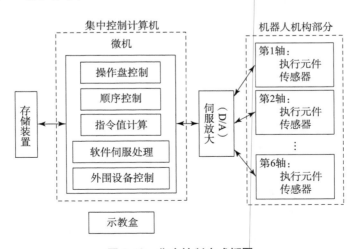

图 5.10　集中控制方式框图

2. 主从控制方式

在这种控制方式（其构成框图如图 5.11 所示）中，采用主、从两级处理器实现工业机器人的全部控制功能。其中，主 CPU 负责实现管理、机器人语言编译和人机接口功能，同时也利用它的运算能力完成坐标变换、轨迹插补和系统自诊断等任务，并定时地将运算结果作为关节运动的增量送到控制系统的公用内存，供二级 CPU 读取；从 CPU 则实现机器人所有关节的位置数字控制。这种控制方式的实时性较好，适于高精度、高速度控制，但其系统扩展性较差，维修比较困难。

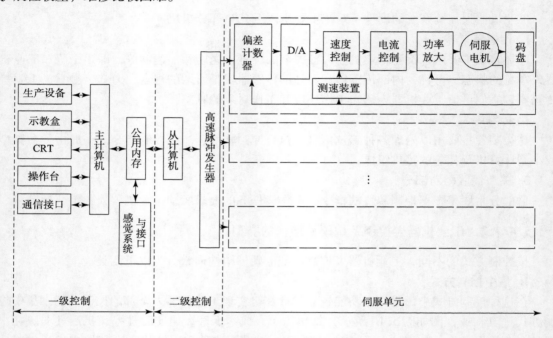

图 5.11　主从控制方式框图

在主从控制系统的两个 CPU 总线之间基本没有联系，仅通过公用内存交换数据，是一个松耦合的关系。对采用更多的 CPU 进一步分散功能是很困难的。日本在 20 世纪 70 年代生产的 Motoman 机器人（具有 5 个关节，采用直流电机驱动），其所用计算机控制系统就属于这种主从式控制结构。

3. 分布控制方式

目前，工业机器人普遍采用这种上、下位机二级分布控制结构（其构成框图如图 5.9 所示），在这种控制方式中，上位机负责整个系统管理以及运动学计算、轨迹规划等[181]。下位机由多个 CPU 组成，每个 CPU 控制一个关节的运动，这些 CPU 与主控计算机是通过总线形式的紧耦合联系的。

在这种控制方式中，按工业机器人的工作性质和运动方式将控制系统分成几个模块，每一个模块各有不同的控制任务和控制策略，各模块之间可以是主从关系，也可以是平等关系。分布控制方式实时性好，易于实现高速度、高精度控制，且易于扩展，可实现智能控制，是目前世界上大多数商品化工业机器人所采用的流行控制方式[182]。

需要指出，分布控制结构的控制器工作速度和控制性能明显提高，但这些多 CPU 系统共有的特征都是针对具体问题而采用的功能分布式结构，即每个处理器承担固定任务，难免造成一定的功能冗余和资源浪费。

以上几种类型的控制器，它们存在一个共同的弱点，即计算负担重、实时性较差。所以大多采用离线规划和前馈补偿解耦等方法来减轻实时控制中的计算负担。当机器人在运行中受到干扰时其性能将受到较大影响，难以保证高速运动中所要求的精度指标。

由于机器人控制算法的复杂性以及机器人控制性能有待提高，许多学者从建模、算法等多方面进行了减少计算量的努力，但仍难以在串行结构的控制器上满足实时计算的要求。因此，必须从控制器本身寻求解决办法。方法之一是选用高档次微机或小型机；另一种方法就是采用多处理器作并行计算，提高控制器的计算能力。

4. 并行处理结构

并行处理技术是提高计算速度的一个重要而有效的手段，它能满足工业机器人控制的实时性要求。关于机器人控制器的并行处理技术，人们研究较多的是机器人运动学和动力学的并行算法及其实现途径。1982 年，J. Y. S. Luh 首次提出机器人动力学并行处理问题，这是因为关节型机器人的动力学方程是一组非线性强耦合的二阶微分方程，计算过程十分复杂。提高机器人动力学算法的计算速度也为实现复杂的控制算法（如计算力矩法、非线性前馈法、自适应控制法等）奠定了基础。开发并行算法的途径之一就是改造串行算法，使之并行化，然后将算法映射到并行结构去使用。

在实际处置中，一般采用两种方式：一是考虑给定的并行处理器结构，根据处理器结构所支持的计算模型，开发算法的并行性；二是首先开发算法的并行性，然后设计支持该算法的并行处理器结构，以达到最佳的并行处置效果。

目前，工业机器人运动控制器常采用 MCU + DSP + FPGA 的架构模式，其中，作为 MCU 核心的 STM32 单片机负责接收示教器发送的轨迹起始点、结束点、速度函数以及空间轨迹等信息，而系统的轨迹规划算法和软件功能则由 DSP 和 FPGA 协同工作予以实现。DSP 与 FPGA 采用外部存储器总线（EMIFA）联系，在 FPGA 上实现控制伺服驱动器的逻辑接口功能，从而控制机器人各个关节的运动方式。采用这种控制结构的机器人控制系统的结构框图如图 5.12 所示。

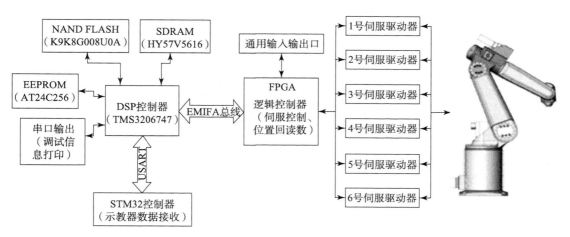

图 5.12　并行控制系统组成框图

5.4.2 工业机器人驱动器

5.4.2.1 工业机器人对电动伺服驱动系统的要求

工业机器人的电动伺服驱动系统利用机器人的各个电动机（以下简称电机）产生所需的力矩和力，直接或间接驱动机器人本体以获得机器人的各种运动。

对用于工业机器人关节驱动的电机来说，通常会要求其具有最大功率质量比和扭矩惯量比、高启动转矩、低惯量和较宽广且平滑的调速范围[183]。机器人末端执行器（手爪）尤应采用体积和质量尽可能小的电机；当机器人系统要求快速响应时，伺服电机必须具有较高的可靠性和稳定性，并具有较大的短时过载能力。这是伺服电机在工业机器人中得到妥善应用的先决条件。

工业机器人对关节驱动电机的主要要求可归纳如下：

（1）响应速度要快。

电机从获得指令信号到完成指令所要求的工作状态的时间应当短一些。响应指令信号的时间越短，电机伺服系统的灵敏性就越高，快速响应性能也就越好，一般是以伺服电机的机电时间常数的大小来说明伺服电机快速响应的性能。

（2）启动转矩惯量比要大。

在驱动负载的情况下，要求机器人伺服电机的启动转矩大，转动惯量小。

（3）控制特性的连续性和直线性要好。

随着控制信号的变化，电机的转速要能连续变化，且转速与控制信号要成正比或近似成正比。

（4）调速范围要宽。

机器人伺服电机的调速范围要大一些，能适应不同的工作需求。

（5）体积和质量要小、轴向尺寸要短。

机器人伺服电机的体积与质量应当尽量小一些，可改善机器人的结构与动力特性，其轴向尺寸也要短一点，有利于减小安装空间。

（6）要能经受得起苛刻的运行条件。

要求机器人伺服电机可进行十分频繁的正反向和加减速运行，并能在短时间内承受较大的过载。

目前，高启动转矩、大转矩、低惯量的交、直流伺服电机在工业机器人中得到了广泛应用，一般负载 100kgf① 以下的工业机器人大多采用电伺服驱动系统。所采用的关节驱动电机主要是交流（AC）伺服电机、步进电机和直流（DC）伺服电机。其中，交流伺服电机主要包括同步型交流伺服电机等；直流伺服电机主要包括小惯量永磁直流伺服电机、印制绕组直流伺服电机、大惯量永磁直流伺服电机、空心杯电枢直流伺服电机等；步进电机主要包括永磁感应步进电机等。交流伺服电机、直流伺服电机、直接驱动电机（DD）均采用位置闭环控制，通常用于高精度、高速度的机器人驱动系统中。步进电机驱动系统多用于对精度、速度要求不高的小型、简易工业机器人开环系统中。交流伺服电机由于采用电子换向，无换向火花产生，在易燃易爆环境中得到了广泛的使用。工业机器人关节驱动电机的功率范围一般为 0.1 ~ 10kW。

---

① kgf 即千克力，1kgf = 9.8N。

在工业机器人的电动伺服驱动系统中，速度传感器多采用测速发电机和旋转变压器；位置传感器多采用光电码盘和旋转变压器。近年来，国外主要机器人制造厂家已经在使用一种集光电码盘及旋转变压器功能为一体的混合式光电位置传感器，伺服电机可与位置及速度检测器、制动器和减速机构组成伺服电机驱动单元。

在工业机器人应用领域，通常要求机器人的驱动系统具有传动系统间隙小、刚度大、输出扭矩高以及减速比大等特性。

减速器在机械传动领域是连接动力源和执行机构的一种中间装置，它通过输入轴上的小齿轮与输出轴上的大齿轮进行啮合传动，把电动机或内燃机输出的高转速进行减速，并传递更大的转矩[184]。目前已成熟定型并标准化生产的减速器主要有圆柱齿轮减速器、蜗轮蜗杆减速器、行星减速器、行星齿轮减速器、RV 减速器、摆线针轮减速器和谐波减速器等。20 世纪 80 年代以来，在航空航天、机器人和医疗器械等新兴产业因快速发展而产生的强劲需求牵引下，传递功率大、运转噪声低、结构紧凑、传动平稳的高性能精密减速器得到普遍应用，其应用领域（见图 5.13）不断拓展，而 RV 减速器和谐波减速器是精密减速器中的佼佼者。

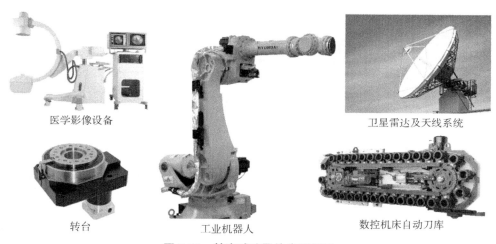

医学影像设备　　　　　　　　　　　　　卫星雷达及天线系统

转台　　　　　　　工业机器人　　　　　　数控机床自动刀库

图 5.13　精密减速器的应用领域

图 5.14 所示为精密减速器在六轴工业机器人中的应用状况。

（1）RV 减速器。

Rot – Vector 减速器（简称 RV 减速器，其内部结构和外观如图 5.15 所示）是在摆线针轮传动基础上发展起来的，它具有二级减速和中心圆盘支承结构。自 1986 年投入市场以来，因其传动比大、传动效率高、运动精度好、回差小、振动低、刚性大和可靠性突出等优点成为高品质机器人的"御用"减速器[185]。

（2）谐波减速器。

谐波减速器（其外观见图 5.16）由谐波发生器、柔轮和刚轮三部分组成，其工作原理为：谐波发生器使柔轮产生可控的弹性变形，然后通过柔轮与刚轮的啮合进行减速并传递动力（其工作原理见图 5.17）[186]；按照结构形式的不同，谐波发生器可分为凸轮式、滚轮式和偏心盘式三种（见图 5.18）。谐波减速器的优点在于：外形轮廓小、零件数目少、传动比大（单机传动比可达到 50～4 000）、传动效率高（可达 92%～96%）。谐波传动与普通齿轮传动的比对效果如图 5.19 所示。

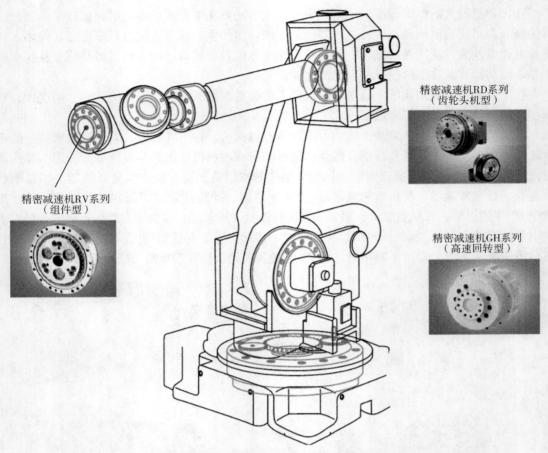

图 5.14　六轴工业机器人中精密减速器的位置分布

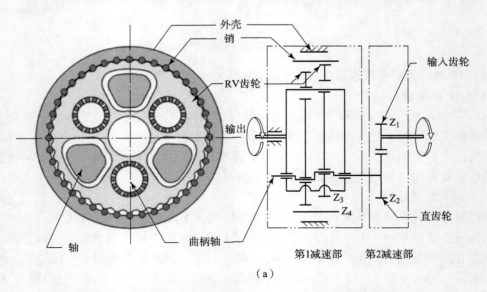

（a）

图 5.15　纳博特斯克公司（Nabotesco）出产的 RV 系列减速器

（a）内部结构

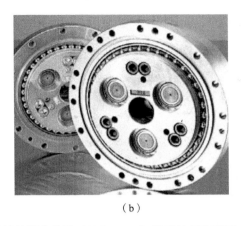

（b）

图 5.15　纳博特斯克公司（Nabotesco）出产的 RV 系列减速器（续）

（b）外观图

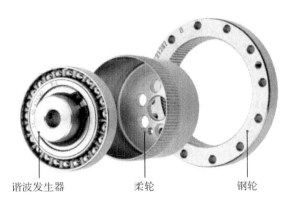

谐波发生器　　　　　柔轮　　　　　钢轮

图 5.16　HarmonicDrive 出产的谐波减速器

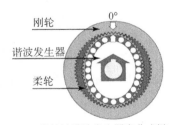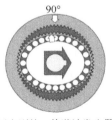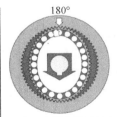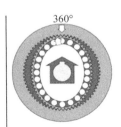

刚轮
谐波发生器
柔轮

柔轮被谐波发生器弯曲成椭圆状。因此，在长轴部分刚轮和齿轮啮合，在短轴部分则完全与齿轮呈脱离状态。

固定刚轮，使谐波发生器按顺时针方向旋转后，柔轮发生弹性形变，与刚轮啮合的齿轮位置顺次移动。

谐波发生器向顺时针方向旋转180°度后，柔轮仅向逆时针方向移动一齿。

谐波发生器旋转一周（360°）后，由于比刚轮减少2齿，因此柔轮向逆时针方向移2齿。一般将该动作作为输出执行。

图 5.17　谐波减速器工作模式示意图

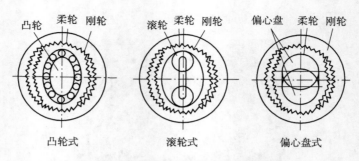

凸轮式　　　　　　　　滚轮式　　　　　　　偏心盘式

图 5.18　三种常见的谐波减速器类型

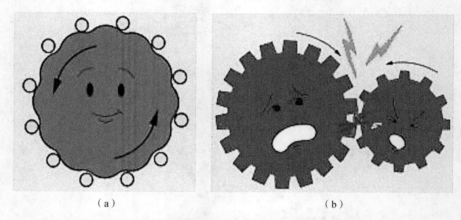

（a）　　　　　　　　　　　　　　（b）

图 5.19　谐波传动与普通齿轮传动的比对效果图

（a）谐波传动啮合示意图；（b）普通齿轮传动啮合示意图

（3）行星减速器。

行星减速器是一种由三个行星轮围绕一个太阳轮旋转而组成的传递转速和转矩的减速装置，它具有结构紧凑、运转平稳、体积小、重量轻、噪声低、承载能力高，使用寿命长等优点，可实现功率分流、多齿啮合，其性价比较高，广泛应用于各种工业场合。

众所周知，工业机器人的动力源一般为交流伺服电机，因为采用脉冲信号驱动，所以交流伺服电机本身就可以实现调速，那么为什么工业机器人还需要加装减速器呢？这是因为工业机器人通常需要执行重复的动作，以完成相同的工序；为保证工业机器人在生产中能够可靠地完成工序任务，并确保工艺质量，对工业机器人的定位精度和重复定位精度要求很高。因此，提高和确保工业机器人的精度就需要采用 RV 减速器或谐波减速器。精密减速器在工业机器人中的另一作用是传递更大的扭矩。当工作负载较大时，一味提高伺服电机的功率是极不划算的，可以在适宜的速度范围内通过减速器来降低转速而提高输出扭矩。此外，伺服电机在低频运转下容易发热和出现低频振动，对于长时间和周期性工作的工业机器人这都不利于确保其精确、可靠地运行。

精密减速器的使用可使伺服电机在一个合适的速度范围内运转，并将转速精确地降到工业机器人各部位需要的量值，在提高机器人本体刚性的同时能够输出更大的力矩。与通用机械装置配备的普通减速器相比，机器人关节处装备的减速器要求具有传动链短、体积小、功率大、质量轻和易于控制等特点，而具有这些特点的减速器主要就是 RV 减速器和谐波减速器。与谐波减速器相比，RV 减速器具有更高的刚度和回转精度，因此在各类关节型机器人中，一般将 RV 减速器放置在机座、大臂、肩部等重负载的位置；而将谐波减速器放置在小臂、腕部或手部；行星减速器一般用在直角坐标机器人上[187]。

5.4.2.2　工业机器人电机伺服控制系统的一般结构

工业机器人的电机伺服控制系统一般采用开环、半闭环和闭环控制方式，但闭环控制方式最为常用[188]。在工业机器人应用领域，机器人的电机位置伺服控制系统一般采用三个闭环的控制结构，即电流环、速度环和位置环的闭环控制，其工作原理如图 5.20 所示。

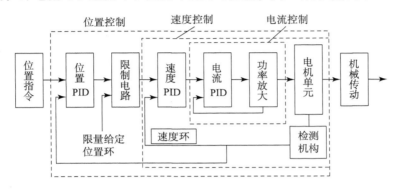

图 5.20　工业机器人电机驱动原理框图

5.4.2.2　工业机器人电机伺服驱动系统的特点

（1）直流伺服电机驱动器。

直流伺服电机驱动器多采用 H 型主电路和脉宽调制（PWM）伺服驱动器，通过改变脉冲宽度来改变加在电机电枢两端的平均电压，从而改变电机的转速。PWM 伺服驱动器具有调速范围宽、低速特性好、过载能力强、响应快、效率高等特点，在工业机器人中常作为直流伺服电机的驱动器。

（2）交流伺服电机驱动器。

同直流伺服电机驱动系统相比，交流伺服电机驱动器具有转矩转动惯量比高、无电刷及不产生换向火花等优点，在工业机器人中得到广泛应用。

同步式交流伺服电机驱动器通常采用电流型脉宽调制（PWM）逆变器和具有电流环为内环、速度环为外环的多闭环控制系统，以实现对三相永磁同步伺服电机的电流控制。根据其工作原理、驱动电流波形和控制方式的不同，它又可分为两种伺服系统：

①矩形波电流驱动的永磁交流伺服系统。

②正弦波电流驱动的永磁交流伺服系统。

采用矩形波电流驱动的永磁交流伺服电机称为无刷交流伺服电机。

（3）步进电机驱动器。

步进电机是将电脉冲信号变换为相应的角位移或直线位移的元件，它的角位移和线位移量与脉冲数成正比，它的转速或线速度与脉冲频率成正比[189]。在负载能力范围内，这些关系不因电源电压、负载大小、环境条件的波动而变化，误差不长期积累，步进电机驱动系统可以在较宽的范围内通过改变脉冲频率来调速，实现快速启动、正反转制动。作为一种开环数字控制系统，在小型机器人中得到了较为广泛的应用。但由于其存在过载能力差、调速范围相对较小、低速运动有脉动、不平衡等缺点，一般只应用于小型或简易型机器人中。

步进电机所用的驱动器主要包括脉冲发生器、环形分配器和功率放大等几大部分，其原理框图如图 5.21 所示。

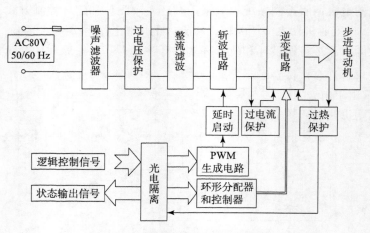

图 5.21　步进电机驱动原理框图

（4）直接驱动。

所谓直接驱动就是电机与其所驱动的负载直接结合，中间不存在任何减速机构。同传统的电机伺服驱动相比，直接驱动减少了减速机构，从而减少了系统传动过程中减速机构所产生的间隙和松动，极大地提高了机器人的运行精度，同时也减少了由于减速机构的摩擦及传送转矩脉动所造成的机器人控制精度降低[190]。而直接驱动由于具有上述优点，所以机械刚性好，可以高速、高精度动作，且因部件少、结构简单、容易维修、可靠性高等特点，在高速、高精度工业机器人应用中越来越引起人们的重视。

作为直接驱动技术的关键环节是相关的电机及其驱动器，它们应当具有以下特性：

①输出转矩大。直接驱动中的伺服电机其输出转矩为传统驱动方式的 50~100 倍；

②转矩脉动小。直接驱动中的伺服电机其转矩脉动可抑制在输出转矩的 5%~10%。

需要指出的是，与采用合理阻抗匹配的电机（传统驱动方式下）相比，直接驱动中的伺服电机是在功率转换较差的使用条件下工作的。因此，负载越大，越倾向于选用较大的电机。

目前，直接驱动中的伺服电机主要分为变磁阻型和变磁阻混合型，有以下两种结构型式：

①双定子结构的变磁阻型直接驱动伺服电机；

②中央定子型结构的变磁阻混合型直接驱动伺服电机。

5.4.2.3　压电驱动器

（1）压电驱动器及其分类。

压电驱动器是一种利用逆压电效应，将电能转变为机械能或机械运动的电机。聚合物型压电驱动器主要以聚合物双晶片为基础，包括利用横向效应和纵向效应两种方式。压电驱动器具有结构简单、低速、大力矩的优点，一般用于特殊用途的微型机器人系统中[191]。这种电机可分为超声式、蠕动式和惯性式等 3 种类型。其中，超声波电机是在利用逆压电效应的基础上，以超声频域的机械振动为驱动力，在电能的控制下通过机械变换产生运动。蠕动式电机与惯性式电机主要用于直线运动。按驱动方式不同，压电驱动器可分为刚性位移驱动器和谐振位移驱动器两种。

①刚性位移驱动器。

刚性位移驱动器的驱动模式主要有多层式驱动器和单（双）晶片驱动器，此外还有 Rainbow 驱动器、Moonie 驱动器和 Cymbals 驱动器等几种，它们在大小、质量、位移量及负载能力上均各有特点。

②谐振位移驱动器。

谐振位移驱动器（亦称超声波电机）种类繁多，包括从毫米级的微型电机到厘米级的小型电机；从单自由度的直线电机到多自由度的平面电机和球型电机；从基于摩擦的超声波电机到利用声悬浮的非接触式超声波电机；从高速的蠕动式电机到无磨损的压电电流复合型步进电机。按照工作原理，可将超声波电机分为接触式和非接触式两种。

（2）压电驱动器的特点及其应用。

压电驱动器的特点如下：

①不需传动机构，位移控制精度高，可达 $0.01\mu m$；

②响应速度快，约为 $10\mu s$，无机械吻合间隙，可实现电压随动式位移控制；

③输出力较大，约为 $3.9kN/cm$；

④功耗低，比电磁马达式的微位移器低 1 个数量级，当物体保持一定位置（高度）时，器件几乎无功耗；

⑤它是一种固体器件，易与电源、测位传感器、微机等实现闭环控制。而且比磁控合金和温控形状记忆合金等其他位移器件的体积要小得多。

压电驱动器的应用范围如下：

①超精密测量。

近年来，随着科学技术的迅猛发展，一些行业对测试仪器的精度提出了更高的要求，甚至出现了数量级的变化。例如，从精密测量（ $0.5\sim0.05\mu m$ ），发展到超精密测量（ $0.05\sim0.005\mu m$ ），最近又提出纳米精度测量（ $5\sim0.05nm$ ）的要求。在一定范围内，锆钛酸铅压电陶瓷（Piezoelectric Ceramic Transducer，PCT）的伸长量和施加的电压近似成线形关系，故此利用其精度高的特点，可在超精密测量中加以应用。

1982 年，IBM 苏黎世研究所成功研制出世界上第一台新型表面分析仪器——扫描隧道显微镜（Scanning Tunneling Microscope，STM），其扫描头便是由三个相互垂直的压电陶瓷组成，可用于三维扫描。STM 具有极高的空间分辨能力（平行方向的分辨率为 $0.04nm$，垂直方向的分辨率为 $0.01nm$ ）。

②超精密定位。

在定位技术中，可利用传统的定位装置（如滚动或滑动导轨、精密螺旋楔块机构、蜗轮-凹轮机构、齿轮-杠杆式机构等机械传动式微位移驱动器）构成定位机构。由于存在着较大的间隙和摩擦，所以无法实现超精密定位。而采用压电驱动器结合柔性铰链放大机构，可以克服上述缺点而实现微纳米级的超精密定位。此类技术中，精密微动工作台的研制开发已经成为当今国内外研究的热点问题之一，不断出现新的形式，它们大多以柔性铰链为导向机构，由压电驱动器进行驱动。此类工作台已被广泛用于能束加工、超精密检测、微操作系统等要求具有纳米级定位分辨率的技术领域中。

③超精密机械加工。

超精密机械加工在航天、航空产品和现代化精密制造中占有非常重要的地位。近年来世界各国都十分重视超精密加工技术的研究和发展，美国最早成立了 Nano 研究中心，英国制定了 ERATO 规划等。微进给机构在超精密加工领域获得广泛应用，一般被用来作为微进给或补偿工具，目前使用最多的便是以压电陶瓷为驱动器的基于弹性铰链支撑位移机构。日本东京工业大学用压电陶瓷微进给机构补偿气浮导轨的直线运动，可将其运动的直线度提高到 $0.14\mu m/600mm$。美国光学金刚石车床（LODTM）上用的快速刀具伺服机构（FTS）在 $\pm 1\,127\mu m$ 范围内分辨率达 2.5nm，频率响应达 100Hz，可进行主轴回转误差的补偿（转速在 1.50r/min 以下）。随着超大规模集成电路的发展及微型机械的要求，超精密加工技术正从亚微米级向纳米级发展。

④微型机械。

作为驱动部件，压电陶瓷在微型机械当中应用非常广泛。例如，广东工业大学与日本筑波大学合作，已研制出一维、二维联动压电驱动器，其位移范围为 $10\mu m \times 10\mu m$，位移分辨率为 $0.01\mu m$，精度为 $0.1\mu m$，用于微型机器人的驱动；长春光学精密机械研究所研制出了直径 <3mm 的压电超声马达；日本东京大学工科研究所研制出利用压电陶瓷快速变形的冲击驱动机构（IDM），并通过 IDM 制成了两种类型的微型机器人（一种为三自由度，另一种为四自由度）。在机器人的端部，最小步进运动小于 0.1nm，最大速度大于 2mm/s，并将它们成功地用在对细胞的操作中。

5.4.2.4 超声波电机

20 世纪 80 年代中期发展起来的超声波电机（Ultrasonic Motor，USM）是以超声频域的机械振动作为驱动源的驱动器。由于其激振元件为压电陶瓷，所以也称为压电马达[192]。USM 是一个典型的机电一体化产品，由电机本体和控制驱动电路两部分组成，其技术涉及振动学、波动学、材料学、摩擦学、电子科学、计算技术和实验技术等多个领域。USM 打破了由电磁效应获得转速和转矩的传统电机的概念。图 5.22 所示为 USM 的结构形式。

图 5.22 超声波电机

与传统电机相比，USM 具有以下优点：

①低速大力矩输出；

②功率密度高；

③起停控制特性好；

④可实现直接驱动；

⑤可实现精确定位；

⑥可制成直线移动型马达；

⑦噪声小；

⑧无电磁干扰，也不受电磁干扰。

但 USM 也有不足，这就是它需使用耐磨材料（接触型 USM）和高频电源等。

USM 的应用领域包括：

（1）航空航天器。

航空航天器往往在高真空、强辐射、极端温度、无法有效润滑等恶劣环境中或严酷条件下使用，且对其重量要求严苛，于是，具备若干优点的 USM 便成为有关驱动器的最佳选择。

（2）精密仪器仪表。

在一些使用电磁马达驱动的精密仪器仪表中，电磁马达可用齿轮箱减速来增大力矩，但齿轮传动存在齿隙和回程误差，这些仪器仪表就难以达到很高的定位精度。相比而言，USM 可实现直接驱动，且响应速度快、控制特性好，比电磁马达更加适用于精密仪器仪表。

（3）机器人关节驱动。

用 USM 作为机器人的关节驱动器，可将机器人关节的固定部分和运动部分分别与 USM 的定、转子连为一体，使整个机构变得非常紧凑。例如，日本开发出的球型 USM，为多自由度机器人的驱动解决了诸多难题。

（4）微型机械装置中的微驱动器。

微型电机作为微型机械的核心，对微型机械的发展水平具有重要作用。在微电子机械系统（Microelectronic Mechanical Systems，MEMS）的研制中，其电机多是毫米级的。医疗领域是微机械技术运用最具代表性的领域之一，USM 在手术机器人和外科手术器械上已得到实际应用。

（5）电磁干扰很强或不允许产生电磁干扰的场合。

在核磁共振环境下和磁悬浮列车运行条件下，电磁马达不能正常工作，但 USM 却能十分胜任。

5.4.2.5　形状记忆合金

形状记忆合金（Shape Memory Alloy，SMA）是一种具备自感知、自适应、自诊断和自修复等功能的新型智能材料，它也是智能材料中应用较早的一种驱动元件。

SMA 在高温下定型后，冷却到室温，并施加外力使之产生变形。此时如果重新加热到高温，SMA 将回复到当初高温定型时的形状，这一现象被称为形状记忆效应。这种特点使 SMA 同时具有了传感器和驱动器的功能，因此 SMA 可以有效地用作敏感兼驱动元件[193]。由于 SMA 驱动器具有结构简单、功重比高、变形量大等特点，可广泛用于微型机械、航空航天、医用机械等领域。

近年来，SMA 在机械手和机器人领域中得到广泛应用。尤其在微小型机械手方面，SMA 材料可采用激光切割方式制成微米级薄膜贴附在机械手上，或采用表面沉积方式固定在机械手上作为驱动元件，驱动微小型机械手工作。由于 SMA 材料的形状变化大，能够实现大角度的弯曲变形，因此也经常用于仿生机器人领域，尤其在医疗机械方面应用较多，例如胃肠镜的主动控制等。

5.4.3　工业机器人驱动器控制电路设计

（1）步进电机控制系统及其控制电路的设计。

使用和控制步进电机必须采用环形脉冲、功率放大等组成的专门控制系统，其控制系统如图 5.23 所示[194]。

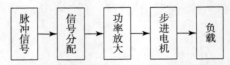

图 5.23　步进电机控制系统框图

该控制系统各组成部分的功能及作用如下：

①脉冲信号的产生。

脉冲信号通常由单片机或 CPU 产生，一般脉冲信号的占空比为 0.3 ~ 0.4，电机转速越高，则占空比越大。

②信号分配。

以二相感应式步进电机为例进行说明，二相电机工作方式一般有二相四拍和二相八拍两种，具体分配如下：二相四拍为 $AB - \bar{A}B - \bar{A}\bar{B} - A\bar{B} - AB$，步距角为 1.8°；二相八拍为 $AB - B - \bar{A}B - \bar{A} - \bar{A}\bar{B} - \bar{B} - A\bar{B} - A - AB$，步距角为 0.9°。

③功率放大。

功率放大是驱动系统最为重要的部分。步进电机在一定转速下的转矩取决于它的动态平均电流而非静态电流。平均电流越大，电机力矩也越大；要想平均电流大，就需要驱动系统尽量克服电机的反电势。因而不同的场合采取不同的驱动方式。到目前为止，驱动方式一般有以下几种：恒压、恒压串电阻、高低压驱动、恒流、细分数等。

步进电机是数字控制电机，它将脉冲信号转变成角位移，即给一个脉冲信号，步进电机就转动一个角度，因此非常适合单片机控制。步进电机与其他电机的最大区别在于它是通过输入脉冲信号来进行控制的，即电机的总转动角度由输入脉冲数决定，而电机的转速由脉冲信号的频率决定。步进电机的驱动电路根据控制信号工作，而控制信号由单片机产生，其基本作用一是控制换相顺序；二是控制步进电机的转向；三是控制步进电机的速度。

图 5.24 是基于 51 单片机的步进电机控制系统框图。该控制系统由 51 单片机（以 AT89C51 为例）、步进电机驱动电源（脉冲分配器和功率驱动）、步进电机等部分组成。工作时，由单片机给出脉冲信号，经脉冲分配器产生步进电机工作所需的各相脉冲信号，功率驱动电路对脉冲分配回路输出的弱信号进行放大，产生电机所需的激励电流。

图 5.24　基于 51 单片机的步进电机控制系统框图

该控制系统的处理器采用了 MCS - 5l 系列单片机 AT89C51，其他 5l 单片机的控制作用与此相似。89C5l 内部有 4KB 的 EPROM、128 字节的 RAM（其中有 16 个字节既可作一般的 RAM 单元使用，又可对 128 位进行位操作）、21 个特殊功能寄存器、两个 16 位的定时器或计数器以及一个全双工串行口，对外有 4 个端口、32 条 I/O 线，它们都有位寻址功能，使用起来极其方便。在此处是通过 89C5l 的 P1.1 口输出信号来控制步进电机的。

本例中，采用的是 45BF005 - I 型三相反应式步进电机，其工作电压为 + 24V，静态电流为 2.5A，步距角为 15°。驱动电源选用了 Sanyo（三洋）电机公司生产的 PMM8713 作为步进电机的脉冲分配器，它非常适合用于控制三相和四相步进电机，有 3 种激励方式：1 相、2 相以及 1 - 2 相。输入方式可选择单时钟（加方向信号）和双时钟（正转或反转时钟）两种方式，它具有正反转控制、初始化复位、原点监视、激励方式监视和输入脉冲监视等功能。使用的电源为 10 ~ 24V，输出驱动能力为 20mA。

运行时，PMM8713 作单极性控制。三相步进电机：1 - 2 相激励 6 拍运行；1 相或 2 相激励 3 拍运行；四相步进电机：1 - 2 相激励 8 拍运行，1 相或 2 相激励 4 拍运行。由于 PMM8713 输出驱动电流只有 20mA，因此需要外接功率驱动放大电路。当用微处理器输出去控制大功率电器时，需要将弱电与强电隔离，这里利用光电隔离器进行隔离。光电隔离器的型号为 TLP521 - 4，功放晶体管的型号为 P41C。该输出隔离电路的原理如图 5.25（a）所示。其中，U_i 来自脉冲分配器的一个输出端子，经驱动门以后接到发光二极管的阴极，+5V 电源需要接限流电阻，此电阻一般取值为 2000、1/4W。当 U_i 为低电平时，经同相驱动门驱动后依然是低电平，二极管导通，从而使光敏晶体管 T_1 导通，步进电机的一相绕组得电而运转。当 U_i 为高电平时，二极管会因为阳极和阴极都为高电平而截止，T_1 就会截止，从而使步进电机的一相绕组失电而停转。

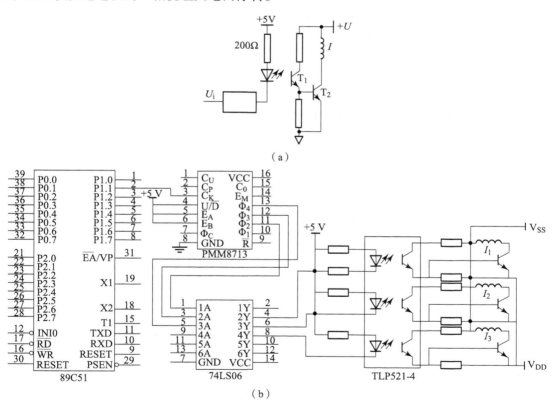

图 5.25　步进电机驱动电路图

（a）隔离电路原理图；（b）电路图

需要注意的是，光电耦合的输入和输出部分必须分别采用独立电源，如果两端共用一个电源，则光电隔离器的隔离作用就失去意义了。

PMM8713 作脉冲分配器驱动步进电机的电路原理也如图 5.25 所示。这里只加上单脉冲用来控制步进电机朝一个方向运行。由 PMM8713 产生的脉冲经 74LS06 反向驱动放大后，再经 TLP521 - 4 光电隔离器隔离，然后驱动步进电机的绕组。I_1、I_2、I_3 是三相步进电机的绕组。改变来自 P1.1 脚的脉冲信号的频率就可以控制 PMM8713 的输出脉冲频率，从而改变步进电机的运行速度。

（2）直流电机控制系统及其控制电路的设计。

直流电机的驱动控制都是采用晶体管放大器来实现的。晶体管放大器可以分为线性放大器和开关放大器两种，线性放大器几乎都采用晶体管，而开关放大器既可采用晶体管，也可采用晶闸管等[195]。线性放大器的优点是在其运行范围内有比较好的线性控制特性，没有明显的控制滞后现象，控制速度的范围宽，对附近电路的干扰小。但是线性放大器工作时会产生大量的热量，效率和散热问题十分严重，其最高效率不超过 50%，必须采用大的功率器件，加大散热面积。开关式放大器中，输出端的功率器件工作在开关状态，即饱和导通状态或截止状态。截止状态的器件不消耗能量，而饱和导通的功率器件上的压降又很小，这样功率输出端的损耗就很小，整体效率就很高。下面介绍几种基本的功率放大电路。

①全部采用 NPN 晶体管构成的 H 桥电路。

全部采用 NPN 晶体管构成的 H 桥电路如图 5.26（a）所示。通过给 4 个晶体管的基极施加开关驱动信号，使全部晶体管工作在饱和区内。另外，为了不使上下桥臂的晶体管同时导通而发生短路，应在基极驱动信号的时序上采取一些措施。

②采用 NPN 和 PNP 型晶体管射极跟随器构成的 H 桥电路。

采用 NPN 和 PNP 型晶体管射极跟随器构成的 H 桥电路如图 5.26（b）所示，其中采用了 PNP 和 NPN 两种不同导通类型的晶体管，各个晶体管的发射极作为驱动电路的输出端。其优点是可把桥上的晶体管基极相连接，施加一个驱动信号即可，电路比较简单。另外这种电路的上下桥臂不同时导通，即不会发生短路事故。

③采用 PNP 和 NPN 型晶体管及电压跟随器构成的 H 桥电路。

采用 PNP 和 NPN 型晶体管集电极限随器构成的 H 桥电路如图 5.26（c）所示，在 PNP 和 NPN 型晶体管的集电极上接负载，构成电压跟随器。该电路中 4 个晶体管基极电流的驱动方向是不同的，另外应使上下桥臂不能同时导通。

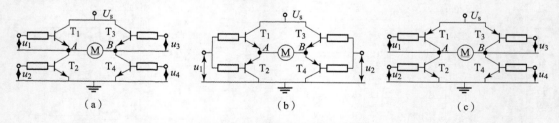

图 5.26　几种基本的 H 桥电路

（a）NPN 晶体管型 H 桥；（b）射极跟随器型 H 桥；（c）集电极跟随器型 H 桥

下面介绍一种直流电机的典型驱动电路。图 5.27 所示为具有全波六步驱动的一个开环电机控制器的电路连接图，其中，功率开关三极管为 PNP 型，下部的功率开关三极管为 N 沟道功率 MOSFET。由于每个器件均接有一个寄生相位二极管，因而可以将定子电感能量返回到电源。其输出能驱动三角形连接或星形连接的定子，如果使用分离电源，也能驱动中线接地的 Y 形连接。在任意给定的转子位置，因图 5.27 所示电路中都仅有一个顶部和底部功率开关有效。因此，通过合理配置，可使定子绕组的两端从电源切换到地，并可使电流为双向或全波。由于前沿尖峰通常在电流波形中出现，并会导致限流错误，因此，可通过在电流检测输入处串联一个 RC 滤波器来抑制尖峰。同时，R_S 采用低感型电阻也有助于减小尖峰。

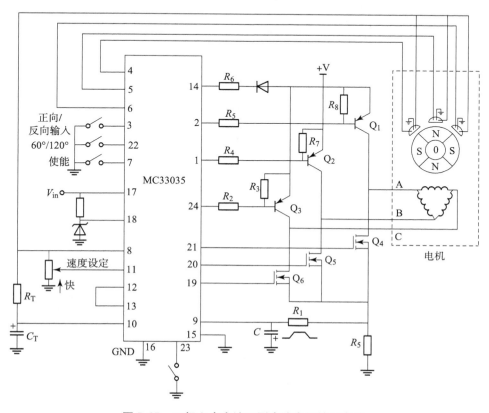

图 5.27　三相六步全波无刷直流电机控制电路

5.5　工业机器人控制系统软件设计

5.5.1　控制系统软件框架

工业机器人的控制软件主要包括运动轨迹规划算法和关节伺服控制算法及相应的动作程序。它们可以用任何语言来编制，但采用通用语言模块化思想和方法编制而成的工业机器人专用软件越来越成为工业机器人控制软件的主流。

工业机器人能成为柔性制造系统（FMS）和计算机集成制造系统（CIMS）等的重要组成部分与基本应用工具，主要原因在于工业机器人的运动轨迹、作业条件、作业顺序能自由变更，满足柔性制造系统的需要[196]。而工业机器人上述三项基本功能得以充分发挥的实际程度则取决于系统软件的水平。

工业机器人的作业流程与软件功能如图 5.28 所示。在工作中，工业机器人按照操作者所教动作及有关要求进行作业，操作者可以根据作业结果对目标值或作业条件进行修正，直至满足工艺要求为止。因此，软件系统的基本功能可以归纳如下：

①示教信息的输入，即为满足作业条件而进行的用户工作程序编辑与修正及其人－机对话过程；

②对工业机器人本体及外部设备各相关动作的控制；

③机器人末端执行器轨迹的在线修正；

④对实时安全系统相关动作和功能的控制。

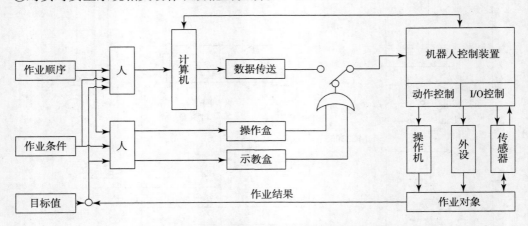

图 5.28　工业机器人作业流程与软件功能示意图

工业机器人控制系统软件设计工作的一个突出特点就是其开发往往一次完成，并且开发完成之后，软件要么固化在 PROM、EPROM 上，要么由系统从盘上引导到内存。但只要开始运行，就要运行相当长时间，有些软件甚至要运行到设备报废为止。例如，一些电器所用微机系统中的软件是永久不变的，只要打开开关，就周而复始地运行。该软件往往固化在 PROM、EPROM 中，成本低、可靠性高。

在工业机器人领域，控制系统的软件按其复杂程度可以分为单任务结构和多任务结构两种。单任务结构系统一般功能单一，整个控制系统中仅有一个任务（在这里就是程序）在运行。这种控制系统所能完成的功能是预先安排好的。但有时为了适应一些简单的、不可预先知道发生时间的事件，也可引入一个或几个简单的中断处理程序。多任务结构系统往往比较复杂，系统并行运行着几个任务，分别处理不同的事件。多个任务会以某种方式分时占用CPU。由于这类系统软件的开发和设计比较复杂，往往由多人协同完成。在此将对这种系统软件的结构作比较详细的分析。

5.5.1.1　单任务软件结构

（1）单任务查询式软件结构。

单任务查询式软件结构就是系统中只有一个程序且按事先排好的顺序执行。例如，控制一个简单电子秤运行的微处理机系统软件就是一种单任务结构。如果该电子秤只是用来称重并显示称量结果，则其工作步骤可由图 5.29 所示流程图表示。该电子秤的工作十分简单。假设它由电池供电，微处理机系统只有一个电源开关，合上电源，微处理机就开始巡检秤盘下的传感器，判断该传感器的称量值是否超过最大量程。如果超出最大量程，那么，在数码管显示器上显示出"××××"或别的超限标志。如果没有超过最大量程，则将输入的模拟量转换成数字量，再变成相应的计量单位对应值，显示在数码管显示器上。显示完成之后，微处理机又回到巡检状态。只要不关闭电源开关，它就周而复始地循环工作。

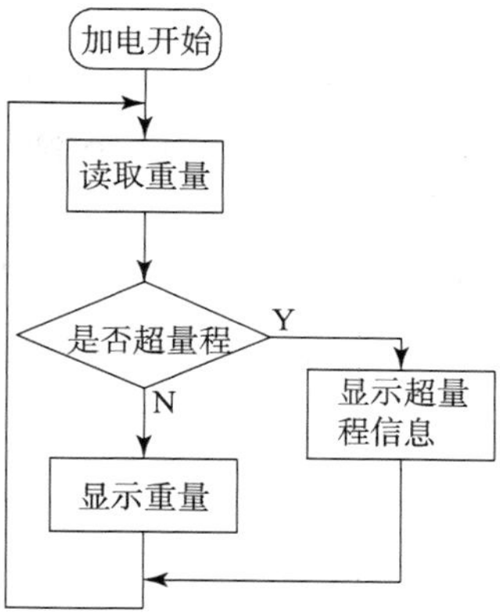

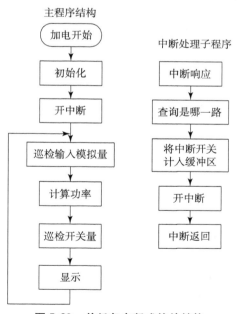

图 5.29　简单电子秤的
工作流程图

在该例中，微处理机（大多是单片机）要处理的查询、显示等工作，完全是预先安排好的，不可更改。这种查询式执行结构的软件其特点是结构简单、功能确定、调试方便。它不仅适合专用的小型微机控制系统，甚至也可以完成相当复杂的工作，但其实时性不强。这是因为在系统中每一功能的优先级是一样的。

在大多数情况下，这种单任务查询式结构是用在单片机控制的专用系统中，如智能仪表和家用电器等小型设备。这种系统的软件通常固化在 ROM 里。人们在普通计算机上也可以应用这种程序结构来设计较为复杂的应用系统。例如在实验室里，人们可以用一台普通 PC 机（或工业 PC 机）来完成一个反应过程的温度或压力等参数的监测与控制。

（2）单任务中断式软件结构。

单任务中断式软件结构如图 5.30 所示。在实际应用中，绝大多数的工业控制计算机应用软件都利用中断技术进行实时控制。特别是在实时性要求较强的应用中更是离不开中断技术。

图 5.30　单任务中断式软件结构

利用中断可以实现紧急事件的处理，从而增强了控制的实时性。例如，人们需要构建一个小型变电所的监视系统，该系统要周期地采集几十路电压、电流、频率等模拟量信号，还要采集几十个开关量信号，并在每个周期计算总的功率，然后把各个量值显示在屏幕上。与此同时，系统需要监视 5 路关键开关量。这 5 路信号中的几个在电路有故障时可能会因开关突然跳闸而失效，由于跳闸的时间间隔很短（一般在毫秒级），人们要求系统对这种跳闸信号的分辨率小于 3ms，即如果两个开关跳闸的时间间隔只要大于或等于 3ms，系统应该能够分辨出哪个开关先跳，哪个开关后跳。这时，必须利用中断方式来处理这些紧急的开关量，因为还要在屏幕上显示各种采集参数、计算参数和中断量参数。

5.5.1.2　实时多任务软件结构

在工业机器人控制系统中，为了实现对作业任务的实时处理，往往需要一个实时多任务操作系统。实时操作系统的大小和复杂程度差别很大，这和系统的应用特性有关。最简单的情况是开发或购买一个简单的监控程序，用来支持简单的 I/O 操作，通过一些简单的命令来控制 CPU 的执行并协助调试软件。一个实时执行程序包括实时多任务处理能力，并支持任务之间的信息交换以及诸如时间管理、任务管理等功能。一个完整的实时多任务操作系统除了必须具备一个实时多任务核心执行程序之外，还要包括文件管理系统。

开发和设计一个实时多任务操作系统并非易事，但了解实时多任务操作系统的一些基本概念能够帮助人们更好地掌握一个现成的实时多任务操作系统。实时多任务操作系统与开发通用软件所用的操作系统如 PC – DPS、UNIX 等的最大区别在于实时多任务的执行核心。在设计和开发实时应用软件时，一般要用到很多实时多任务执行核心的系统调用命令。因此，将详细介绍实时多任务执行机构的原理和基本组成。

实时多任务系统的关键概念是任务，也叫进程。任务的概念是由多道程序的并行操作而引入的。设计软件时，一个简单的程序往往就由一个程序段组成，而一个复杂的应用程序通常由若干程序段或子程序所组成。程序各个部分的执行顺序是预先确定的。把程序调入计算机开始执行，每次执行一个操作，只有前一个操作完成之后，才进行后边的操作。例如，编写一个计算一元二次方程求解的程序，编好之后输入计算机，进行编译，然后启动。假定程序的执行过程如下：

①先输入方程的三个常数系数 a、b、c，回车执行；

②计算方程的根；

③显示结果；

④回到①，输入另一组系数。

由上边的例子可以看出，一个程序的顺序执行具有以下几个特点：程序的执行完全按顺序来完成；程序在执行中独占机器资源；程序的执行结果与执行速度无关；程序的执行结果（方程的根）只与初始条件（输入的系数）有关。所以说，上述程序的执行具有封闭性和可再现性。所谓封闭性是指程序一旦开始运行，就不再受外界因素的影响；而可再现性是指当该程序重复执行时，只要初始条件相同，必将获得相同的结果。

为了提高计算机硬件的利用率和增强系统的处理能力，人们在操作系统中引入了并行处理的概念，即在系统中有若干程序在同时运行。并行处理使得即使是一个单 CPU 系统，都能同时运行几个程序，就好像每个程序都有自己的一个单独 CPU 在执行。

在多任务操作系统中，任务是一个可以与其他操作（功能）并行执行的操作，它有以下几个基本特征：

①动态特征。任务是程序的一次执行过程，装入处理机即处于可执行状态。

②并行特征。任务是可以和别的操作（任务）并行进行的操作过程。

③独立特征。任务是多任务系统中运行的基本单元，也是操作系统进行调度的基本单元。

④结构特征。任务一般由代码段（程序段）、数据段和堆栈段构成，并且每一任务对应一个任务控制块 TCB 为系统所用。

⑤异步特征。异步特征是指任务按照各自独立的不可预知的速度向前推进。由于任务具有该特征，系统必须为它们提供某些设施，使任务间能协调操作和共享资源。

一般说来，单任务（或单程序）结构的软件只适用于功能非常简单的系统，而对绝大多数的工业机器人控制系统来说，其软件的结构要复杂得多，因而应用软件的开发和设计工作也困难得多。对一个真正的工业机器人控制系统来说，用户要求其完成的功能是多种多样的，而且各种功能的性能也因所控制的对象不同而千差万别，可以根据控制程度分为以下几类：

①数据采集监视系统（Data Acquisition System，DAS）；

②数据采集和监控系统（Supervisory Control And Data Acquisition，SCADA）；

③闭环控制系统（Closed-loop Control System，CLCS）。

以上三个级别的系统中，后一级的功能一般包括上一级的功能。

数据采集监视系统通常完成工业过程中的各种物理量的采集、报警检测、过程显示、报表管理和打印、趋势显示、历史数据存储以及另一些管理功能[197]。

数据采集和监控系统除了完成上述功能，还提供一些控制运算，产生优化控制结果，为操作员进行合理的控制提供依据。因此可将这种工作系统理解为优化运算指导下的控制系统。

闭环控制系统则是计算机直接根据各种现场输入和操作工输入的给定值计算出相应的控制输出量，并利用输出通道输出给执行机构，进行直接数字控制。由于组成闭环控制系统的任何部分出现故障都会直接影响到装置的运行，因而此类控制系统一般都采取一定的冗余或备份措施[198]。

为了适应不同的用户或生产过程，通用型机器人控制系统一般应具备以下功能：

a. 报警检测过程的数据输入/输出功能；

b. 数据表示（实时数据结构）功能；

c. 历史数据管理功能；

d. 过程画面显示与管理功能；

e. 报警信息管理功能；

f. 参数列表管理功能；

g. 生产记录报表管理与打印功能；

h. 操作员与过程的作用（人－机接口）功能；

i. 连续控制功能；

j. 优化控制或专家系统功能；

k. 各种通信功能。

并不是每一个工业机器人控制系统都必需上述各种功能，对于一般的聚中式结构的工业机器人数据采集或控制系统而言，上述的通信功能就非必要，而数据采集的监视管理系统对上述列举的各种控制功能也非必要。

5.5.2 控制系统软件平台的搭建

大部分单任务软件都应用于微小型计算机系统中，这些程序往往都固化在系统里，为降低成本并提高可靠性，这些系统通常都不用操作系统。这就需要一个软件开发系统来完成软件的开发、研制工作。其最基本功能是输入和调试软件，一般由以下部分组成：

①软件开发所需要的外设，如显示器、键盘、打印机、磁盘等；

②支持开发系统软件的操作系统；

③用来输入、编辑和存储程序的支持软件；

④用来编译成汇编程序的软件；

⑤用来连接目标模块，生成下载模块的支持软件，以及把软件下装到目标机存储器的支撑软件和硬件；

⑥调试程序的支撑软件和硬件。

现对以上各个部分进行分别介绍。

①外设。

虽然软件开发系统所需配置差别很大，但以下几种外设是必不可少的，例如显示器和键盘，可用于程序的输入和编辑，以及显示等；磁盘，可用于永久保存程序代码和目标代码以及存储支持软件；行式打印机，可用于打印程序列表和各种文档，当然，也可用更高级的打印机（如激光打印机）代替。

②操作系统。

操作系统是开发系统软件的重要基础，它作用于用户和系统硬件及软件之间，控制打印机、显示器、磁盘存储器。一般开发系统都具有文件管理功能。人们熟知的 MS – DOS 操作系统也常用作开发系统的操作系统。

③编辑器。

编辑器可用来产生数据并形成文件，它允许用户从终端上输入数据（文本），并可根据需要对该数据进行修改。常见的编辑器有下列三种：

a. 行编辑器（如 EDLIN）；

b. 屏幕编辑器（如 WORDSTAR、AEDIT、PE 等）；

c. 语言编辑器（如 QUICK C、TURBO C 的编辑器）。

④软件整成。

编辑完的软件要经过编译或汇编形成目标文件，目标模块经过连接形成执行代码，而执行代码经过再定位才可以下装或固化。

⑤下装。

这种开发系统与被调试的目标系统以一定的方式连接在一起。大多数的开发系统与目标系统通过串行接口接起来的，也有少数是以总线的形式相连的。在串行接口方式下，执行目标代码被串行下装到目标系统。为了接受这些代码，在目标系统上须固化一个监控程序。该监控程序控制程序的接收，并把它存入目标系统 RAM 中的指定位置。

有些目标系统不具备接收开发系统程序的软件和设施。这样，就必须将程序固化到目标系统的 EPROM 中才能调试。开发系统通常含有一个 EPROM 写入器。如果利用通用的操作系统环境如 PC 机环境来开发软件，那么，还要利用单独的 EPROM 写入器来完成程序的固化。把写好的片子插到目标系统板上就完成了程序从开发系统到目标系统的转移。

下面介绍工业机器人软件平台的操作系统。该操作系统是一组程序的集合，用来控制计算机系统中用户程序的执行次序，为用户程序与系统硬件提供接口软件，并允许这些程序（包括系统程序和用户程序）之间交换信息[199]。用户程序，也称为应用程序，一般设计成能够完成某些应用功能。在实时工业计算机系统中，应用程序是人们在功能规范中所规定的功能。而操作系统则是控制计算机自身运行的系统软件。

5.5.2.1　操作系统的基本组成

操作系统通常由三个部分组成，即：命令解释程序（command interpreter，又叫人机接口（man-machine interface））、系统核心（nucleus 或 kernel），和一系列的 I/O 设备驱动程序（I/O device drivers）。其中，命令解释程序是一个允许向操作系统发出命令的程序，它用来接收用户命令并加以翻译和控制执行。例如，用户可以通过它来控制操作系统，并利用它在磁盘上查到某一应用程序，然后把程序调入内存，且把执行权交给该程序。命令解释程序和应用程序可以向操作系统核心发出调用命令，以完成一些与系统和 I/O 有关的操作。一个系统调用命令基本上就是一个子程序调用（或中断子程序调用），它通过一个参数块告知操作系统核心所请求的功能。操作系统核心为计算机硬件和在其上运行的软件提供了一个逻辑接口。对于一个在计算机上运行的应用程序来说，磁盘管理系统就如同一个文件管理系统，人们只需知道文件的名称、大小等信息，而无须知道数据在磁盘某些磁道上的具体存储方式，就可以实现对文件的读、写。操作系统的最后一个组成部分是 I/O 设备驱动软件，这些软件具体控制各种外部设备。因此，这些软件与外设和计算机具体接口的控制形式有关。如果说操作系统的命令解释程序和核心都可以适用于不同的计算机的话，那么，I/O 驱动部分则是每一系统专用的。核心通过调用 I/O 驱动软件来访问 I/O 硬件。最好是 I/O 驱动软件与操作系统的核心具有标准的接口。

5.5.2.2　用于系统开发的操作系统

任何开发系统都必须拥有一个能够支持应用软件开发所需工具软件的操作系统，如编辑器、编译程序以及汇编器等。由于磁盘存储器是开发系统的必要外设，因此操作系统通常又称为磁盘操作系统（Disk Operating System）。该操作系统还为一些常用外设如显示器、打印机等提供驱动软件。此外，它还支持一些更为专用的外设如仿真器或 EPROM 写入器，或提供串行接口以连接 EPROM 写入器。图 5.31 是一个典型的开发系统结构。

5.5.2.3　操作系统的功能软件

操作系统提供的功能软件与其应用领域和所应用的计算机系统有关。对于那些配有磁盘存储器（如软盘或硬盘）的计算机系统来说，其操作系统一般叫作磁盘操作系统。它们为用户和用户程序提供了文件系统。文件系统隐含了访问磁盘等外存中的硬件操作，用户程序可以调用操作系统来建立一个称为文件的逻辑结构，为该文件指定一个名称，并从文件中读取数据或存入数据。各种操作系统对文件中的处理不尽相同，而且对每个文件所保存的索引信息也差别很大。有的系统只有一级索引结构，而有的复杂系统则有几级索引结构。例如，

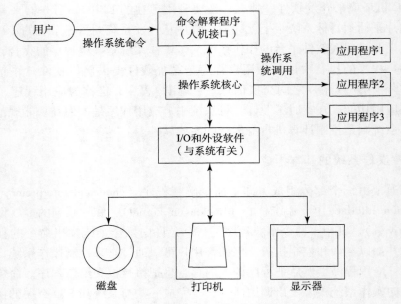

图 5. 31　开发系统的组成

在 PC – DOS 中，要将一段内存中的数据写入硬盘中的一个文件保留，那么只要填好参数块，发一个打开文件的 DOS 调用，或创建文件调用，接着发一个写入文件调用，就可以将数据写入文件。写完后再发一个关闭文件调用就可以完成文件操作了。文件管理系统是磁盘操作系统必不可少的部分，而且文件管理系统在操作系统中往往占据比较大的空间。用户对操作系统的这部分内容一般不作修改，只进行应用。

操作系统的另一个通用功能是逻辑 I/O 功能。应用程序调用操作系统来完成逻辑 I/O 操作，它们可以完全摆脱具体的设备操作。例如，一个应用程序要把一批输出数据送到控制台上，实际的控制台可能是一台显示器终端、一台打印机或其他设备。这对用户程序来说没有实质的区别，只是逻辑 I/O 地址号不同而已。

5.5.2.4　实时多任务操作系统

支持并行处理任务的操作系统称为多任务操作系统。实时多任务操作系统除了支持并行处理多任务外，还要具有实时处理能力，所以它应具备以下几个特征：

（1）能够快速进行异步事件响应：实时系统为了能在系统要求的时间内响应异步的外部事件，要求有异步 I/O 和中断处理能力。

（2）能够保证切换时间：当紧急事件发生时，实时操作系统必须在一特定时间范围内立即为紧急任务服务。切换时间是任务之间切换所需的时间。花费时间的多少主要由操作系统保存处理机状态和寄存器内容以及中断服务后返回处理先前任务所需时间决定。

（3）能够保证中断等待时间：它是最重要的实时任务度量。中断等待时间是系统应答最高优先级中断并调度某一任务以对其服务所可能需要的最长时间。这一时间并不确定，它与操作系统所用的 CPU、主频以及中断处理方式有关[200]。

（4）能够进行优先级中断和调度：实时操作系统必须允许用户定义中断优先级和调度任务的优先级以及指定如何处理中断，以保证比较重要的任务能在允许的时间内被调度，而不必考虑其他系统事件。

（5）能够实现抢占式调度：为了保证响应时间，实时操作系统必须允许高优先级任务抢占低优先级任务而进入运行状态。

（6）能够保证同步：实时操作系统要提高同步和协调共享数据使用和执行时间的手段。

在实时多任务操作系统里，任务的状态大致分为就绪状态、运行状态、睡眠状态、挂起状态和挂起睡眠状态，状态之间可以根据一定规则进行相互转化，其中：

（1）任务由不存在而创建进入就绪状态。

（2）任务变成就绪链中的最高优先级任务，经任务调度进入运行状态。

（3）执行中的任务被更高优先级的任务抢占，退回就绪状态。

（4）执行中的任务发出睡眠调用或等待交换信息而进入睡眠状态。

（5）睡眠中的任务在睡眠时间已到，或等待的事件信息已到，则进入就绪状态。

（6）运行中的任务通过调用挂起命令而使自己进入挂起状态。

（7）任务被另外运行着的任务挂起。如果被挂起的任务原来处于就绪状态，则执行着的任务通过挂起调用可以使它进入挂起状态；如果要被挂起的任务原来处于睡眠状态，则通过挂起调用可以使其进入挂起睡眠状态。

（8）已处于挂起状态的任务又被另一处于运行状态的任务挂起，则其挂起深度加"1"；反之，已处于挂起状态的任务被另一处于运行状态的任务解挂，则其挂起深度减"1"，但挂起深度还未减至"0"。已处于睡眠状态的任务服从同样的规则。

（9）处于挂起状态的任务被处于运行状态的任务解挂而且挂起深度降为"0"，则进入就绪状态。

（10）任务被删除而不复存在。

上面介绍了任务的状态，以及状态的转移。这些状态的转移是通过一个称为调度程序（Schedular）的执行机构来完成的。调度程序接收操作系统的中断，此外它还接收处于运行状态的任务所发生的操作系统调用。

图 5.32 所示为一个简单调度程序的结构示意图，由图可见，调度程序在其参数区保留着挂起任务链、睡眠任务链、挂起睡眠任务链和就绪任务链。调度程序完成任务切换工作，即停止运行状态的任务，并启动就绪任务链中的最高优先级任务，这样一个处于运行状态的任务将继续运行直到发生下列情况之一：

（1）该任务发出一个等待事件调用，它将处于挂起等待状态，直到有事件到达。

（2）该任务发出一个调用，请求一个不存在的资源（如内存、I/O 等），那么该任务也被挂在挂起任务链中。

（3）该任务发出系统调用请求调度，进入延时状态，该任务将被挂在就绪任务链上或挂起任务链上，这主要决定于它是否需要马上再进入运行状态。

（4）该任务被一个更高优先级的任务抢占调度，使其挂在就绪任务链上。

只要上述情况之一发生，调度程序就必须从就绪任务链中选择一个任务并启动它。

大部分商品化的实时多任务操作系统除了支持前面所阐述的功能外，还在不同程度上支持以下一些功能：

（1）内存管理功能。

内存管理的主要责任是管理在系统引导之后自由存储空间的分配和回收，并规定每个任

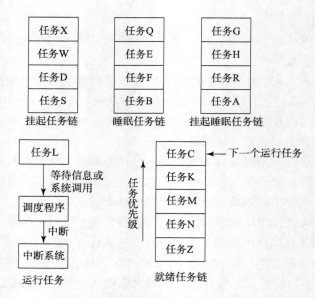

图 5.32　调度程序结构示意图

务的访问空间，防止任务访问到另一任务的私有空间而破坏其数据结构。

（2）中断管理功能。

中断是实时操作系统的一个核心概念。外部事件是随机产生的，对于那些需要 CPU 立即响应并及时处理的事件，必须采用中断方式[201]。不同操作系统的中断处理方式也不尽相同，就类型和种类可分为以下几种：

①外部中断。

外部中断具体又可分为：

a. 不可屏蔽中断。如掉电和系统复位等产生的中断。

b. 可屏蔽中断。除不可屏蔽中断之外的其他外部设备发出的中断，如通信口、键盘等产生的中断。

②由程序执行产生的中断。

例如，零除中断指令等。

操作系统的中断处理是分优先级的。8086 系列和 MC68000 系列都支持 256 级中断。除了操作系统占用一批之外，还留有大量的中断号和优先级供用户编程使用。256 级中断列成一个中断向量表，用户使用时可提供参考。

单任务系统的中断处理十分简单，每一个中断都对应一个中断处理程序入口地址，该地址保留在中断向量表中与中断号相对应的位置上。只要中断一产生，而且 CPU 允许中断，则处理机在下一个指令周期就进入中断处理程序。

进入中断处理程序后的第一件工作就是保护现场，而在处理完之后、返回主程序之前要恢复现场。因为整个系统中只有一个任务在运行，而且只有一个堆栈，状态数据就压入堆栈中，返回时再弹出即可。

5.5.3　工业机器人程序设计

此前详细阐述了工业机器人控制系统的软件组成及结构形式，由此人们了解到即便是一个普通的工业机器人控制系统也拥有一个较大的软件包，这个软件包通常是由很多小的程序模块组成的。所以，在工业机器人的应用程序设计中，要多积累成熟的软件模块，了解这些模块的原理及调用方法，这样在一个具体的软件开发中，就可以直接将某些现成的模块纳入系统，既可以节省大量的时间和精力，又可以提高软件的可靠性与实用性。

当前，随着处理器性能的提高，如处理速度提高，内存加大，加上实时多任务操作系统和高级编程语言的持续发展，很多应用软件可用高级语言来设计，这些高级语言使程序设计变得简单起来。几乎所有的工控系统中都要用到各种浮点数的转换与运算，特别是在工业PC 机的应用中。需要注意的是，80386 具有很强的运算功能，但本身不支持浮点数运算。为了降低成本，人们可以采用软件来实现浮点运算。

在工业机器人控制系统中，速度和精度都很重要。所以，为了保证系统的运算精度（特别是在控制运算中），大多数控制系统总是将 I/O 通道采集的 A/D 输出的整数值转换成浮点数，然后用浮点数进行存储和运算，这样可以大大减小因为计算字长等带来的误差。进行浮点运算最为省事的办法就是采用算术协处理器。但这些协处理器通常价格不菲，而大多数的控制系统对运算速度的要求并不很高，于是就希望在不用协处理器的条件下进行浮点运算。

（1）浮点数加法、减法运算子程序 ADDF 与 SUBF。

单精度的浮点数用最高位（第 31 位）表示该数的符号位，而次高 8 位（即 23 ~ 30 位）用来表示指数与 127 的和，0 ~ 22 位用来表示尾数。对于减法运算，将减数的符号取反，然后与被减数进行加法运算即可。在进行加法和减法运算之前，首先应当判别两数的符号相同还是相异。如相同，则取和；如相反，则用绝对值大的数减去绝对值小的数，取绝对值大的数的符号作为运算结果的符号。在工程运算中，有时并不需要很高的精度，因此可在运算精度和处理速度之间折中处置。有时省略了一些特别低位的数，而运算结果的精度仍可保证在万分之一以上。

（2）浮点数乘法运算子程序 MULF。

两个浮点数相乘时，指数相加，尾数相乘，符号位由商数的符号位决定。两数同号，结果为正；两数相反，则结果为负。浮点数的乘法运算最为简单。

（3）浮点数除法运算子程序 DIVF。

两个浮点数相除时，用被除数的指数减去除数的指数，然后用被除数的尾数除以除数的尾数。运算结果符号位的确定方式与乘法运算类同。但需要注意，在进行除法运算之前，先要判断除数是否为零，如果为零，则直接返回零除错误。

（4）整数转换成 ASCII 码 CVTIA。

在工业机器人控制系统中，常常用到一些显示技术，如趋势显示等。这些显示方式有一个共同的特点，就是要将某些物理量（用浮点数表示）的大小用棒的高度或线的高度表示出来。而普通 CRT 的显示分辨率是有限的正整数，如 1 024 × 768、640 × 480 等。因此，必须将浮点数转换成整数。

（5）ASCII 码转换成整数 CVTAI。

浮点数与整数的转换比较简单，这从浮点数的定义可以直接得知。需要注意的是，当该数为负数时，其整数形式通常用补码表示，而浮点数的尾数是原码的一部分，因此要进行转换。由于指数代表数值所占的位数，因此可以通过将尾数移位而得到相应的整数。

（6）整数转换成浮点数 CVTIF。

A/D 转换器输入的数据是整数（或正、负整数），一般为 12 位，最多为 16 位。如果在系统中用浮点数进行运算，如量程、物理量之间的转换、PID 运算、统计量运算等，则必须先将整数转换成浮点数，以保证系统的计算精度。CVTIF 是 CVTFI 的逆过程，其原理一样，从程序可以直接了解。

（7）单精度浮点数转换成整数 CVTF。

ASCII 码转换成整数主要用于人—机输入中。键盘输入产生的数值一般以 ASCII 码的形式传给计算机，故必须先将其转换成整数才可进行相关运算。转换成整数的算法极为简单，只考虑 0~9 这 10 个数字，十、一号以及空格，其他字符按非法字符处理。

（8）ASCII 码表示 HEX 数与 INT 数间的相互转换。

主要用于整数的显示、打印中。因为 CRT 和打印机不能直接将数值显示出来，打印前必须先将这些值转换成相应的 ASCII，再送去显示和打印。

（9）ASCII 码转换成浮点数 CVTAF。

CVTAF 用于数据输入中。ASCII 码表示的实数转成单精度 IEEE 浮点数比 ASCII 整数转换成计算机使用的整数要复杂得多。首先，实数的表示方法和所用的字符种类就有很多。如 100.38，−256.7，−10.5e−3，1.59e+10 等都是可能的实数。因此，要识别和处理的字符有 "+" "−" "0~9" "e" "E" "."，而其他则作为非法字符处理。此外，要允许数据前边或后边有若干空格存在。

在 CVTAF 中，为了提高运算速度，可只取 4 位有效数字，第五位采用 4 舍 5 入方式处理。因为在普通的工业机器人控制系统中，精度是一个需要综合考虑的因素，一般不会订得太高。因此，取万分之 0.5 的精度就能满足使用要求。如果不够，还可以修改程序。

CVTAF 的原理是先分别将指数和尾数计算出来，然后将尾数变成一个 "标准" 的浮点数如 1.55891、1.244 等，再放大或缩小若干倍变成实际数。

（10）浮点数转换成 ASCII 码 CVTFA。

IEEE 浮点数格式转换成 ASCII 码表示的实数是工业机器人控制系统中一个几乎必不可少的功能。系统的显示和打印都要用到此功能。CVTFA 是 CVTAF 的逆运算。在调用时，调用者要明确实数的表达格式，如有效位数以及小数点后的位数等。

5.5.4 数据通信设计

5.5.4.1 工业机器人通信方法

在工业机器人通信系统中，其通信方法按数据传输方向和时间可分为单工通信、半双工通信及全双工通信三种[202−203]。

（1）单工通信。

所谓单工通信是指数据只可以单方向传送的工作方式。比如遥测、遥控，就是单工通信方式，其信道是单向信道，发送单元与接收单元的身份是固定的，发送单元只发数据，而不能接收数据；接收单元只接收数据，而不能发送数据。数据的信息仅从一端传至另一端，数据流为单方向流动。

（2）半双工通信。

半双工通信可实现双向的数据传输，但不能同时进行双向传输，必须采用交替轮流方式传送信息。在半双工通信中，信道的每一段既可作为发送单元，也可作为接收单元。但相同时间里，信息只沿一个传送方向流动。

（3）全双工通信。

全双工通信是指在通信时，通信信道上存在双向的信号传递，数据可以同时在双向上传输，所以又叫双向同时通信，即数据通信的两方可同时发送和接收信息。全双工方式下，通信的传输端口都有发送与接收模块，所以，信息可以实现双向传输。由于全双工通信不用进行方向上的切换，所以无切换操作产生的时间延迟，对一些不许有时间延误的交互式应用（如工业机器人控制系统）十分有利。

5.5.4.2　设计语言

1983 年，GateWay Design Automation 公司的 Phil Moordy 等人首创了 Verilog HDL，后来随着 Verilog – XL 算法的开发成功，Verilog HDL 得到了迅速的发展。由于 Verilog HDL 语言具有一定的优越性，IEEE 在 1995 年制定了 Verilog HDL 语言的 IEEE 标准[204]。今天，Verilog HDL 语言已经成为一种广泛用于硬件描述的语言，可用于数字电子系统的设计。其软件编程的方式可以用来描述电子系统的逻辑功能、电路结构和连接形式。它可以准确描述信息流、数据结构、逻辑行为等三种形式。Verilog 适合算法级（algrithem）、系统级（system）、寄存器传输级（RTL）、门级（gate）、逻辑级（logic）、电路开关级（switch）设计[205]，分别简述如下：

①算法级（algrithem – level）。

算法级的 Verilog 可提出高级结构，可用于设计算法运行的模型。

②系统级（system – level）。

系统级 Verilog 采用语言编写的高级结构模型，用来实现其模块的外部性能。

③RTL 级（register transfer level）。

RTL 级的 Verilog 可描述寄存器间的信息流动以及怎样去实时控制、处理这些信息流动的模型。上述三种均是行为描述，仅 RTL 级和逻辑电路建立了明确的对应关系。

④门级（gate – level）。

门级的 Verilog 是一种描述逻辑门以及逻辑门之间连接的模型，并且与逻辑电路建立了明确的连接关系。

⑤开关级（switch – level）。

开关级 Verilog 可运来描述三极管等元器件及其存储节点和它们间连接关系的模型，它与具体的物理电路相互对应。因为 Verilog HDL 语言能够综合描述逻辑电路，所以它是高层次的设计核心，而且设计工作人员在物理实现上只需要花费比较少的精力，把其工作的重心放到了怎样去更好的实现和调试设计系统的功能。它有如下几个设计的优点：

一是具有逻辑设计层次和范围之间关系的描述能力；

二是可以更加具体化地表示电路的抽象行为及结构；

三是逻辑电路仿真与验证可以确保设计的合理与正确性；

四是管理文档比较方便；

五是逻辑电路从高层到底层可以自由的转换；

六是可以对照 C 等高级语言的精妙结构来正确简化逻辑电路的描述行为；

七是硬件语言描述与具体的工艺实现无关。Verilog HDL 作高级硬件编程语言，它与 C 语言有许多的相似之处。其中的许多语句，如 if 语句、case 语句和 C 语言中对应的语句非常相似，而且 Verilog HDL 语言的移植性好，被很多 EDA 厂商所支持。

5.5.4.3　工业机器人异步串行通信接口设计

工业机器人的串行通信接口有很多种，而且也可以采用多种设计编程语言，本书所设计的异步串行通信属于全双工通信，其接口也是一种常见的通信接口，用 FPGA 的硬件描述语言 Verilog HDL 编写程序。一般而言，完整的 FPGA 设计流程包括：分析电路设计要求及设计输入、代码调试、前仿真、综合、布局布线、布局布线后仿真、时序分析、仿真验证与调试等主要步骤，其整个设计流程如图 5.33 所示[206]。

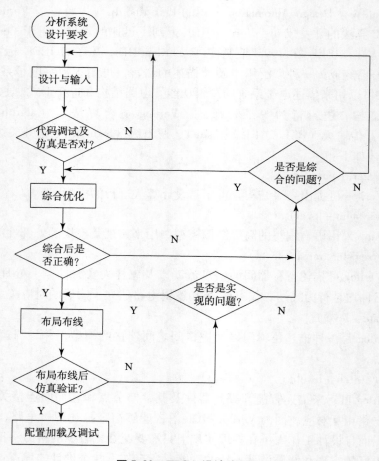

图 5.33　FPGA 设计流程图

FPGA 设计流程中的各个步骤说明如下：

①电路设计与输入的目的是通过分析系统设计要求，制定硬件电路的原理图，并把电路模块化，然后编写各个模块，在设计软件 Quartus 9.0 建立工程录入源代码。这一步骤十分重要，因为如果逻辑电路设计不合理，将对后面工作造成不利，甚至会导致大量返工。

②在完成电路的设计与输入工作后，应当进行代码调试及功能仿真。在此步骤中，要先对设计输入的 . V 文件进行代码调试及语法检查。因为在输入的过程中，有可能因疏忽或其他原因造成输入错误。检查无误后，再对各功能模块进行仿真实验。功能仿真的目的主要是为了验证所设计的电路结构和功能是否正确、是否达到了设计要求。需要注意的是，此时的仿真过程基本考虑的是理想情况，没有涉及任何具体的元件电气特性，时序上的任何要求均可以达到，所以此时的功能仿真又叫作前仿真。通过仿真可以发现逻辑模型是否有错，电路行为描述是否有错，从而可以使电路设计更加可靠。

③所谓综合优化是将经过前仿真后的设计还原成原始的目标工艺，即将所设计的逻辑原理图和电路输入生成由基本逻辑单元组成的逻辑网表，此步骤又可看作是从 RTL 行为级描述到门级描述的转换，然后再对面积要求和性能要求进行优化，使其达到面积和性能的设计目标。经过优化后的逻辑网表可按标准格式的网表文件输出。在此过程中可采用 Altera 公司的 Quartus Ⅱ 9.0 内嵌综合优化工具。

④经过综合优化后，为了检测是否达到了原设计的要求，也为了保证工艺的正确性，还必须进行综合优化后的仿真测试，以估计门延时所带来的影响，但却不能估计线延时所带来的影响。所以仿真结果和布局布线后的实际情况尚有一定的差距，不是十分准确。

⑤在布局布线环节，是先自动布线，即把设计映射到目标工艺的指定位置，然后再进行手动布线，进行位置约束，以减少线延时所带来的影响。布局布线时可以手动设置一些参数，比如速度优先、性能优先等，以此来优化布局布线的结果。

⑥布局布线的后仿真验证是把设计的时序信息映射到逻辑网表中再进行仿真。由于经过面积约束和布线所得到的文件包含门延时与实际的线延时，所以其包含的时序数据最全，因而布线之后进行的仿真其结果最为正确，可以如实地反映芯片的工作情况。经过布局布线后的仿真就是为了发现时序违规的情况，即发现那些不能满足时序的约束条件或是不能满足元件固有的时序规则（建立时间、保持时间等）的情况。所以仿真后还应进行一些验证，以此来验证设计的可靠性与可行性。

⑦最后就是在线调试，或将产生的配置文件下载到芯片中来测试。

5.5.4.4 异步串行接口各功能模块的设计

（1）波特率发生模块。

在串口通信时，波特率发生器产生设计用的时钟频率，接收逻辑和发送逻辑单元，其结构如图 5.34 所示。需要注意，接收单元与发送单元约定一样的位传送率（即波特率），波特率模块的输出端是 CLK × 16，表示波特率的 16 倍数，是由对主频率 TCLK 分频得到的。由二进制类型的除数锁存器（16 位）与 16 位的计数器完成分频。低字节的锁存器和高字节的锁存器都是 8 位的二进制锁存器。在 ADDR（选信息的地址位）与 DLAB（除数的锁定标志位）的作用下，依次输入除数的锁存器中。因为有除数的设置，所以能对系统时钟进行任意数分频。

（2）发送单元模块。

发送单元模块包含两个寄存器，它们是发送位移寄存器（Transmit Shift Register，TSR）和发送缓冲寄存器（Transmit Buffer Register，TBR），都是 8 位数据[207]。发送单元要发送信息，首先要把系统复位，此时 TSR 与 TBR 都处于空闲状态，与此同时线路状态寄存器

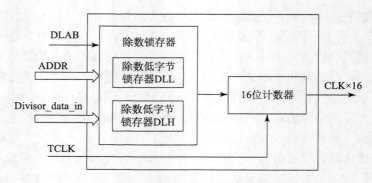

图 5.34 波特率模块的结构图

（LSR）中的 TBR 的空标志位置 1，计算机告知 TBR 准备对数据进行写操作，等到信息传入 TBR 后，空标志位置 0。此时系统的串行信息将会按照由低到高位的顺序自行传输。

下面就是数据的具体传输过程：先从 TSR 的端口发送一位起始位，与此同时，TBR 的信息会自行传入 TSR 中，然后把 TSR 中的信息加上校验位，并把装好的信息从 TSR 中传出，在此过程中信息须参照线性控制寄存器（LCR）中的字符帧格式附加校验码；停止位是附加在字符帧的最后一位，停止位的出现表明字符帧信息传输结束。TSR 为空以后，也就是串行字符帧传输完毕后，此时如果发现 TBR 中还有信息，此信息则会自行移入 TSR 中，并且传送出新的字符帧的起始位，再开始新一帧的数据传输。当无信息传输时，使串行信息输出口处于高电平。图 5.35 是发送单元状态转移图，发送单元设计了 6 个工作状态，下面会对各个状态的功能作详细介绍。

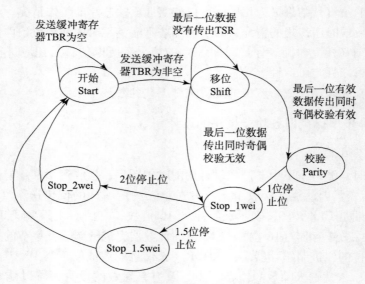

图 5.35 发送单元状态转移图

①开始状态。

系统复位就是开始（Start）状态，发送单元在 Start 状态时会等待数据起始位的输入，当发送信息到接收缓冲单元（FIFO）或是 TBR 发现信息输入时，起始位的信息才能输入，若起始位从端口传出，将换到移位（Shift）状态。

②移位状态。

在等候最后有效信息位输出时，状态机处于移位（Shift）状态，由 LCR 字符帧的长度决定有效信息位，此数据传输后，若是校验的使能有效，换到校验状态，无效则直接转至 Stop 状态[208]。

③校验状态。

当处于校验（Parity）状态时，信息仍在传送中。当信息传递完成时，发送单元传出数据校验位，信息停止发送，状态机便转至 Stop 状态[209]。

④Stop_lwei 状态。

不管停止位是 lwei、1.5wei 或是 2wei，状态机最终都会转至此状态。在此状态时，由 LCR 的停止位规定，确定转至 1.5wei 状态、2wei 状态或是 Start 状态。

⑤Stop_1.5wei 状态。

在 LCR 的状态信息停止位处于 1，有效信息字长是 5 时，其停止位便选择 1.5wei，状态的时间停半个时钟周期，再转至 Start 状态。

⑥Stop_2wei 状态。

在需应用两个停止位来发送信息时，便会转至此状态。处于这种状态时，其信息的头个停止位还在传送，需经过一个时钟周期，才可以转至 Start 状态。

（3）接收单元模块。

接收单元工作时先对信息进行串并转换，并把并行信息存于 FIFO 和接收缓冲寄存器（RBR）中，然后把信息传至中断控制单元，接收单元判断是否允许再接收信息。当每帧信息收完，由内部信息对中断判断单元传出请接收设备准备的要求，再由中断单元地址线与读写信号译码生成选通信息，由此信息告知对 RBR 信息的读取。从 RBR 取出信息后，中断单元会生成 RBR 的空标志位，告知计算机写入 RBR 中的信号。与此同时，接收单元的信息将通过一系列的误码检测，并送到中断单元中，中断单元按照中断类型把信息映射到 LSR 中，提出中断请求。图 5.36 所示为接收单元的状态转移图。

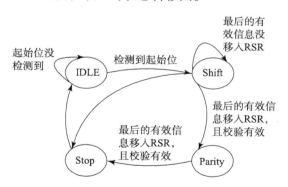

图 5.36　接收单元的状态转移图

①复位/空闲（Idle）状态。

启动复位信号，接收单元状态机就会处于此状态。接收单元在等待判断出现低电平的起始位信息是否有效。若是检验到起始位有效，则转换至 Shift 状态。

②移位（Shift）状态。

当接收单元处于此状态时，每 16 个 TCLK（主时钟）周期对 RSR 的每个移入信息采样一次，采样完成后，若校验的使能有效，状态切至校验（Parity）状态，如果使能无效，就直接切换到停止（Stop）状态。

③校验（Parity）状态。

接收单元的状态机在此状态时，须等待 16 个 TCLK 周期，再对校验数据位采样，当信息校验位采样完毕，转换至停止（Stop）状态。

④停止（Stop）状态。

停止状态下，不管是几位停止位，状态机均需要 16 个 TCLK 周期后再停止采样，此时接收单元对停止位长度不予检测，而是只检测停止位的逻辑电平是否为高电平。一旦检测到逻辑电平变为"1"，对应的 LSR 字符帧格式检测指示位则不会置位，并且状态机转换至复位/空闲（Idle）状态，静待下个字符帧的传输。

（4）接口模块。

接口模块分为系统总线控制任务、异步串行通信接口和信号线之间连接端口两个部分，其模块内部构造如图 5.37 所示。

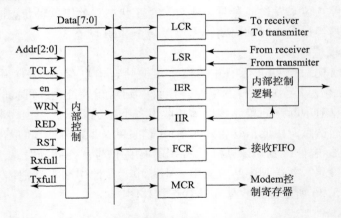

图 5.37　接口模块内部逻辑

接口单元主要有双向的数据端口 Data [7:0]、地址输入 Addr [2:0]、主时钟 TCLK、片选输入端 en、写操作 WRN、读操作 RED、复位输入端 RST、接收缓冲单元的满标志信号 Rxfull 和发送缓冲单元的满标志信号 Txfull，还有 LCR、LSR、IER、IIR、FCR、MCR 六个寄存器。

各组成部分的作用如下：

①步串行通信接口和信号线之间连接端口的输入端包括主时钟 TCLK、片选输入端 en、写操作 WRN、读操作 RED、复位输入端 RST；输出端包括接收缓冲单元的满标志信号 Rxfull 和发送缓冲单元的满标志信号 Txfull；双向的数据端口则包括 Data [7:0]。

②系统总线控制任务配置的 LCR（线性控制寄存器）、IER（中断允许寄存器）、MCR（调制解调控制器）、FCR（快进快出控制器）是接口模块控制信号的寄存器；IIR（中断标志寄存器）、LSR（线性状态寄存器）是接口单元的状态信息寄存器。

③LCR 控制传输的字符帧格式，即起始位、信息位、校验位、停止位等；先进先出（FIFO）的中断请求由 FIFO 控制器（FCR）控制；IER 允许或禁用信息中断的类型（其类

型包括发送缓存单元的中断、接收缓存单元的中断、外部设备信息传输中断、线路上的中断请求等）；IIR 的作用是规定中断请求的优先级别及信息中断标志位；线性状态寄存器（LSR）是用来检查线路的状态。例如数据包出错的原因，发送寄存器/接收寄存器空状态标识以及终止符检测。

5.6　ROS 机器人操作系统

近年来，ROS 开始风靡全球，许多人都以为 ROS 是一个新出世的宠儿，其实 ROS 已经发布近十年了。目前，ROS 从实验室机器人项目蔓延至工业机器人的浪潮已传入我国，相关会议如雨后春笋般出现。为了帮助学习者了解 ROS，掌握 ROS，现从 ROS 是什么、为什么使用 ROS、如何使用 ROS 等三个方面展开介绍与叙述。

ROS 是 Robot Operating System 的缩写，原本是美国斯坦福大学的一个机器人项目，其初衷是斯坦福人工智能实验室为了支持斯坦福智能机器人 STAIR 而建立的交换庭项目，九年前开始由 Willow Garage 公司发展，目前是由 OSRF（Open Source Robotics Foundation，Inc）公司维护的开源项目[210]。ROS 之所以在国内外机器人领域广受关注，主要在于其具有以下特点：

（1）ROS 是一种功能强劲的操作系统。

众所周知，操作系统是用来管理计算机硬件与软件资源，并提供一些公用的服务的系统软件。而 ROS 作为一个机器人软件平台，也提供了许多标准操作系统服务，如底层设备控制、硬件抽象等，在此不做列举。以计算机操作系统和计算机操作系统的对比图为例，图 5.38 所示，计算机操作系统将计算机硬件封装起来，各种应用软件基于操作系统之上运行，因此大部分软件工程师不需要使用汇编语言就可以进行软件的开发工作，从而大大提高计算机应用软件的开发效率。与此类似，ROS 则是对机器人的硬件进行了封装，不同的机器人、不同的传感器，在 ROS 里可以用相同的方式表示（topic 等），供上层应用程序（运动规划等）调用[211]。

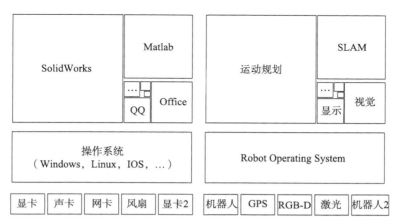

图 5.38　计算机 OS 与机器人 OS 对比示意图

（2）ROS 的点对点设计。

ROS 系统包括一系列进程，这些进程存在于多个不同的主机并且在运行过程中通过端对端的拓扑结构进行联系。如果采用基于中心服务器的连接方式，当框架内的不同电脑通过不同网络进行连接，中心数据服务器将发生问题。而 ROS 的点对点设计，可以分散管理机器人的视觉、听觉、触觉等多种传感器发回的多种数据，减少在实时处理过程中带来的计算压力，以及机器人组网过程中产生的复杂挑战。

（3）ROS 的多语言支持以及跨平台交叉通信。

ROS 用节点（Node）表示可以执行运算任务的进程，不同 Node 之间通过传送事先定义好格式的消息（Message）实现通信，每一个消息都是一个严格的数据结构，应当包括主题（Topic）、服务（Service）、动作（Action）等信息。基于这种模块化的通信机制，开发者可以十分方便地替换、更新系统内的某些模块；也可以用自己编写的节点替换 ROS 的个别模块，非常适用于算法开发。此外，为了支持交叉语言，ROS 利用了简单的、语言无关的接口定义语言去描述模块之间的消息传送。接口定义语言使用了简短的文本去描述每条消息的结构，每种语言的代码产生器能产生类似本种语言目标文件，在消息传递和接收的过程中通过 ROS 自动连续并行的实现。因此，ROS 可以跨平台使用，在不同的计算机、不同的操作系统、不同的编程语言、不同的机器人上大显身手。

（4）ROS 拥有一系列实用的开源工具。

ROS 不是构建一个庞大的开发和运行环境来实现机器人设计中的多种复杂任务，而是为开发者提供了一系列开源工具来编译和运行 ROS 组件。通过这种模块化的设置，可以大大提高人们开发的效率。其中：

rqt_ plot：可对任意语言编写的程序进行可视化处理。我们在进行机器人调试时常用 C 或 C＋＋，而 C＋＋没有简单高效的可视化库，rqt_ plot 可用于实现观测数据的可视化处理，从而实现机器人关键数据的直观性描述；

rqt_ graph：可以绘制出各节点之间的连接状态和正在使用的消息等；

TF：Transform，常用于描述机器人的位姿、相对位置以及坐标变换；

actionlib：提供动作的编程接口，提供动作执行时的查看状态，终止，抢占等一系列功能；

Rviz：3D 图形化模拟环境，可以显示机器人的模型、3D 点云和电影、物体模型、各种文字图标，也可以非常便捷地进行二次开发，例如实现机器人导航等功能，还可以十分方便地实现交互功能；

MoveIt：用于移动机械臂运动规划的模块，通常我们使用 URDF 格式文件导入机器人数据，在 Rviz 中显示三维模型，然后使用 MoveIt 完成机械臂的运动规划；

PCL：开源点云处理库，从 ROS 中发展起来，然后随着使用者群体的不断壮大（例如我们使用 Kinect 采集立体图像信息后，通常要使用 PCL 进行点云处理），为了让非 ROS 用户也能使用，单独分离出来的项目；

Gmapping：机器人开发过程中经常涉及机器人导航功能，Gmapping 的 ROS 节点 slam_ gmapping 提供基于激光的 SLAM（同时定位和创建地图）。依靠移动机器人收集的激光雷达和位姿数据，使用 slam_gmapping 可以创建二维栅格地图；

Navigation Metapackage：移动机器人路径规划模块，一般输入为激光雷达/RGBD－camera 和里程计数据，输出为机器人在二维平面上的速度，从而在二维地图上实现机器人导航。

ROS 的开源工具不仅仅只有以上几种，而且在该技术的发展过程中，现有工具不断完善，新的开源工具不断产生，亟待读者自行使用体会。

（5）ROS 整合了大量优秀的开源机器人技术。

在大家准备亲自设计制作机器人时，总会关注最受用户欢迎的开源机器人技术，例如 ROS、Gazebo、Jasmine、ROP、OpenROV、OpenHand 等，这些开源技术各有特点，有的长于创建机器人的嵌入式应用程序、模拟复杂的室内外机器人测试环境，有的专注于研究机器人组网技术，还有的适用于水下勘探的特种机器人开发，种种优点不一而足，在选择过程中令人眼花缭乱。而 ROS 能在机器人技术爆炸式发展的今天，成为国内外研究者的宠儿，除了前述优点众所周知，ROS 还奉行他山之石可以攻玉，一直致力于将已有的优秀机器人开源项目纳入自己的范畴。许多在机器人领域非常有名的开源项目都在与 ROS 密切整合：

①OpenCV——经典机器视觉开源项目，ROS 提供了 cv_ bridge，可以将 OpenCV 图片与 ROS 图片的格式相互转换；

②Visp——开源视觉伺服项目，已经跟 ROS 实现了完美整合；

③OROCOS——主要侧重于机器人底层控制器的设计，包括用于计算串联机械臂运动学数值解的 KDL、贝叶斯滤波、实时控制等功能；

④Player——优秀的二维仿真平台，可用于平面移动机器人仿真，ROS 借鉴其驱动、运动控制和仿真等功能，该平台也可在 ROS 中直接打开；

⑤OpenRave——在 ROS 推出之前常用来做运动规划，ROS 已经将其中的 ikfast（计算串联机械臂运动学解析解）等功能吸收；

⑥Gazebo——优秀的开源仿真平台，ROS 常用的物理仿真环境，可实现机器人动力学仿真和传感器仿真，也已被 ROS 吸收；

（6）ROS 是一个活跃的机器人开发交流平台。

安卓系统的欣欣向荣得益于它开源、博采众长的特点，因此许多人认为，开源、免费和模块化使 ROS 成为活跃的机器人开发交流平台，这也正是 ROS 最重要的特点。除了 ROS 外，现在还有一些其他的项目可以代替或者部分代替 ROS 的功能，例如：OpenRave 运动规划、V－rep 仿真等。但是这些项目的社区远没有 ROS 的社区活跃。

ROS 的版本会定期更新，主要模块设有专人维护，问答区互动频繁，各 mail lists 也非常活跃、开发者都十分热衷交流分享个人的经验。如果 ROS 的学习者深入到 ROS 社区，是可以从中学到很多东西的。

以上已经讲述了 ROS 是什么的问题，现在论述为什么使用 ROS？

有过工业机器人使用经验的人肯定知道，不同工业机器人的开发系统各不相同，各自的示教、编程方法也不一致（见图 5.39）。一个能够熟练使用 Motoman 的工程师很可能并不会使用 Kuka 机械臂。就算是同种机器人，由于固件版本的更新换代，也可能会造成程序的不兼容，这就大大影响了工业机器人的推广与普及。

对此，ROS 可以用统一方式来封装机器人（URDF 模型 + 机器人驱动），用户只需在 ROS 中编写应用程序，而不用关心机器人的控制方式。如果所有的机器人都采用了这种方式，那么机器人必将得到更加广泛的应用（因为这对系统集成商的要求会降低很多）。

其次，现在越来越多的机器人厂商开始尝试使用 ROS，其中包括占据工业市场最多份额的机器人四大家族——ABB、KUKA、FANUC、安川公司；甚至有如 Rethink 的 Baxter，只能使用 ROS 控制。今天，研究机器人的专家如果不去学习 ROS 的话，以后可能就会陷入不会

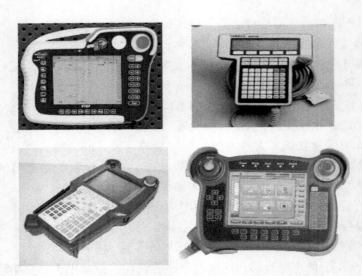

图 5.39 不同机器人配置的示教器

使用机器人的窘境。

下面，再介绍一下如何使用 ROS 的问题。

机器人是一个多学科、多领域、多技术融合的产物，其涉及的专业包括机械设计、电机控制、传感器、轨迹规划、运动学与动力学、运动规划、机器视觉、定位导航、机器学习、高级智能等等，即便是一个高智商的博士研究生也不太可能在短短几年时间内掌握以上所有相关领域的各种知识与技能。

对于一个致力于工业机器人研究的专业人士来说，如果不用 ROS，往往需要花费很长时间来搭建相关的实验系统，从而大大挤压了真正用于发明新知识、探索新技术的时间。例如，一个人要做机器人的运动规划，就必须先把机械臂运动学正逆解、物体识别算法、碰撞检测算法等的研究都完成以后才有可能开始做运动规划。这样就极易耽误时间，失去创新的机遇。其实，对于研究汽车的人来说，并不一定每一个零件都要自己尝试去做，比如造轮子的事就交给专业造轮子的人去做吧，如此效果可能会更好一些。

所以，ROS 可以帮助科研人员快速搭建机器人软件系统，同时其模块化的设计也可以让科研人员十分方便地用自己的算法替换其中的某一模块，让科研人员专注于自己的研究点。

此外，对于那些力图创业或尝试参加比赛的人来说，ROS 有助于快速搭建原型样机。先进行建模仿真、运动分析搭建原理样机，反复修改后再制造实物样机的开发模式广泛应用于制造业等众多领域，在此不再赘述搭建原理样机的重要性和意义。有了原型样机，设计工作就迈出了坚实的第一步，这种涵盖了设计理念、机器外形、传感器配置、运动学与动力学原理、工作方式、工作环境等重要内容的综合展现方式，自然比仅有创意构想或只有设计说明书的展示方式更加生动而具体，更容易打动人。例如，有个四人组成的攻关小组利用 ROS 辅助研究，仅用了不到两个月的时间就完成了超市购物机器人（见图 5.40）的软硬件设计与制作，功能包括避障、防跌、人员跟随、蓝牙校正（跟踪对的人）、手势识别、商品自动计价、自动支付等。

图 5.40　超市购物机器人

ROS 作为新兴的机器人开发平台，其学习过程与时代接轨。网络化、信息更新速度快、学习与讨论并重，不求样样精通首重单点突破，是其主要特点。

根据 ROS 的相关学习者、研究者经验，ROS 的学习流程建议沿基本架构/开发模式→针对性学习自己需要用到的工具→将 ROS 与实际机器人连接起来的研究步骤开展：

①首先了解 ROS 的基本架构和开发方式（WIKI、ROS 官网教程 ROS/Tutorials 的 Beginner Level 以及国内相关站点的优秀文章都很有学习价值）。

②有针对性地学习自己的研究课题相关的部分，ROS 涵盖的内容非常广泛，虽然模块化的工具配置确保研究者可以快速高效的完成自己的原理样机设计，然而泛泛而学，能理解吃透的部分总是有限，因此很多学习者都建议先从自己急需的模块学习开始，由点至面，向外拓展。例如，要进行移动机器人研究的学习者可以去看 Navigation 教程；进行物体识别研究的学习者可以去看 ORK 教程；进行运动规划研究的学习者可以去看 MoveIt 教程；进行机器视觉，需要进行三维建模，特别是用到 Kinect 研究的学习者还需要了解 OpenCV、PCL 等相关工具。

当然实践是最好的老师，如果有实际机器人进行辅助练习效果会更好，如果没有，就用 gazebo 仿真。当教程内容不够清晰易懂时，一定要多练习，查看部分源码，有助于更快地掌握用 ROS 实现一些基本功能，甚至举一反三。

③在完成原理样机的设计后，我们迫不及待地开始尝试将 ROS 与实际机器人连接起来，在此过程中，action（编写机器人驱动 package）和 URDF（机器人描述文件）的教程（或者 ros_ control）都能提供很多有益的思路，当然在具体使用过程中，我们需要根据自己的研究对象，对其中的部分模块进行修改和重新配置。例如某专业人员为 SDA5F 机器人编写了 URDF 文件，并修改了 motoman_ driver 中的 action，使得在 ROS 环境中用 MoveIt 规划控制了双臂机器人运动（见图 5.41）。

解决问题、加强与其他研究者的交流可以在短时间的快速扩展自己的视野，是学习过程中重要的组成部分，建议充分使用问答社区 ROS Answers 与各模块的 Mail Lists，因为初学者遇到的很多基础问题可能前人都遇到过，可以参考前人的解决方法。另外，国内也有许多 ROS 相关论坛、网站、微博等，也有许多非常有价值的资料和交流心得可供参考。

最后，学习者始终要牢记：ROS 只是一个工具，学会用 ROS 做 SLAM 并不能说明学习者能熟练高效地完成 SLAM 设计。对于研究的内容，学习者必须能够沉下心、耐住性去看教

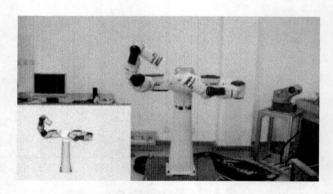

图 5. 41　SDA5F 双臂机器人与其 URDF 模型

材和论文，去理解每种算法背后的原理，知道如何调整算法参数、如何改进算法，最终能够自己编写某部分代码，并替换 ROS 的相应模块。

本章小结与思考

　　工业机器人的控制系统类似于人类的大脑，是工业机器人的指挥中枢，其主要任务是控制工业机器人在工作空间中的运动位置、姿态、轨迹、操作顺序以及动作时间等事项。本章首先简单介绍了机器人控制系统的一般形式和特点，重点讨论了机器人控制中最基本的控制策略问题，对位置控制、力控制、力－位置混合控制方式、示教再现控制方式和智能控制方式进行了具体的阐述与分析，并在此基础上，提出工业机器人控制系统总体的设计方案。接着，分别从控制系统的硬件设计和软件设计两个方面进行了讲述，在硬件设计中，对硬件架构、驱动器电路设计相关的基本概念和主要原理进行了介绍，并对每节重点内容进行了原理上的解释和应用举例说明。最后，在硬件设计的基础上，分别从控制系统软件框架、控制系统软件平台搭建、工业机器人程序设计、数据通信设计等方面详细介绍了软件设计的基本概念、步骤和方法，使学习者能够在系统层面上了解、熟悉并掌握工业机器人的控制技术。

本章习题与训练

　　（1）列举你所知道的工业机器人的控制方式，并简要说明其应用场合。

　　（2）何谓点位控制和连续轨迹控制？举例说明它们在工业上的应用。

　　（3）设计 α、β 分解控制器，并确定位置和速度增益 k_p、k_e，使下列系统处于临界状态，并具有闭环刚度 $k = 20$。

　　① $\tau = 2\ddot{\theta} + 3\dot{\theta} + \theta$；

　　② $f = 5x\dot{x} + 2\ddot{x} - 12$。

　　（4）若用机器人去关闭一扇铰链式的大门，试给出完成此任务的自然约束和人为约束，并作图说明对坐标系 $\{C\}$ 的规定。可以对所述任务作出合理、必需的假设。

　　（5）工业机器人在什么场合要实施位置/力控制？

　　（6）工业机器人控制系统的主要功能是什么？

（7）工业机器人示教方式有哪些？

（8）画出工业机器人关节伺服控制系统的一般结构。

（9）说明工业机器人关节伺服常用的电机种类及特点。

（10）说明工业机器人控制系统的硬件子系统常用结构和特点。

（11）动态控制的基本原理是什么？为什么说它是前馈＋伺服补偿的结合？

（12）说明机器人滑模变结构控制的基本原理。

（13）将一个方形截面的销钉插入一个方孔中，试用简图表示它的约束坐标系，并给定人为约束，说明将方形销钉插入方孔中的控制策略。

（14）完整的 FPGA 设计流程应当包括哪些内容？

（15）设计一个六关节机器人控制系统，各关节均采用交流电机驱动，位置检测采用增量编码器，试确定控制系统的硬件结构框图，并确定人机接口，且说明接口方式。

（16）简述 ROS 机器人操作系统的特点。

第6章
工业机器人传感探测技术

6.1　工业机器人传感器概述

为了使工业机器人更好地完成各项工作任务，需要给工业机器人装备各种感觉系统。由于技术发展与应用上的原因，早期的工业机器人大多并不具备对外界的感觉能力，因而无法代替人工去完成那些必须依靠正确的自我感觉才能完成的工作，这就极大地限制了工业机器人的应用范围。因此，为工业机器人研制和装备各种各样的感觉系统已经成为人们越来越迫切的要求。

传感器是一种检测装置，它能感受到被测量信息，并能将感受到的各种信息按一定规律变换成电信号或其他所需形式信息输出，以满足信息的传输、处理、存储、显示、记录和控制等要求[212]。传感器一般由敏感元件、转换元件、变换电路和辅助电源四部分组成，其组成形式如图6.1所示。

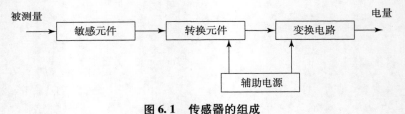

图6.1　传感器的组成

作为工业机器人必不可少的重要组成部分，传感器是机器人感知外部环境的一个重要途径，机器人通过传感器感知外部环境并对外部环境做出人类所期望的反应。传感器是机器人研究中不可或缺的重要课题，需要有类型更多的、性能更好的、功能更强的、集成度更高的传感器来推动工业机器人的发展。

6.2　工业机器人常用传感器

在工业机器人应用领域，需要传感器提供必要的信息，以便工业机器人能够正确执行相关操作。根据检测对象的不同，工业机器人配置的传感器的类型和规格也有所不同。一般来说，工业机器人装备的传感器可以分为两类，一是用于检测工业机器人自身状态的内部传感器，二是用于检测工业机器人相关环境参数的外部传感器。所谓内部传感器就是装在工业机器人身上以测量其自身状态相关信息的功能元件，具体检测对象包括工业机器人的关节线位移、角位移等几何量，速度、角速度、加速度等运动量，以及力、力矩、倾斜角和振动等物理量，这些测量信息将在工业机器人整个控制系统中作为反馈信号使用。所谓外部传感器则主要用于测量与工业机器人作业有关的外部环境因素，通常与工业机器人的目标识别、作业安全等因素有关，可大致分为接触觉传感器、接近觉传感器，以及压觉、滑觉、力觉等传感器。图 6.2 为工业机器人常用传感器的分类示意图[213]。

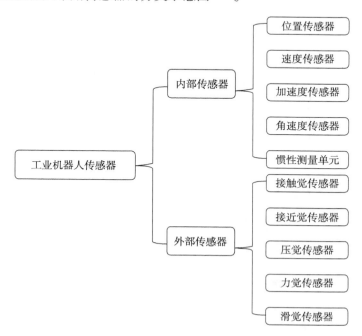

图 6.2　工业机器人常用传感器分类

本章将对工业机器人常用的内部和外部传感器进行详细阐述，并对这些传感器的检测内容、应用目的以及传感特性进行详细分析，且以常见工业机器人系统为依托，进一步阐述工业机器人包含的传感器以及各个传感器的功能和作用[214-215]。

工业机器人常用传感器的特性如表 6.1 所示。

表 6.1　工业机器人常用传感器特性一览表

	检测内容	应用目的	传感器件
接触觉传感器	与对象是否接触	确定对象位置，识别对象形态，控制速度，安全保障，异常停止，寻径	光电传感器、微动开关、薄膜特点、压敏高分子材料
接近觉传感器	对象物是否接近，接近距离，对象面的倾斜	控制位置，寻径，安全保障，异常停止	光传感器、气压传感器、超声波传感器、电涡流传感器、霍尔传感器
压觉传感器	物体的压力、握力、压力分布	控制握力，识别握持物，测量物体弹性	压电元件、导电橡胶、压敏高分子材料

续表

	检测内容	应用目的	传感器件
滑觉传感器	垂直握持面方向物体的位移，重力引起的变形	修正握力，防止打滑，判断物体重量及表面状态	球形接点式、光电旋转传感器、角编码器、振动检测器
力觉传感器	机器人有关部件（如手指）所受外力及转矩	控制手腕移动，伺服控制，正解完成作业	应变片、导电橡胶
运动特性检测传感器	工业机器人有关部件的运动特性	确定工业机器人的运动特性	红外线传感器、超声传感器
陀螺仪	机器人的角速度、角加速度等	确定对象姿态，检测自身内部参数作为反馈信号	光纤、激光、MEMS陀螺仪

6.2.1　接触觉传感器

接触觉传感器是用来判断机器人是否接触物体的测量传感器，可以感知机器人与周围障碍物的接近程度。传感器一般安装于机器人运动部件或末端执行器（如抓手或手爪）上，用以判断机器人部件是否和对象发生了接触。接触觉是通过与对象物体彼此接触而产生的，所以一般使用表面密度分布触觉传感器阵列，这样容易增大接触面积，提高传感器检测的准确度。

接触觉传感器主要有微动开关式、导电橡胶式、含碳海绵式、碳素纤维式、气动复位式等类型[216]。下面就这五种接触觉传感器的工作特点及优缺点进行详细阐述。

（1）微动开关式接触觉传感器。

该传感器主要由弹簧、触点和压杆构成，其原理结构和外部形状分别如图6.3和图6.4所示。压杆接触到外界物体后会向下弯曲变形，压迫按钮向下移动，在弹簧作用下使触点离开基板，造成信号通路断开，从而测到与外界物体的接触。这种常闭式（未接触时一直接通）微动开关式接触觉传感器的优点是结构简单、功能可靠、价格便宜、使用方便，缺点是易产生机械振荡和触点容易氧化。

（2）导电橡胶式接触觉传感器。

该传感器以导电橡胶为敏感元件。当触头接触外界物体受压后，压迫导电橡胶，使其电阻发生改变，从而使流经导电橡胶的电流发生变化。这种传感器的优点是具有柔性，缺点是由于导电橡胶的材料配方存在差异，容易导致这类传感器的漂移和滞后特性也不一致。

（3）含碳海绵式接触觉传感器。

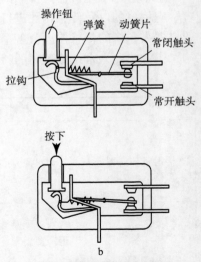

图6.3　微动开关式传感器的原理结构

图 6.4　微动开关式传感器的外部形状

该传感器在基板上装有海绵构成的弹性体，在海绵体中又按阵列布以含碳海绵，其情况如图 6.5 所示。当传感器接触物体受压后，含碳海绵的电阻减小，测量流经含碳海绵电流的大小，就可确定受压程度。这种传感器也可用作压力觉传感器。优点是结构简单、功能可靠、弹性优良、使用方便。缺点是含碳海绵中碳素分布的均匀性会直接影响测量结果，且受压后含碳海绵的恢复能力较差。

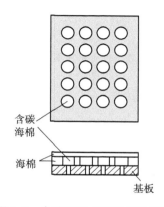

图 6.5　含碳海绵式接触觉传感器

（4）碳素纤维式接触觉传感器。

该传感器的上表层为碳素纤维，下表层为基板，中间装有氨基甲酸酯和金属电极。接触外界物体时碳素纤维受压而与金属电极接触导电，测量电流的大小就可确定受压的程度。碳素纤维式接触觉传感器的优点是柔性好，可装于机械手臂的曲面处；缺点是滞后较大。

（5）气动复位式接触觉传感器。

该传感器具有柔性绝缘表面，受压时产生变形，脱离接触时则由压缩空气作为复位的动力。与外界物体接触时，传感器内部的弹性圆泡（铍铜箔）与下部触点接触而导电，测量该电流的大小就可确定受压的程度。这类传感器的优点是柔性好、可靠性高；缺点是需要压缩空气作为传感器的复位动力源。

6.2.2　接近觉传感器

接近觉传感器是一种可对距离进行测量的传感器，其主要作用是在与测量对象发生接触之前获得必要的信息，用于探测一定范围内是否有物体接近、物体接近的距离和物体表面形状及倾斜程度等信息[217]。

图 6.6 所示为接近觉传感器的主要类型与工作原理。由图可知，接近觉传感器常用非接触式测量元件进行感测，如电磁式接近开关、光学接近传感器和霍尔效应传感器等。以光学接近传感器为例，其工作原理和主体结构如图 6.7 所示。由图可见，光学接近传感器主要由发光二极管、光学透镜和光敏晶体管组成。发光二极管发出的光经过对象物的反射被光敏晶体管接收，光敏晶体管接收到的光强和光学接近传感器与目标的距离有关，其输出信号是距离的函数。为了增强检测结果的稳定性与可靠性，光学接近传感器的红外信号被调制成某一特定频率，可以大大提高其信噪比。

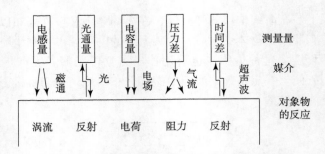

图 6.6　接近觉传感器的主要类型与工作原理

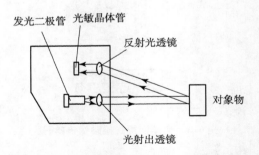

图 6.7　光学接近觉传感器工作原理图

接近觉传感器在工业机器人中主要用于对物体的抓取和躲避障碍物。

6.2.3　压觉传感器

压觉传感器可用来测量工业机器人末端执行器接触外界物体时所受压力和压力分布的情况，它有助于机器人对接触对象几何形状和表面硬度的识别。压觉传感器的敏感元件可由各类压敏材料制成，常用的压敏材料有压敏导电橡胶、由碳纤维烧结而成的丝状碳素纤维片和绳状导电橡胶组成的排列面等，通常用应变片、电位器、光电元件、霍尔元件作位移检测机构。

在工业机器人应用领域，应变片式压觉传感器是最为常用的压觉传感器之一，图 6.8 显示了该传感器的工作原理。图中机械手指由两个工字形钢梁构成，在梁上合适位置贴有应变片，应变片连接成测量桥路，工作可将应变转换为电阻的变化，进而转换为电压量的变化，从而可以测出机械手的夹持力或加在手指上的束缚力。

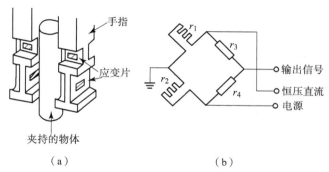

图 6.8 应变片式压觉传感器

（a）传感器；（b）测量桥路

采用电位器工作原理设计的压觉传感器同样是将力的变化转换为电阻的变化，进而根据电压输出的变化情况来确定力的大小。图 6.9 是利用弹簧、电位器、滑动轴承制作而成的压觉传感器。其工作原理为：当平板上存在负载时，平板发生的相应位移会转换为电位器的阻值变化，在弹簧刚性系数给定的情况下，即可根据位移的大小而求出力的大小。

图 6.10 所示为以压敏导电橡胶为基本材料的压觉传感器，由图可知，在导电橡胶上面附有柔性保护层，下部装有玻璃纤维保护环和金属电极。在外部压力作用下，导电橡胶电阻发生变化，使基底电极电流产生相应变化，从而可借此检测出与压力成一定关系的电信号及压力分布情况。通过改变导电橡胶的渗入成分可控制电阻的大小。例如渗入石墨可加大电阻，渗碳、渗镍可减小电阻。通过合理选材和加工可制成高密度分布式压觉传感器。这种传感器可以测量细微的压力分布及其变化。

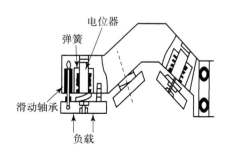

图 6.9 弹簧式压觉传感器

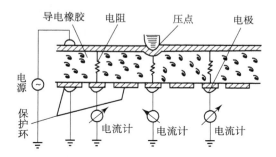

图 6.10 高密度分布式压觉传感器工作原理

6.2.4 滑觉传感器

工业机器人在抓取属性不明的物体时，应能自行确定最佳握紧力。当握紧力不够时，要能够依据传感器及时检测被抓取物体的滑动情况，并利用传感器的实时检测信号，在不损害被抓取物体的前提下，适当增大握紧力，实现可靠的抓取与夹持，而能够实现被抓取物体滑动情况实时检测的传感器称之为滑觉传感器。

如按有无滑动方向检测功能分类，滑觉传感器可分为无方向性、单方向性和全方向性三类。如按实现方式分类，滑觉传感器可分为滚动式、球式、磁力式、测振式等类型。

滚动式滑觉传感器是将被抓取物体表面与传感器滚轮相接触时的滑动转换为滚轮滚动的

一种滑觉传感器。图 6.11 是该类型传感器的典型结构。

在图 6.11（a）中，被抓取物体的滑动引起传感器滚轮转动，用磁铁、静止磁头、光电传感器等进行滚轮转动情况检测[218]。这种传感器的滑动检测方向为滚轮的转动方向，只能检测单方向的滑动。而在图 6.11（b）所示改进型滚动式滑觉传感器中，采用滚球来代替滚轮，可以检测各个方向的滑动情况。由于表面凹凸不平，滚球转动时将拨动与之接触的杠杆，使导电圆盘产生振动，从而传达触点开关状态的信息。图 6.11（c）所示为贝尔格莱德大学研制的机器人专用滑觉传感器。该传感器的主体结构由一个金属球和触针组成，金属球表面分成许多个相间排列的导电和绝缘小格。触针头很细，每次只能触及一格。当被抓取物体滑动时，金属球也随之转动，在触针上输出脉冲信号，脉冲信号的频率反映了滑移速度，而脉冲个数则对应了滑移的距离，由此就可判明被抓取物体滑动的情况。

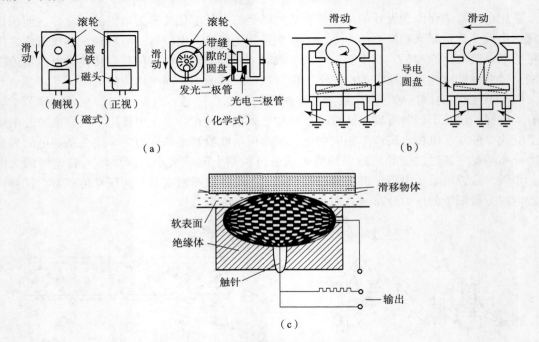

图 6.11　滑觉传感器的典型结构

（a）滚轮式滑觉传感器；（b）凹凸球面式滑觉传感器；（c）贝尔格莱德大学研制的机器人专用滑觉传感器

图 6.12 所示为测振式滑觉传感器，工作时，该传感器表面伸出的钢球能和被抓取物体接触。当被抓取物体发生滑动时，钢球与物体之间的接触会在阻尼橡胶的作用下产生振动，采用压电传感器或磁场线圈结构的微小位移计对这个振动进行检测，就可以了解钢球与物体之间的滑动情况。

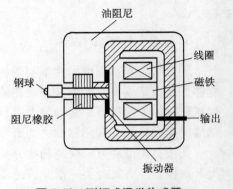

图 6.12　测振式滑觉传感器

6.2.5　力觉传感器

在机器人技术领域，力觉是指对机器人的指、肢和关节等在工作中所受力的感知。所以力觉传感器是用来检测机器人自身与外部环境之间相互作用力的传感器[219]。根据力的检测方式不同，有检测应变或应力的应变片式力觉传感器，也有利用压电效应的压电元件式力觉传感器，还有利用位移计测量负载产生的位移的差动变压器、电容位移计式力觉传感器。其中应变片式力觉传感器被工业机器人广泛采用，在很多场合都能见到其身影。下面介绍电阻应变片式压力传感器的工作原理。该传感器是利用金属拉伸时电阻变大的现象，将应变片粘在物体受力方向上，可根据输出电压检测出电阻的变化。

图 6.13 为两种典型的力觉传感器，6.13（a）是美国 Draper 研究所研制的 Waston 腕力传感器，该传感器具有环形竖梁式结构，其上下两个环由三个片状梁连接起来，三个梁的内侧贴着拉伸 - 压缩应变片，外侧贴着剪切应变片[220]。6.13（b）是 Dr. R. Seiner 公司设计的垂直水平梁式力觉传感器。该传感器在上下法兰之间设计了水平梁和垂直梁，在各个梁上粘贴了相应的应变片，由此构成了力觉传感器。

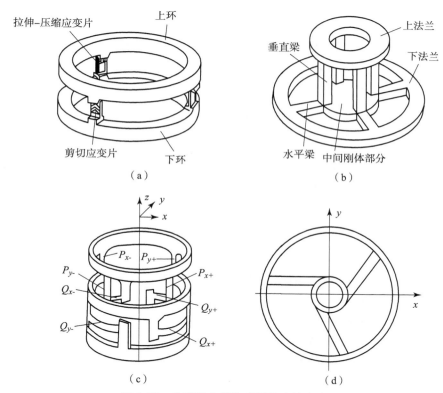

图 6.13　典型的力觉传感器及连接方式
（a）Waston 腕力传感器环形竖梁式结构；（b）垂直水平梁式力觉传感器；
（c）SRI 传感器应变片连接方式；（d）非径向中心对称三梁腕力传感器

图 6.13（c）所示为 SRI（Stanford Research Institute）研制的六维腕力传感器，它由一支直径为 75mm 的铝管切削而成，具有 8 个窄长的弹性梁，每个梁的颈部只传递力，扭矩作用很小。梁的另一头贴有应变片。图中从 P_{x+} 到 Q_{y-} 代表了 8 根应变梁的变形信号输出。该传感器为直接输出型力传感器，不需要再做运算，并能进行温度自动补偿。其主要缺点是各维之间存在耦合，且弹性梁的加工难度较大、刚性较差。图 6.13（d）为非径向中心对称三梁腕力传感器，传感器的内圈和外圈分别固定于机器人的手臂和手爪，力沿与内圈相切的三

根梁进行传递。每根梁上下、左右各贴一对应变片，三根梁上共有6对应变片，分别组成六组半桥，对这6组电桥信号进行解耦即可得到六维力的精确解。

6.2.6　运动特性检测传感器

物体的运动特性一般包含速度、加速度、倾角等物理量，其中加速度尤为重要。一般在工业机器人中常把加速度检测与控制用于反馈环节。比如为抑制振动，有时在机器人的各个构件上安装加速度传感器以测量振动加速度，并把它反馈到构件底部的驱动器上，以改善机器人的综合性能。

加速度计是测量运载体线加速度的仪表。它是由检测质量（也称敏感质量）、支承、电位器、弹簧、阻尼器和壳体组成。加速度计本质上是一个单自由度的振荡系统，须采用阻尼器来改善系统的动态品质[221]。

图6.14所示为采用悬臂梁结构的加速度传感器，当由一端固定、一端链接质量片的悬臂梁为主体构成的加速度传感器向上运动时，作用在质量片上的惯性力将导致梁支持部分的位移和梁内部应力的产生。梁支持部位的位移可通过图6.14（a）中的上下电极之间间隙长度的变化或内部应力的变化而被检测出来。由于半导体微加工技术的发展，已经能够通过硅的蚀刻来制作小型加速度传感器了。

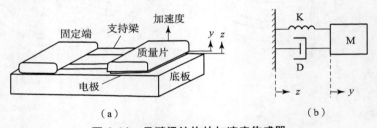

（a）　　　　　　　　　　　　　　　　（b）

图6.14　悬臂梁结构的加速度传感器

（a）传感器结构图；（b）传感器原理图

图6.15展示了两种典型的三轴加速度计，其中6.15（a）所示为CS-3LAS-02三轴加速度计，这款加速度计重量为150g，且其工作温度为-40℃~+70℃，零偏温漂小于0.01g，所以其温度适应性较好。图6.15（b）为K-Shear型加速度计，其特点为体积小、重量轻（只有11g），因而特别适合在小型和轻型结构上应用。同时也适用于电子仪器的跌落试验。K-Shear型加速度计的特点是分辨率较高（1mg），适合在要求高分辨率的测量中使用。

（a）　　　　　　　　　　　　　　　　（b）

图6.15　两种典型的三轴加速度计

（a）CS-3LAS-02三轴加速度计；（b）K-Shear三轴加速度计

6.2.7　陀螺仪

陀螺仪是一种用来感测与维持方向的装置，它是基于角动量不灭的理论设计出来的。陀螺仪主要由一个位于轴心可以旋转的轮子构成。陀螺仪一旦开始旋转，由于轮子角动量的作用，陀螺仪有抗拒方向改变的趋向。陀螺仪多用于导航、定位等系统[222]。

陀螺仪可以检测随物体转动而产生的角速度，因此它可以用于移动机器人的姿态，以及转轴不固定的转动物体的角速度检测。陀螺仪大体上可分为速率陀螺仪、位移陀螺仪、方向陀螺仪等几种，在机器人领域中大多使用速率陀螺仪。根据陀螺仪具体检测方法的不同，又可将其分为振动型、光学型、机械转动型陀螺仪。

（1）振动陀螺仪。

振动陀螺仪通常是用其音叉端部的振动质量被基座带动旋转时产生的哥氏效应来测量角速度的，其基本结构如图 6.16 （a） 所示，音叉两端的质量各为 $m/2$，设某瞬间二者的相向速度为 v，距离中心轴线的瞬时距离为 s，且基座绕中心轴以 ω 旋转[223]。

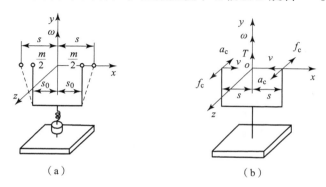

图 6.16　陀螺仪的音叉振动模型

（a）陀螺仪音叉振动模型；（b）力学分析

质量为 $m/2$ 且同时具有速度 v 和角速度 ω 的质点相对于惯性参考系运动时所产生的惯性力就是哥氏力 f_c，如图 6.16 （b） 所示，该惯性力作用在对应于物体的两个运动方向的垂直方向上，其方向即为哥氏加速度 a_c 的方向。哥氏力 f_c 的大小可表达为：

$$f_c = \frac{m}{2} a_c = \frac{m}{2} \cdot 2\omega \cdot v = m\omega \cdot v \qquad (6-1)$$

（2）光纤陀螺仪。

各种类型的光纤陀螺仪其基本原理都是利用 Sagnac 效应，只是各自采用的位相或频率解调方式不同，或是对光纤陀螺仪的噪声补偿方法不同而已[224]。

如图 6.17 所示，在环状光通路中，来自光源的光经过光束分离器被分成两束，在同一个环状光路中，一束向左转动，另一束向右转动进行传播。这时，如果系统整体相对于惯性空间以角速度 ω 转动，显然光束沿环状光路左转一圈花费的时间和右转一圈花费的时间是不同的，这就是所谓的 Sagnac 效应。

通过图 6.17 可确定光传输的光程差为：

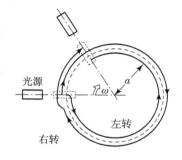

图 6.17　Sagnac 效应示意图

$$\Delta L = \frac{4S\omega}{\lambda l} \qquad\qquad (6-2)$$

式中，S 为光路包围的面积；λ 为光的波长；l 为光路长度。

根据 Sagnac 效应，当一环形光路在惯性空间绕垂直于光路平面的轴转动时，光路内相向传播的两列光波之间，因光波的惯性运动而产生光程差，从而导致两束相关光波的干涉。通过对干涉光强信号的检测和解调，即可确定旋转角速度。

光纤陀螺仪具有很高的精度和灵敏度，比较先进的光纤陀螺仪其精度已经达到 0.01°/h。

（3）MEMS 陀螺仪。

工业机器人采用的陀螺仪通常是 MEMS（微机电）陀螺仪，其精度并不如光纤陀螺仪和激光陀螺仪，需要参考其他传感器的数据才能实现其功能。但它具有体积小、功耗低、易于数字化和智能化等优点，特别是成本低，易于批量生产，所以在工业机器人领域获得广泛应用[225]。如图 6.18 所示，MPU-6050 是一个整合了 3 轴加速度计和 3 轴陀螺仪的 6 轴传感器，它极大地消除了加速度轴和陀螺仪轴之间的耦合关系，也极大地减小了器件的封装空间。其角速度全格感测范围为 ±250、±500、±1 000 与 ±2 000/s（dps）。图 6.19 表明了该传感器的坐标系设置情况。

图 6.18　MPU-6050 姿态传感器

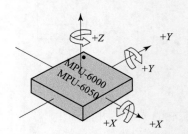

图 6.19　MPU-6050 传感器坐标系

6.2.8　视觉传感器

科学家的研究成果表明，在人类对外界的全部感知信息中，约有 80% 是经由视觉系统获得的。视觉传感器在工业机器人领域中的应用也相当广泛。人们常用各种摄像头来获取视觉信息，而工业机器人中常用的视觉传感器，可以分为二维视觉传感器和三维视觉传感器。

二维视觉传感器分类较为简单，通常为单目摄像头系统，根据感光元器件的不同可分为 CCD 视觉传感器、CMOS 视觉传感器和红外传感器等。二维视觉传感器在工业机器人应用广泛，例如，管道机器人传感器子系统中就多采用单目摄像头来探察管道内的情况，并结合其他传感器对整个管道进行探测。摄像头主要由镜头、CCD 图像传感器、预中放、AGC、A/D、同步信号发生器、CCD 驱动器、图像信号形成电路、D/A 转换电路和电源电路等构成。

单目摄像头的工作原理如图 6.20 所示，由图可知，被摄物体反射的光线传到镜头，经镜头聚焦到 CCD（或 CMOS）芯片上，CCD（或 CMOS）根据光的强弱积聚相应的电荷，经周期性放电产生表示一幅幅画面的电信号，经过预中放电路放大、AGC 自动增益控制，由于图像处理芯片处理的是数字信号，所以经模数转换到图像数字信号处理 IC（DSP）[226]。同步信号发生器主要产生同步时钟信号（由晶体振荡电路来完成），即产生垂直和水平的扫描驱动信号，再传到图像处理 IC，然后经数模转换电路通过输出端子输出一个标准的复合视频信号。

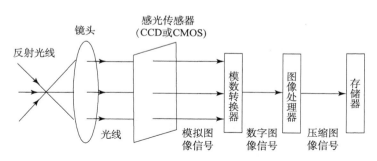

图 6.20 单目摄像头的工作原理

随着现代工业生产制造加工工艺的不断进步，产品加工过程的智能化和自动化程度进一步提高。自动化生产线上的产品在进入每一道工序前，都需要对产品进行基于视觉图像的检测。目前在一些工业生产领域，基于图像二维视觉检测技术已初步应用在生产线上产品的视觉检测和自动监控过程中，但二维视觉检测只能对产品的相对位置、形态、产品标记等二维投影特征进行判别和检测，是单视点投影视觉检测，无法对产品的三维特征和表面参数进行高精度的测量和三维形态识别，因此二维视觉检测技术还远远不能满足现代工业生产发展过程中数字制造与智能制造和检测的需要。

用于三维重建的非接触测量技术成为产品数字化制造及自动化加工过程的迫切需要。根据成像原理，三维视觉传感器的分类如图 6.21 所示：

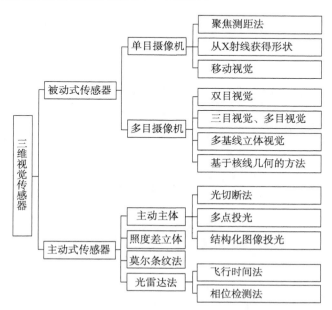

图 6.21 三维视觉传感器分类

三维立体视觉传感器一般用于测量环境的三维信息，不仅能获取被测对象的物体信息，还能获取其尺度信息与深度信息。如图 6.22 所示，若已知两个摄像头的相对关系，基于三角测量原理可以计算出对象物体 P 的三维位置[227]。

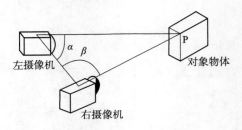

图 6.22　立体视觉原理

图 6.23 所示的 Bumblebee 双目摄像头是一款用于快速构建双目视频和双目图像及其重建研究的立体视觉组件，在工业机器人中经常使用。它由成像模块、机械防水外壳、采集控制模块组成。利用双目立体匹配计算，可实时得到场景深度信息和三维模型。该视觉传感器出厂时即做好相机及镜头的参数校正，适用于户内外各种环境下的双目立体视频研究。

图 6.23　Bumblebee 双目摄像头及其内部构造

图 6.24 所示为双目视觉成像图，其中上半部分为左右两个摄像头的视差图，匹配左右两幅图像并根据三角测量原理得出深度图，深度图用灰度图表示，其中右下角是经过优化之后的深度输出图，可见双目视觉传感器对物体轮廓的描述以及对景物深度的表述还比较精确。

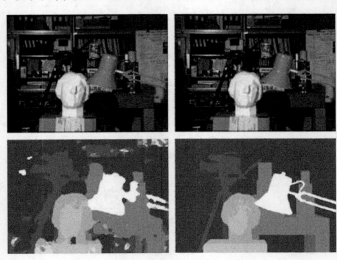

图 6.24　双目视觉成像图

由于工业机器人对视觉传感器系统的检测速度、检测精度等有着较为严格的要求，因此提供高性能工业视觉传感器的厂家并不多，主流品牌有 SICK、康耐视、倍加福、西门子、欧姆龙、Banner、SENSOPART 等，其中诸如图 6.25（a）SICK Inspector 系列和图 6.25（b）康耐视 Checker 系列都是深受市场喜爱的工业视觉传感器产品。

 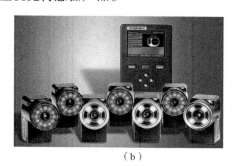

（a）　　　　　　　　　　　　　　　　　（b）

图 6.25　两种常见的工业视觉传感器

（a）SICK Inspector 系列；（b）康耐视 Checker 系列

6.3　工业机器人典型传感器系统

6.3.1　机器人手爪传感系统

工业机器人的手爪是机器人执行精巧和复杂任务的重要部分。为了能够在存有不确定性的环境中进行灵巧、复杂、准确的操作，机器人手爪必须具有很强的环境信息感知能力，以实现快速、准确、柔顺地触摸、抓取、操作工件或装配工件。要具备所需感知能力，工业机器人就必须装备多传感器系统[228]。

中国科学院合肥智能机械研究所研制的 EMR 机器人手爪由夹持机构和感觉系统两大部分组成。夹持机构是实现手爪开合功能的单自由度执行机构，主要设计参数为运动范围、开合速度、夹持力和定位精度。夹持机构的控制器为机器人控制系统的组成部分之一。感觉系统以感知与手爪有关的各种外部和内部信息为目的，以手爪内部的力觉、接近觉、触觉、位移、滑觉和温度传感器为基础，同时结合机器人状态信息，为工业机器人准确可靠的移动和抓取工件提供反馈信息，图 6.26 所示为 EMR 手爪传感系统。下面具体介绍该传感系统的主要部件。

（1）力觉传感器。

EMR 机器人手爪的每根手指都有 4 个夹持面（应变梁），在每个夹持面上安装着 1 个夹持力传感器，它们能够检测沿夹持面法线方向传递的接触力。EMR 机器人手爪上的一体化指力传感器按结构和用途可分为 V 形指力觉传感器和平行指力觉传感器。V 形指构成一个抱紧式夹持机构，用于夹持工字形桁架或抓取单元。应变片贴在 V 形指的旋臂梁上，检测作用于梁上的正压力，分辨率为 5%，检测范围为 60kg。手爪中部设置着两个平行相对的指力传感器，在每个指面的弹性体上粘贴应变片，测量作用于面上的正压力，测量范围为 15kg，为夹持较小物体提供力反馈信息。同时，为了安全操作起见，每个指面装有特定形状的垫板，可适应被夹持件的表面形状。

图 6.26　EMR 机器人手爪传感系统

（2）接近觉传感器。

EMR 机器人手爪每根手指根部的 4 个水平面（V 形指上表面的梁平面）和指尖的两个平面上各安装一个光电接近觉传感器。手指根部的接近觉传感器用于检测夹持面是否与其他物体接触；指尖的接近觉传感器用于检测指面和被抓物体上表面的相对距离，进行手爪位置调整，防止在抓取物体时与被抓物体发生碰撞。光电接近觉传感器的测量范围为 10mm，此时对应的分辨率为 1mm；测量范围在 5mm 时，其分辨率可达 0.5mm。

（3）位移传感器。

EMR 机器人手爪的位移传感器采用增量式码盘原理，驱动电机的传动齿轮作为光调制器，用于检测两个手指面间的开合距离，为手爪控制器提供反馈信息，测量范围为 86mm，分辨率为 1mm。由于 EMR 机器人的工作环境固定，操作对象的几何尺寸和工作位置已知，手指在开合方向上的位移信息与接近觉传感器和力觉传感器的感知信息融合，可提供更高的安全性和容错性。机器人手爪在抓紧状态下，其位移传感器可以测出被抓取物体在夹持方向上的尺寸，为感觉系统判断被抓物体的定位情况提供帮助。

图 6.27 所示为哈尔滨工业大学研制的 HIT 智能手爪系统，它基于模块化设计思想进行结构安排，主要由机械部分和控制电路部分组成。其机械部分由平行双指末端执行器模块、带有自动锁紧机构的被动柔顺 RCC 模块、指尖短距离激光测距传感器模块、激光扫描/测距传感器模块、触/滑觉传感器模块等构成。整个手爪本体高 210mm，最大外径为 132mm，质量小于 25kg。多传感器手爪控制系统采用主从式总线型多处理器网络体系架构，由指尖短距离激光测距传感器信号处理模块、激光扫描/测距传感器信号处理模块、触/滑觉传感器信号处理模块、6 维力/力矩传感器信号处理模块、平行双指末端执行器驱动模块、RCC 锁紧机构驱动模块、总线管理器模块等构成。

2002 年开始，哈尔滨工业大学与德国宇航中心合作，力求在 DLR－Ⅱ型灵巧手的基础上研制新型灵巧手，终于在 2007 年研制出如图 6.28 所示的新一代机器人灵巧手 HIT/DLR。

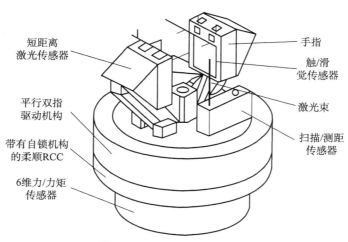

图 6.27　HIT 智能手爪系统

该灵巧手装置着多个传感器，并进行了传感器的高度集成和传感器信息的高度融合[229]。HIT/DLR 有 4 个相同结构的手指，共有 13 个自由度，机械零件达 600 多个，表面粘贴的电子元器件达 1 600 多个，手的尺寸略大于人手，整体质量为 16kg，小于国内外同类机器人灵巧手。该灵巧手的手指结构与人手结构相同，每个手指有 4 个关节，由 3 个电机驱动，每个手指能提起 1kg 的重物。为了分别进行精确抓取和强力抓取，拇指还有一个旋转关节，能够实现基于数据手套的远程遥控作业。

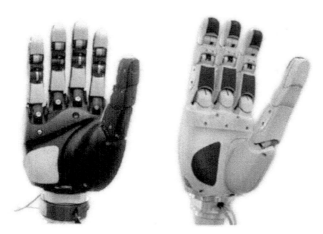

图 6.28　HIT/DLR 机器人灵巧手

多传感器配备是 HIT/DLR 的显著特点之一，它一共装有 94 个传感器，能够感知各个手指的位置、姿态[230]。该灵巧手的每个手指自成模块，集机械本体、传感器、驱动器以及各类电路板于一体，可通过 4 个螺钉与手掌部分实现机械连接，也可通过 8 个弹簧插针与本体实现电气连接，并且采用了快速连接器，实现了灵巧手与机械臂的快速、可靠连接。它还采用现场可编程门阵列（Field Programmable Gate Arrays，FPGA），实现了灵巧手与控制器之间的信息传递，包括传感信息的采集、控制信号的发送等。该灵巧手手指的运动情况利用非接触角度传感器检测，分辨率可达 0.5°，手指还配置了 2 维力矩传感器、中指关节力矩传感器、6 维指尖力/力矩传感器以及温度传感器。所有传感器数据经 12 位 A/D 转换器，通过手指控制板 FPGA 的 SPI 端口采集，且具有高速串行通信功能。此外，它还突破了以往 DLR Hand Ⅱ型灵巧手受到驱动器、机械结构等方面的限制，实用功能大大增强。

2007 年，北京航空航天大学机器人研究所研制出 BH-3 灵巧手。该灵巧手采用 3 指 9 自由度设计方案，其外形如图 6.29 所示。它采用瑞士 Maxon 微型直流电机驱动，9 个电机全部置于手掌，大大缩短了钢丝绳的传动路线，使灵巧手的体积显著减小。在该灵巧手的手臂集成系统中分布了视觉、力觉、接近觉和位置等多种传感器，其中 2 套 CCD 摄像头分别提供臂和手运动空间的定位信息，与工业机器人 PUMA560 相同配置的 6 维腕力传感器和 3 维指端力传感器为手提供力感知功能，9 个指关节转角电位计为手

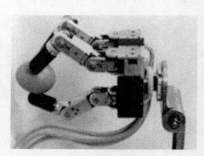

图 6.29　BH-3 灵巧手

提供抓持空间位置信息，3 个指端光纤接近觉传感器则为手提供防碰功能信息。BH-3 灵巧手的控制系统设计遵循了模块化思想，综合考虑系统的可靠性、实时性、灵活性、可扩展性以及经济性等因素。系统采用两级多 CPU 集散控制结构，上层由一个 CPU 实现集中控制，完成规划协调任务。下层由多个 CPU 实现分散控制，每个 CPU 完成一个相对简单的单一任务，各 CPU 在上层 CPU 的统一协调下共同完成系统的整体任务。

图 6.30 所示为 BH-3 灵巧手控制系统的原理框图。上层由一台 PC 机构成，是系统的主控级，主要完成以下任务：

①用户与系统的交互接口；

②任务规划；

③抓持规划和轨迹规划，包括抓持点选择、接触力计算、坐标变换、任务空间和关节空间的实时插补等；

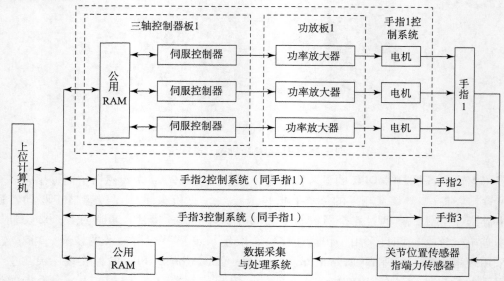

图 6.30　BH-3 灵巧手控制系统原理框图

④高级控制算法，包括神经网络控制、模糊控制、力/位混合控制及参考时间可控的多指协调控制等控制方法；

⑤与下位 CPU 通信与协调，包括给各伺服控制器发送指令和从数据采集系统接收信息；

⑥在臂 – 手协调系统中与操作臂进行协调。

6.3.2　装配机器人传感系统

装配作业在现代工业生产中占有十分重要的地位。统计资料表明，装配作业占产品生产劳动量的 50% ~60%，在有些行业这一比例甚至会更高[231]。例如，在电子厂的芯片装配、电路板生产中，装配工作占劳动量的 70% ~80%。近年来，由于机器人的触觉和视觉技术不断改善，可以把轴类零件投放于孔内的准确度提高到 0.01mm 之内，所以目前很多企业已逐步开始使用机器人装配复杂部件，例如装配发动机、电动机、大规模集成电路板等。图 6.31 所示为 FANUC 公司出产的一款用于装配作业的工业机器人。

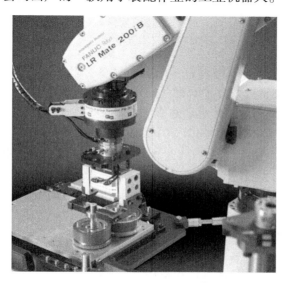

图 6.31　FANUC 生产的装配机器人

带有传感器的装配机器人可以更好地从事那些需要柔顺操作的装配作业。在装配机器人中经常使用的传感器有视觉传感器、触觉传感器、接近觉传感器和力传感器。视觉传感器主要用于零件或工件的位置补偿、零件的判别和确认。触觉和接近觉传感器一般固定在机器人手爪指端，用来补偿零件或工件的位置误差，或用来防止碰撞。力传感器一般装在机器人的腕部，用来检测腕部的受力情况，一般在精密装配或去飞边、毛刺这类需要进行力控制的作业中使用。科学合理地配置传感器能有效降低机器人的价格，改善机器人的性能，提升其在工业生产中的应用效果。下面围绕上述传感器进行详细介绍。

（1）位姿传感器。

在装配机器人中经常使用的位姿传感器主要包括远程中心柔顺（RCC）装置和主动柔顺装置。RCC 装置是机器人腕关节和末端执行器之间的辅助装置，其作用是使机器人末端执行器在需要的方向上增加局部柔顺性，而不会影响其他方向的精度；主动柔顺装置根据传感器反馈的信息对机器人末端执行器或工作台进行调整，补偿装配件间的位置偏差。

图 6.32 所示为 RCC 装置的原理图[232]。由图可知，RCC 装置由两块金属板组成，其中剪切柱在提供横侧向柔顺度的同时，将保持轴向的刚度。实际上，一种装置只能在横侧向和轴向或只能在弯曲和翘起方向提供一定的刚性（或柔性），具体则必须根据需要来选择。每种装置都有一个给定的中心到中心的距离，此距离决定远程柔顺中心相对柔顺装置中心的位置。因此，如果有多个零件或许多操作需有多个 RCC 装置，就要分别选择。

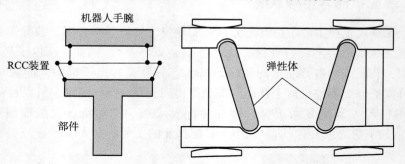

图 6.32　RCC 装置的原理

从实质上看，RCC 装置是一种具有多个自由度的弹性部件，常用于机械手夹持器，通过选择和改变弹性体的刚度可获得不同程度的适从性。RCC 部件间的失调会引起转矩和力，通过 RCC 装置中不同类型的位移传感器可获得跟这些转矩和力成比例的电信号，使用该信号作为力或力矩反馈的 RCC 称为 IRCC（Instrument Remote Control Centre）。Barry Wright 公司出产的 6 轴 IRCC 可提供跟 3 个力和 3 个力矩成比例的电信号处理电路，该电路内部有微处理器、低通滤波器以及 12 位数模转换器，可以输出数字和模拟信号。

主动柔顺装置根据传感方式的不同可分为基于力传感器的柔顺装置、基于视觉传感器的柔顺装置和基于接近觉传感器的柔顺装置。下面予以具体说明：

①基于力传感器的柔顺装置。

使用力传感器的柔顺装置其目的一是为了有效控制力的变化范围，二是为了通过力传感器反馈信息来感知位置信息，以便进行位置控制。就安装部位而言，力传感器可分为关节力传感器、腕力传感器和指力传感器。关节力/力矩传感器使用应变片进行力反馈，由于力反馈是直接加在被控制关节上，且所有的硬件用模拟电路实现，避开了复杂的计算过程，响应速度明显加快。腕力传感器安装于机器人与末端执行器的连接处，它能够获得机器人实际操作时的大部分力信息，精度高，可靠性好，使用十分方便。常用的腕力传感器其结构包括十字梁式、轴架式和非径向三梁式，其中十字梁结构应用最为广泛。指力传感器一般通过应变片测量而产生多维力信号，常用于小范围作业，精度高，可靠性好，但多指协调比较复杂。

②基于视觉传感器的柔顺装置。

基于视觉传感器的主动适从位置调整方法是通过建立以注视点为中心的相对坐标系，对装配件之间的相对位置关系进行测量，其测量结果具有相对的稳定性，测量精度与摄像机的位置相关。在进行螺纹装配的场合，可采用力觉传感器和视觉传感器采集的信息建立一个虚拟的内部模型，该模型根据环境的变化对规划的机器人运动轨迹进行修正；在进行轴孔装配的场合，采用二维 PSD 传感器来实时检测孔的中心位置及其所在平面的倾斜角度，PSD 上的成像中心即为检测孔的中心。当孔倾斜时，PSD 上所成的像为椭圆，通过与正常没有倾斜的孔所成图像的比较就可获得被检测孔所在平面的倾斜度。

③基于接近觉传感器的柔顺装置。

装配作业需要检测机器人末端执行器在环境中的位姿，多采用光电接近觉传感器来采集相关信息。光电接近觉传感器具有测量速度快、抗干扰能力强、测量点小和使用范围广等优点。但用一个光电传感器不能同时测量距离和方位的信息，往往需要采用两个以上的传感器来完成机器人装配作业时的位姿检测任务。

（2）柔顺腕力传感器。

装配机器人在作业时经常会与周围环境发生接触，在接触过程中往往存在力和速度的不连续问题。腕力传感器安装在机器人手臂和末端执行器之间，离力的作用点更为接近，受其他附加因素的影响较小，可以准确地检测末端执行器所受外力/力矩的大小和方向，为机器人提供力感知信息，从而有效提升机器人的作业能力。

除了在前面介绍的应变片 6 维筒式腕力传感器和十字梁腕力传感器外，在装配机器人中还大量使用柔顺腕力传感器。柔性手腕能在机器人的末端操作器与环境接触时产生变形，吸收机器人的定位误差[233]。柔性腕力传感器将柔性手腕与腕力传感器有机地结合在一起，不但可以为机器人提供力/力矩信息，而且本身又是一种柔顺机构，可以产生被动柔顺，吸收机器人产生的定位误差，保护机器人本体、末端操作器和作业对象，提高机器人的作业能力。

柔性腕力传感器一般由固定体、移动体和连接二者的弹性体组成。固定体和机器人的手腕相连，移动体和末端执行器相连，弹性体是一种采用矩形截面的弹簧，其柔顺功能就是由这种能产生弹性变形的弹簧完成。柔性腕力传感器利用测量弹性体在力/力矩作用下产生的变形量来计算力/力矩。

（3）工件识别传感器。

一般而言，工件识别（测量）的方法有接触识别、采样测量、邻近探测、距离测量、机械视觉识别等。

①接触识别。在一点或几点上通过接触以测量力，借以识别工件。这种识别方法的精度一般不高。

②采样测量。在一定范围内连续测量，比如测量某一目标的位置、方向和形状。在装配过程中的力和扭矩的测量都可以采用这种方法，这些物理量的测量对于装配过程非常重要。

③邻近探测。邻近探测属于非接触测量，测量附近范围内是否有目标存在。一般安装在机器人夹钳的内侧，探测被抓取目标是否存在以及其方向、位置是否正确。测量器件可以是气动的、声学的、电磁的或光学的。

④距离测量。距离测量也属于非接触测量。测量某一目标到某一基准点的距离。例如，一只在机器人夹钳内侧安装的超声波传感器就可以进行这种测量。

⑤机械视觉识别。机械视觉识别方法可以测量某一目标相对于一基准点的方向和距离。

图 6.33 所示为机械视觉识别的原理与过程，其中图（a）所示为使用探针矩阵对工件进行粗略识别，图（b）所示为使用直线性测量传感器对工件进行边缘轮廓识别，图（c）所示为使用点传感技术对工件进行特定形状识别。

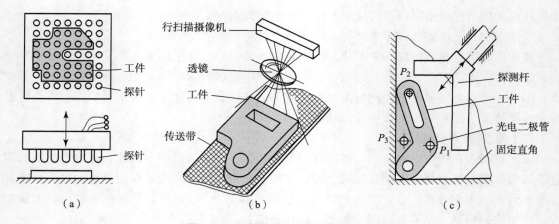

图 6. 33　机械视觉识别的原理与过程

（a）粗略识别；（b）边缘轮廓识别；（c）特定形状识别

（4）视觉传感器。

装配过程中，机器人使用视觉传感系统可以解决零件的平面测量、字符识别（文字、条码、符号等）、完善性检测、表面检测（裂纹、刻痕、纹理）和三维测量。与人的视觉系统相类似，机器人的视觉系统是通过图像传感器和距离测定器来获取环境对象的图像、颜色和距离等信息，然后传递给图像处理器，利用计算机从二维图像中理解和构造出三维世界的真实模型[234]。图 6.34 表明了机器人视觉传感系统的工作原理。其中，摄像机获取环境对象的图像信息，经 A/D 转换器转换成数字量，从而变成数字化图形。通常一幅图像划分为 512×512（像素）或者 256×256（像素），各像素点的亮度用 8 位二进制表示，即可表示 256 个灰度。图像输入以后进行各种处理、识别以及理解，另外通过距离测定器采集距离信息，经过计算机处理得到物体的空间位置和方位；通过彩色滤光片再得到颜色信息。上述信息经图像处理器进行处理，提取特征，处理的结果再输出到机器人，以控制它进行相关动作。另外，作为机器人的眼睛不但要对所得到的图像进行静止处理，而且要积极地扩大视野，根据所观察对象的具体情况，改变其"眼睛"的焦距和光圈。因此，机器人的视觉系统还应具有调节焦距、光圈、放大倍数和摄像机角度的装置。

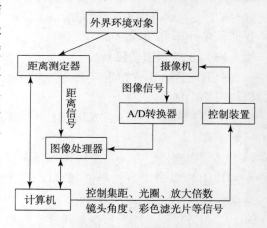

图 6. 34　机器人视觉传感系统的工作流程

在现代化自动生产线上，被装配工件的位置时刻在运动，属于环境不确定的情况。机器人进行工件抓取或装配时采用力和位置的混合控制难以奏效，这时可采用位置、力反馈和视觉融合的多传感器混合控制来进行工件的抓取或装配作业。多传感器信息融合装配系统由末端执行器、CCD 视觉传感器和超声波传感器、柔顺腕力传感器，以及相应的信号处理单元等构成[235]。其中，CCD 视觉传感器安装在机器人末端执行器上，构成手眼视觉传感系统；超声波传感器的接收和发送探头也固定在机器人末端执行器上，由 CCD 视觉传感器获取待识别和抓取物体的二维图像，并引导超声波传感器获取深度信息；柔顺腕力传感器安装在机器人的腕部。多传感器信息融合装配系统的结构和流程如图 6.35 所示。

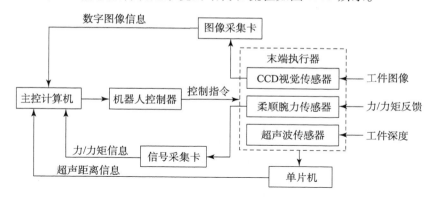

图 6.35　多传感器信息融合装配系统结构与流程图

6.3.3　弧焊机器人传感系统

在焊接机器人家族中，弧焊机器人所占份额较大，其应用范围也较广，除汽车制造行业以外，在通用机械制造、金属结构加工等许多行业中都能大显身手。弧焊机器人应是包括各种焊接附属装置在内的焊接系统，而不只是以规划的速度和姿态携带焊枪移动的单机。图 6.36 所示为弧焊系统的基本组成[236]。

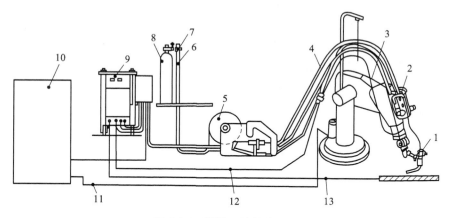

图 6.36　焊接系统基本组成

1—焊枪；2—送丝电动机；3—弧焊机器人；4—柔性导管；5—焊丝轮；6—气路；7—气体流量计；
8—气瓶；9—焊接电源；10—机器人控制柜；11—控制/动力电缆；12—焊接电缆；13—工作电缆

在弧焊作业中，要求焊枪跟踪焊件的焊道运动，并不断填充金属形成焊缝。因此，运动过程中速度的稳定性和轨迹的精确性是两项重要的考核指标。一般情况下，焊接速度为 5～50mm/s，轨迹精度为±（0.2～0.5）mm。由于焊枪姿态对焊缝质量也有一定的影响，因此希望在跟踪焊道的同时，焊枪姿态的调整范围尽量大一些[237]。此外，弧焊机器人还应具有抖动功能、坡口填充功能、焊接异常（如断弧、工件熔化等）检测功能、焊接传感器（起始点检测、焊道跟踪等）接口功能。作业时为了得到优质的焊缝，操作人员往往需要在动作的示教以及焊接条件（电流、电压、速度）的设定上花费大量的劳力和时间。

根据上述内容可以归纳出弧焊机器人在完成焊接作业时需要满足的条件如下：

①弧焊机器人实际焊接过程中，电流、电压实时显示并可通过示教盒进行微量调整；

②为防止弧焊机器人因意外碰撞受损，其上应装有防碰撞传感器和急停开关；

③弧焊机器人能对末端焊接速度和加速度进行控制；

④弧焊机器人能获取末端姿态并能对焊道进行识别与跟踪。

弧焊机器人需要通过加装多个传感器来保证以上几个条件，表6.2为弧焊机器人所用传感器特征比较一览表。

表6.2　弧焊机器人传感器特征比较一览表

传感器类型	检测的抽象特征	功能
接触觉	接头坐标	轨迹移动
弧信号	接头坐标	焊缝跟踪
电感	接头坐标	焊缝跟踪
加速度	速度，加速度	加速度、速度检测
视觉	熔池表面形状焊丝情况	焊缝跟踪、熔透控制

用于焊缝跟踪的接触式传感器主要是依靠在坡口中滚动或滑动的触指将焊枪与焊缝之间的位置偏差反映到检测器内，并利用检测器内装的微动开关判断偏差的极性[238]。目前，判断位置偏差的极性和大小的接触式检测器主要有激光式、电位计式、电磁式和光电式等几种。而用于焊缝跟踪的非接触式传感器种类很多，主要有电磁传感器、光电传感器、超声波传感器、红外传感器及CCD视觉传感器等，它们各有优缺点，其中光电、超声、红外都是基于激光三角测量原理，两者特点的详细对比如表6.3所示。

表6.3　激光焊缝跟踪传感器和被动视觉传感器的优缺点一览表

比较项	激光类焊缝跟踪传感器		视觉传感器	
图像处理	优点	简单	缺点	复杂
高度偏差的提取		三角测量法，容易		难
获取接头形式信息		容易		较难
目前应用情况		多		少
价格	缺点	昂贵	优点	便宜
传感器结构		复杂		简单
测量点与施焊点距离		有一定距离		无或少量
获取熔池信息		不能		可以
最小对接焊缝间隙尺寸		不能检测紧密对接焊缝		能检测紧密对接焊缝

6.3.4　管道机器人传感系统

管内作业机器人是一种可沿管道内壁行走的特种机器人，它可以携带一种或多种传感器及操作装置（如 CCD 摄像机、位置和姿态传感器、超声波传感器、涡流传感器、管道清理装置、管道裂纹及管道接口焊接装置、防腐喷涂装置、简易操作机械手等），在操作人员的遥控下进行一系列的管道检测维修作业[239]。

根据管道机器人的驱动模式，大致可将管道机器人分成如表 6.4 所示的 8 种类型。

表 6.4　管道机器人分类一览表

驱动模式	特　　点
流动式	无驱动装置，随管内流体流动
轮式	轮式机构驱动前进
履带式	履带机构驱动前进
腹壁式	通过伸张的机械臂紧贴管道内壁，推动机器人前进
行走式	通过机械足驱动，需要大量的驱动器，难以控制
蠕动式	像蚯蚓一样通过身体伸缩而前进
螺旋式	驱动机构做旋转运动，像螺旋前进
蛇型	分布式多关节，像蛇一样前进

在工业机器人中，最常用的是履带式管道机器人和轮式管道机器人，这主要是其机动灵活、性能稳定和扩展性强等特点所致。图 6.37 为轮式和履带式管道机器人的实物结构。

（a）　　　　　　　　　　　　　　　（b）

图 6.37　管道机器人
（a）轮式管道机器人；（b）履带式管道机器人

根据工作环境，管道机器人可以配置不同的传感器去完成不同的工作。管内作业机器人可以利用超声波传感器测量障碍物的位置和大小，以及管内表面的腐蚀和损失状况；可以利用电涡流传感器检测管道裂纹、腐蚀情况；可以利用激光检测器和微型 CCD 摄像机摄取管道内部状况及定位；对于导磁材料制成的管道，可以采用漏磁检测法对管道进行探伤等。在此主要介绍超声波、红外传感器、CCD 摄像机、触觉传感器和涡流传感器[240]。

1. 超声波传感器

超声波是一种 20kHz 以上的声波，具有直线传播功能。利用超声波传感器能够方便、迅速地实现测距，容易做到实时控制，并且其价格较低、信息处理简单，因而被广泛用于移动机器人测距中，可用来实现避障、定位和导航等。超声波测距的原理十分简单，渡越时间法

是常用的方法，即

$$D = \frac{ct}{2} \tag{6-3}$$

式中，D 表示机器人与被测对象之间的距离，c 为声波速率，声波在空气中的速率表示为

$$c = c_0 + \frac{T}{273} \quad \text{m/s} \tag{6-4}$$

其中，T 为绝对温度，c_0 为 331.4m/s。

超声波传感器是用来测量声波源与被测物体之间距离的。首先，传感器发射一组高频声波，若遇到障碍物就会反弹，并被接收，通过上述公式计算就可以得到传感器被测物体之间的距离值。虽然超声波传感器具有较多的优点，但也存在一些缺点，如反射问题和交叉问题等，而且对近距离物体测量时存在较大的盲区（一般为 20~50cm），所以需要与其他一些传感器搭配使用。

2. 红外传感器

红外线是一种不可见光，其波长范围在 0.76~1 000μm。红外传感系统是以红外线为介质的测量系统，一般由探测器、光学系统、信号调理电路和显示单元组成（探测器是核心）。红外距离传感器的测距原理是利用红外信号与障碍物距离的不同，反射的强度也不同而进行远近距离测量的。红外测距传感器一般具有一对红外信号发射和接收二极管，发射管发射特定频率的红外信号，接收管则接收这种频率的红外信号。当红外信号沿检测方向传播遇到障碍物时，红外信号反射回来被接收管接收，经过处理之后，通过数字传感器接口返回到机器人主机，机器人即可利用红外的返回信号来判断物体的远近。红外传感器是近距离传感器，具有探测视角小、方向性好、角度分辨高的特点，能在较短时间获得大量的测量数据。红外传感器一般与超声波传感器搭配使用，实现优势互补，以获得对环境整体更好的测量效果。

3. 电涡流传感器

电涡流传感器主要由探头、延伸电缆、前置器三部分组成（见图 6.38），其探头主要由框架和安置在框架上的线圈组成；延伸电缆为连接探头与前置器的信号传输线；前置器主要用来实现信号的发生、变换、提取和处理[241]。电涡流传感器检测原理是基于涡流效应（当金属导体置于变化的磁场中，导体内就会产生呈涡状流动的感应电流现象，这一效应称之为电涡流效应）。但涡流的形成必须具备两个条件，一是存在交变磁场；二是被测对象处于交变磁场中。前置器中信号发生部分产生高频振荡电流通过延伸电缆流入线圈，在探头端部的线圈中产生交变磁场，与在交变磁场下的被测金属导体共同组成了电涡流传感器系统。

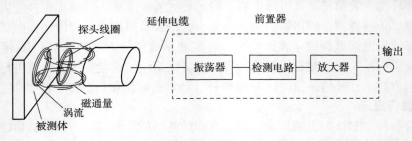

图 6.38　电涡流传感器的构成

依据电涡流效应在被测对象上产生磁场反作用于探头线圈引起相关参数的变化，将非电量转换为对应参数的电量变化从而达到探测的目的。电涡流的工作原理如图 6.39 所示。当线圈中通有交变电流 I_1 时，由于电流的变化，在线圈周围就会产生交变磁场 H_1，由电磁感应定律可知，当被测对象靠近探头线圈，处于磁场作用范围内时，金属体表面层中就会出现感应电流，由于此电流为闭合电流（称电涡流 I_2），它又产生一个与 H_1 反向的磁场 H_2，阻碍磁场 H_1 的变化。从而导致线圈中阻抗 Z、电感量 L 及品质因数 Q 发生变化，这种变化就反映了被测体的电涡流效应的作用。

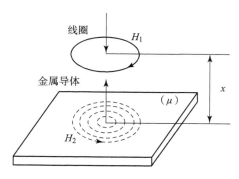

图 6.39　电涡流工作原理

涡流的大小与被测对象的电阻率 ρ、磁导率 μ、尺寸因子 r、励磁电流 I、电流角频率 ω、导体与线圈间距离 x 等参数有关。如果控制某些参数不变，使上述参数中某一参数是其他参数的单一变量，就构成了测量不同变量（参数）用的一种涡流式传感器。

本章小结与思考

传感器是工业机器人的重要组成部分，是机器人感知内部状况和外部环境的媒介，本章主要介绍了工业机器人常用的传感器，如接触觉、接近觉、压觉、滑觉、力觉、运动特性检测传感器、陀螺仪和视觉传感器。其中，接触觉传感器主要用于判断机器人是否与周围物体发生了接触，可以感知机器人与障碍物的接近程度；接近觉传感器主要用于在接触对象之前获得必要的信息；压觉和力觉传感器主要用于检测机器人自身力与外部环境力之间的相互作用；滑觉传感器主要用于检测机器人与抓握对象间滑移程度；运动特性传感器和陀螺仪主要用于检测工业机器人的位姿；视觉传感器主要用于工业机器人对目标的识别与跟踪。一个功能齐全、性能稳定的工业机器人系统通常会装置多个传感器，通过多个传感器的配合去完成人们赋予的特定工作。此外，本章还系统介绍了工业机器人常见的传感系统，如机器人手爪传感系统、装配机器人传感系统、弧焊机器人传感系统和管道机器人传感系统，使学习者对工业机器人典型传感系统有了系统认识和深入了解。

本章习题与训练

（1）工业机器人为何需要配备传感系统？

（2）工业机器人内传感器有哪几种？外传感器有哪几种？

（3）接触觉传感器主要有哪些类型？其各自工作原理和优缺点是什么？

（4）接近觉传感器主要有哪些类型？其各自工作原理和优缺点是什么？

（5）压觉传感器的主要用途是什么？试述弹簧式压觉传感器的结构组成与工作原理。

（6）滑觉传感器的主要用途是什么？如果按照有无滑动方向检测功能以及按照实现方式分类，滑觉传感器可分为什么类型？

（7）试述采用悬臂梁结构的加速度传感器的工作原理。

（8）试述应变片式力觉传感器的工作原理，并尝试画出其测量电路。

（9）陀螺仪的工作原理是什么？工业机器人常用什么类型的陀螺仪？

（10）单目视觉和立体视觉的区别是什么？

（11）试述 HIT/DLR 灵巧手传感系统的组成与作用。

（12）试述机器人视觉传感系统的工作流程。

第 7 章
典型工业机器人的操作与应用

7.1 典型工业机器人操作与应用概述

了解、学习、熟悉并掌握工业机器人的操作步骤与应用技能对相关专业的本科生、研究生、技术人员或从业人士都是非常必要的。本章将结合 ABB 和 KUKA 公司出产的典型工业机器人，讲解工业机器人的操作步骤与应用技能。通过对典型工业机器人的本体认知、安装与示教器基本操作，由浅入深，逐渐过渡到工业机器人典型工作站的应用。本章结合工程应用需要，尽量体现国内外近年来在工业机器人前沿技术和实际应用方面取得的先进成果与成熟经验，内容丰富，囊括了 ABB 和 KUKA 机器人的操作常识和应用方法，使学习者能够对 ABB 和 KUKA 机器人的自身特点、作业示教、操作应用等内容进行全面的学习和深入的了解，提升对工业机器人相关技术的掌握程度。

7.2 ABB 机器人的操作与应用

ABB 是由两家拥有 100 多年历史的国际性企业——瑞典的阿西亚公司（ASEA）和瑞士的布朗勃法瑞公司（BBC Brown Boveri）在 1988 年合并而成的，总部位于瑞士苏黎世，在苏黎世、斯德哥尔摩和纽约证券交易所上市交易。ABB 是全球电力和自动化技术领域的领导企业，致力于为电力、工业、交通和基础设施领域的客户提供解决方案，帮助客户提高生产效率，降低能耗水平，减轻各种生产活动对环境造成的不良影响。ABB 的业务如今遍布全球近 100 个国家，拥有 13.5 万名员工，2015 年的销售收入约为 360 亿美元[242-244]。

ABB 与中国的关系可以追溯到 1907 年。当时 ABB 向中国提供了第一台蒸汽锅炉。1974 年 ABB 在香港设立中国业务部，1979 年在北京设立办事处。1992 年，ABB 在厦门投资建立了第一家合资企业。1994 年 ABB 将中国总部迁至北京，并于 1995 年正式注册了投资性控股公司——ABB（中国）有限公司。

经过多年的快速发展，ABB 在中国已拥有 40 家企业，在 147 个城市设有销售与服务分公司及办事处，拥有研发、生产、工程、销售与服务的全方位业务，员工达 1.8 万名。2015 年，ABB 在中国的销售收入超过 330 亿元人民币，其中 90% 以上来源于本土制造的产品、系统和服务，保持了 ABB 全球第二大市场的地位。

秉持"在中国，为中国和世界"的发展战略，ABB 积极推动技术研发的本土化，通过持续投入和优化研发布局不断提高本土的研发与创新能力。2005 年，ABB 在中国建立了研发中心，属于其全球 7 大研发中心之一。凭借全球领先的产品技术和解决方案，ABB 参与了南水北调、西电东送、青藏铁路、北京奥运会和上海世博会场馆等众多国家重点项目的建设。ABB 以智能技术不断帮助客户节能增效并提高生产效率，为国家实现电力、工业、交通和基础设施升级做出了巨大贡献，实现进入产业链高附加值和建设美好生态环境的智慧跨越。

ABB 同时还是全球领先的工业机器人供应商，1974 年，ABB 研制出第一台机器人，此后，ABB 在工业机器人领域突飞猛进，经典产品层出不穷。如今，ABB 能够提供各种工业机器人产品、模块化制造单元及服务，致力于帮助客户提高生产效率、改善产品质量、提升安全水平。目前，ABB 在世界范围内安装了超过 30 万台机器人。本章将要介绍的 IRC5 是 ABB 最新推出的机器人控制系统，其控制的机器人大部分用于焊接、喷涂及搬运作业，而经常与 IRC5 配合使用的机器人型号为 IRB7600，其承重能力和上臂可承受的附加载荷都十分出色。

7.2.1　ABB 工业机器人系统简介

7.2.1.1　IRB7600 机器人简介

ABB 出产的 IRB7600 机器人（见图 7.1）拥有一个由六轴组成的空间六杆开链机构，该机器人的末端执行器理论上可以达到运动范围内的任何一点[245]。目前 IRB7600 可分为载重 500kg、400kg、340kg 和 150kg 四个版本，六个转轴每个都配有齿轮箱，综合运动精度可达 ±0.05mm 至 ±0.20mm，且六个转轴均由 AC 伺服电机驱动，每个电机后也都配有编码器与刹车。该机器人带有串口测量板（SMB），测量板上装有六节可充电的镍铬电池，可起到保存数据的作用。IRB7600 带有平衡气缸或弹簧，还带有手动松闸按钮，可供维修时使用。但必须注意，非正常使用会造成设备或人员的伤害[246]。

图 7.1　ABB 出产的 IRB7600 机器人

7.2.1.2　机器人控制系统简介

IRB7600 机器人装备着 ABB 集团最新推出的 IRC5 控制系统，该控制系统由主电源、计算机供电单元、计算机控制模块（计算机主体）、输入/输出板、Customer connections（用户连接端口）、FlexPendant 接口（示教盒接线端）、轴计算机板、驱动单元（机器人本体、外部轴）等组成，其情况如图 7.2 所示[247-248]。

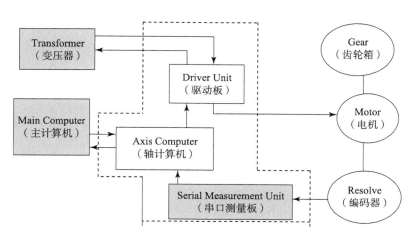

图 7.2　IRC5 控制系统示意图

由 IRB7600 机器人和 IRC5 控制系统组成的 ABB 机器人应用系统如图 7.3 所示，其中采用大写字母标注的各器件的功能与作用说明如下：

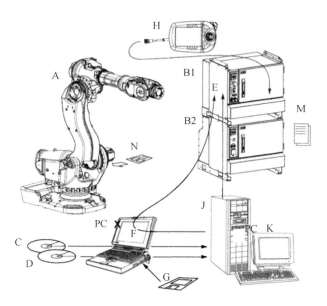

图 7.3　机器人应用系统构成示意图

A——机器人本体（此处为 IRB7600 机器人）；

B1——IRC5 Control Module（IRC5 控制模块），包含机器人系统的控制电子装置；

B2——IRC5 Drive Module（IRC5 驱动模块），包含机器人系统的电源电子装置。在 Single Cabinet Controller（单柜控制器）中，Drive Module 包含在单机柜中。MultiMove 系统中有多个 Drive Module；

C——RobotWare（机器人软件光盘），该光盘中包含机器人的所有软件；

D——说明文档光盘；

E——由机器人控制器运行的机器人系统软件；

F——RobotStudio Online（机器人在线）计算机软件（安装于 PCX 上）。RobotStudio Online 用于将 RobotWare（机器人软件光盘）的软件载入服务器，以及配置机器人系统并将整个机器人系统载入机器人控制器；

G——带 Absolute Accuracy（绝对精度）选项的系统专用校准数据磁盘。不带此选项的系统所用的校准数据通常随串行测量电路板（SMB）提供；

H——与控制器连接的 FlexPendant（示教器）；

J——网络服务器（不随产品提供），可用于手动储存下述内容：①RobotWare；②成套机器人系统；③说明文档。

在此情况下，服务器可视为某台计算机使用的存储单元，甚至计算机本身。如果服务器与控制器之间无法传输数据，则可能是服务器已经断开。

PC K——服务器，其用途如下：

①使用计算机和 RobotStudio Online，可手动存取所有的 RobotWare 软件；

②可手动储存通过便携式计算机创建的全部配置系统文件；

③可手动存储由便携式计算机和 RobotStudio Online 安装的所有机器人说明文档。

在此情况下，服务器可视为由便携式计算机使用的存储单元。

M——RobotWare（机器人软件）许可密钥。原始密钥字符串印于 Drive Module 内附纸片上（对于 Dual Controller（双控制器），其中一个密钥用于 Control Module，另一个用于 Drive Module；而在 MultiMove 系统中，每个模块都有一个密钥）。RobotWare 许可密钥在出厂时安装，无须额外的操作来运行系统。

N——处理分解器数据和存储校准数据的串行测量电路板（SMB）。对于不带 Absolute Accuracy 选项的系统，出厂时校准数据存储在 SMB 上。PCX 计算机（不随产品提供）可能就是图示的服务器 J。如果服务器与控制器之间无法传输数据，则可能是计算机已经断开连接。

7.2.1.3　机器人示教盒按钮功能简介

FlexPendant（示教器，有时也称为 TPU 或教导器）用于处理与机器人系统操作相关的许多功能，如运行程序、微动控制操纵器、修改机器人程序等。使动器上的三级按钮默认为：不按为一级不得电、按一下为二级得电、按到底为三级不得电[249]。参见图 7.4。

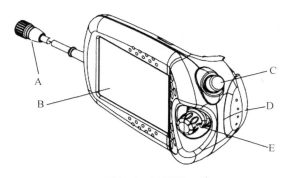

图 7.4　示教器

A—连接器；B—触摸屏；C—紧急停止按钮；D—使动器；E—控制杆

7.2.1.4　机器人操作软件基本窗口简介

机器人操作软件的基本窗口如图 7.5 所示。

图 7.5　机器人操作软件初始窗口界面图

A—ABB 菜单；B—操作员窗口；C—状态栏；

D—关闭按钮；E—任务栏；F—快速设置菜单

7.2.1.5　机器人坐标系统简介

该机器人的坐标系包括：Tools coordinates（工具坐标系）、Base coordinates（基本坐标系）、World coordinates（大地坐标系）、Work Object（工件坐标系），可以根据需要灵活选择并使用[250]。

7.2.2　ABB 机器人的手动操作

该机器人的手动操作可依照图 7.6 所示步骤展开：

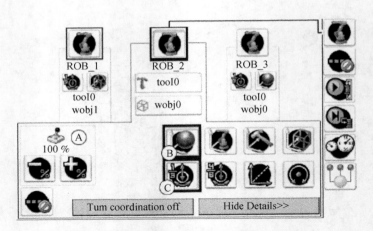

图 7.6　ABB 机器人坐标系和运动模式的手动选择

A——速度设置（当前选定的速度为 100%）；

B——坐标系设置（当前选定的坐标系为大地坐标系）；

C——运动模式设置（当前选定轴 1 – 3 运动模式）。

在选择了坐标系和运动方式的前提下，按住使能键通过操纵杆进行操作，每次选择只能针对三个方向。

7.2.2.1　工具坐标系的建立及 TCP 的校验

图 7.7 所示为机器人 TCP 中心，由图可见 A 为工具中心点。此时，机器人工具坐标系的建立及 TCP 的校验可依照以下步骤展开：

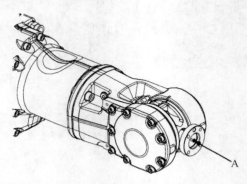

图 7.7　机器人的 TCP 中心

①如图 7.8 所示，在 ABB 菜单中单击微动控制按钮，可设置工具的重量、重心、各轴惯量。

②单击工具按钮，显示可用工具列表，然后依照表 7.1 所示方式进行选择与设定。

③单击新建按钮，以创建新工具。

④单击确定按钮。

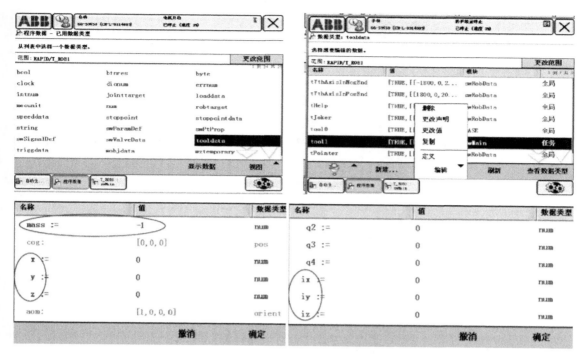

图 7.8　工具参数设置界面图

表 7.1　操作指南

如果要更改……	那么……	建议
工具名称	单击名称旁边的 "…" 按钮	工具将自动命名为 tool，且后跟顺序号，例如 tool10 或 tool21。建议将其更改为更加具体的名称，例如焊枪、夹具或焊机
范围	从菜单中选取最佳范围	工具应该始终保持全局状态，以便用于程序中的所有模块
存储类型	—	工具变量必须始终是持久变量
模块	从菜单选择声明该工具的模块	

7.2.2.2　选择定义工具框的方法

定义工具框时可使用三种不同的方法，所有这些方法都需要正确定义工具中心点的笛卡尔坐标。不同的方法对应不同的方向定义方式。具体情况可见表 7.2[251]。

表 7.2　工具框定义方法选择一览表

如果要……	请选择……
设置与机器人安装平台相同的方向	TCP（默认方向）
设立 Z 轴方向	TCP&Z
设立 X 轴和 Z 轴方向	TCP&Z，X

具体做法可依下述步骤展开：

（1）在 ABB 菜单中，单击微动控制按钮；

（2）单击工具，显示可用工具列表；

（3）选择想要定义的工具；

（4）在"编辑"菜单中，单击定义…；

（5）在出现的对话框中，选择要使用的方法（见图7.9）；

（6）选择要使用的接近点的点数。通常4点就足够了。如果为了获得更精确的结果而选取了更多的点数，则应仔细定义每个接近点。

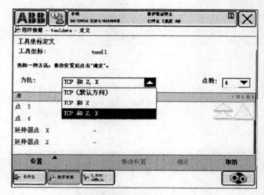

图7.9　TCP 的定义

7.2.2.3　测量工具中心点

测量工具中心点的步骤可参见图7.10进行，图中各参数的含义如下[252]：

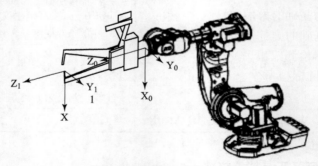

图7.10　测量工具中心点

X_0—tool0（Tool coordinates 工具坐标系）的 X 轴；Y_0—tool0 的 Y 轴；Z_0—tool0 的 Z 轴；

X_1—待定义工具的 X 轴；Y_1—待定义工具的 Y 轴；Z_1—待定义工具的 Z 轴

具体操作步骤如下：

（1）沿 tool0 的 X 轴，测量机器人安装法兰到工具中心点的距离；

（2）沿 tool0 的 Y 轴，测量机器人安装法兰到工具中心点的距离；

（3）沿 tool0 的 Z 轴，测量机器人安装法兰到工具中心点的距离。

7.2.2.4　编辑工具定义

所用工具的编辑定义可依照表7.3进行：

表 7.3　编辑工具定义一览表

	操作	实例	单位
1	输入工具中心点位置的笛卡尔坐标	tframe. trans. x tframe. trans. y tframe. trans. z	mm
2	如果必要，输入工具的框架定向	tframe. rot. q1 tframe. rot. q2 tframe. rot. q3 tframe. rot. q4	无
3	输入工具重量	tload. mass	kg
4	如果必要，输入工具的重心坐标	tload. cog. x tload. cog. y tload. cog. z	mm
5	如果必要，输入力矩轴方向	tload. aom. q1 tload. aom. q2 tload. aom. q3 tload. aom. q4	无
6	如果必要，输入工具的转动力矩	tload. ix tload. iy tload. iz	kgf · mm
7	单击确定，启用新值； 单击取消，使用原始值		

7.2.3　ABB 机器人编程

7.2.3.1　模块与程序

在 ABB 机器人的模块与程序中，经常会用到一些组件，其说明见表 7.4。另外，一些符号串的含义如下：EIO——输入输出、PROC——过程文件、MMC——存储控制、SIO——系统输入输出、MOC、SYS——系统参数[253]。

表 7.4　组件说明表

组件	功　　能
任务	通常每个任务包含了一个 RAPID 程序和系统模块，并实现一种特定的功能（例如点焊或操纵器的运动）。一个 RAPID 应用程序包含一个任务。如果安装了 Multitasking 选项，则可以包含多个任务
任务属性参数	任务属性参数将设置所有任务项目的特定属性。存储于某一任务的任何程序将采用为该任务设置的属性
程序	每个程序通常都包含具有不同作用的 RAPID 代码的程序模块。所有程序必须定义可执行的录入例行程序。每个程序模块都包含特定作用的数据和例行程序

组件	功　能
程序模块	将程序分为不同的模块后，可改进程序的外观，且使其便于处理。每个模块表示一种特定的机器人动作或类似动作。从控制器程序内存中删除程序时，也会删除所有程序模块。程序模块通常由用户编写
数据	数据是程序或系统模块中设定的值和定义。数据由同一模块或若干模块中的指令引用（其可用性取决于数据类型）
例行程序	例行程序包含一些指令集，它定义了机器人系统实际执行的任务。例行程序也包含指令需要的数据
录入例行程序	在英文中有时称为"main"的特殊例行程序，被定义为程序执行的起点。每个程序必须含有名为"main"的录入例行程序，否则程序将无法执行
指令	指令是对特定事件的执行请求。例如"运行操纵器 TCP 到特定位置"或"设置特定的数字化输出"

7.2.3.2　编程的准备事项

（1）选择编程工具。

人们可以使用 FlexPendant 和 RobotStudio Online 来编程。对于基本编程，使用 RobotStudio Online 较为容易，而 FlexPendant 更加适合修改程序，如位置及路径。

（2）定义工具、有效载荷和工件。

在开始编程前须定义工具、有效载荷和工件。然后，人们可以随时返回再定义更多对象，但应事先定义一些基本对象。

（3）定义坐标系。

确保已在机器人系统安装过程中设置了基本坐标系和大地坐标系。同时确保附加轴也已设置完毕。在开始编程前，根据需要定义工具坐标系和工件坐标系。以后添加更多对象时，同样需要定义相应的坐标系。

7.2.3.3　建立程序及指令

（1）创建新程序。

创建新程序的步骤参见表 7.5。

表 7.5　创建新程序步骤一览表

1	在 ABB 菜单中，单击程序编辑器
2	单击任务与程序
3	a. 单击文件，然后再单击新程序。如果已有程序加载，就会出现一个警告对话框。 b. 单击保存，保存加载程序。 c. 单击不保存可关闭加载程序，但不保存该程序，即从程序内存将其删除。 d. 单击取消使程序保持加载状态

续表

4	使用软键盘命名新程序，然后单击确定
5	继续添加指令、例行程序或模块

（2）创建例行程序。

创建例行程序的步骤可参照图 7.11 进行：

①在 ABB 菜单中，单击程序编辑器；

②单击例行程序；

③单击文件，确定新例行程序，且根据新例行程序将创建并显示默认声明值；

④单击 ABC...，确定；

⑤选择例行程序的类型：

- 过程：用于无返回值的正常例行程序
- 函数：用于含返回值的正常例行程序
- 陷阱：用于中断的例行程序

⑥是否需要使用任何参数？如果"是"，请单击...定义参数；如果"否"，则请继续下一步骤；

⑦选择要添加例行程序的模块；

⑧如果例行程序是本地的，则单击复选框选择"本地声明"添加新参数。本地例行程序仅用于选定的模块中；

⑨单击确定。

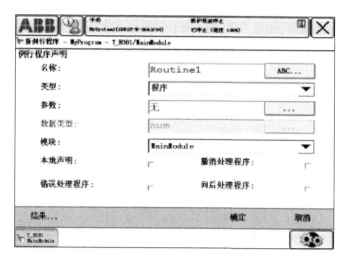

图 7.11　创建例行程序

（3）定义例行程序中的参数。

①在例行程序声明中，单击...，返回例行程序声明，此时将显示一个已定义参数的列表（见图 7.12）。

②如无参数显示，则单击"添加"按钮，添加新参数。

- 单击"添加可选参数"按钮，可添加可选的参数；

● 单击"添加可选互用参数",可添加一个与其他参数互用的可选参数。

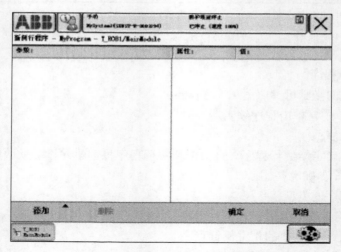

图 7.12　定义例行程序中参数的界面图

③使用软键盘输入新参数名,单击"确定"按钮,新参数显示在列表中,如图 7.13 所示。

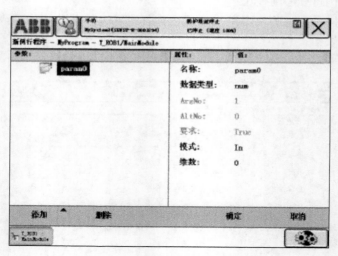

图 7.13　新参数显示列表

④单击选择一个参数。要编辑数值,则单击"数值"按钮。

⑤单击"确定"按钮,返回例行程序声明。

7.2.3.4　添加指令

(1) 在 ABB 菜单中,单击程序编辑器;

(2) 单击突显所要添加新指令的指令,如图 7.14 所示;

(3) 单击"添加指令"按钮,移至上一个/下一个类别,将显示指令类别界面;

(4) 单击"常用"按钮;也可单击指令列表底部的"上一个/下一个",或单击"完成"按钮；

（5）单击需要添加的指令，此时该指令被添加到代码中。

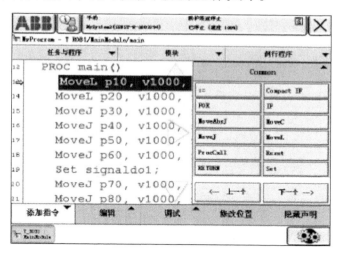

图 7.14　添加指令界面

7.2.3.5　编辑指令变元

（1）单击所要编辑的指令（见图 7.15）；

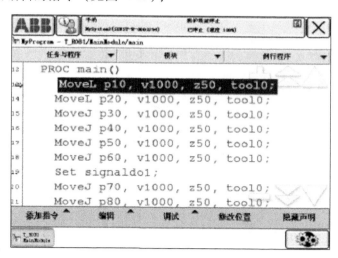

图 7.15　选择指令界面

（2）单击"编辑"按钮；

（3）单击"更改选择"按钮（见图 7.16），由于变元具有不同的数据类型，具体取决于指令类型。可使用软键盘更改字符串值，或继续下一步以处理其他数据类型或多个变元指令。

（4）单击要更改的变元，这时会显示若干选项，如图 7.17 所示。

（5）单击一个现有数据实例，然后单击"确定"按钮完成，也可单击表达式。

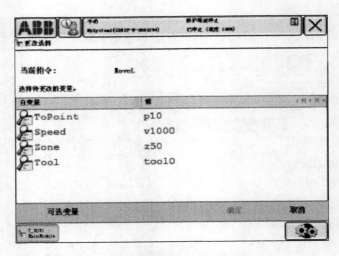

图 7.16   更改选择界面

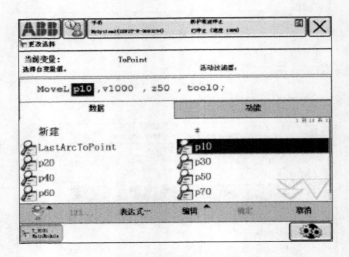

图 7.17   变元选择界面

7.2.3.6   添加运动指令

现将创建一个简单的程序，该程序可以让机器人在如图 7.18 所示的正方形中移动，需要四个移动指令来完成该程序。其中 A 为第一个点；B 为机器人移动速度，v50 = 50mm/s；C 为区域，z50 = 50mm。

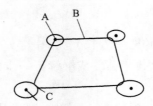

图 7.18   正方形轨迹

添加运动指令，具体步骤可见表 7.6。

表 7.6　添加运动指令一览表

序号	操作	参考信息
1	将机器人移至第一个点	提示：在正方形中移动时只能按左右/上下方向操纵控制杆
2	在程序编辑器中，单击"添加"指令	
3	单击"MoveL"，插入"MoveL"指令	
4	在正方形的下四个位置重复该操作	
5	对于第一条和最后一条指令，单击指令中的"z50"，接着单击"编辑"，然后更改选择为"Fine"，再单击"确定"	

程序代码如下所示：

```
Procmain()
MoveL* ,v50,fine,tool0;
MoveL* ,v50,z50,tool0;
MoveL* ,v50,z50,tool0;
MoveL* ,v50,z50,tool0;
MoveL* ,v50,fine,tool0;
End Proc;
```

7.2.3.7　弧焊编程

弧焊指令（见图 7.19）基本上包含了和纯运动类型相关的指令，但是弧焊指令中增加了焊缝、焊接以及焊弧三个指令，它们就是弧焊参数（数据类型：焊缝数据、焊接数据和焊弧数据）。

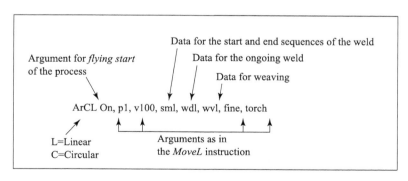

图 7.19　弧焊指令

速度参数 v100 只在单步运行时才起作用，此时焊接过程将被自动阻止。而在一般的执行过程中，对于不同的形式，速度的控制是通过"焊缝"和"焊接数据"来完成的。

（1）定义焊接参数。

在编写焊接指令之前，要进行一些相关焊接参数的设定，这些参数分成三种：

①焊缝参数：定义了焊缝是怎样开始和结束的；

②焊接参数：定义了实际的焊接模式；

③焊弧参数：定义了每个焊弧的形式。

（2）编辑焊接指令。

①将机器人移到目标点；

②调用焊接指令"ArcL"或"ArcC"；

③指令将自动加到程序窗口中，如图7.20示。该指令现在就可以使用了。

File	Edit	View	IPL1	IPL2

Progrm Instr	WeLDPIPE/main Motion&Proc
ArcL\On, *,v100, sm1, wd1,wv1,z-> ArcL\off,*,v100,sml,wdl,wvl,z->	1 ActUnit 2 ArcC 3 ArcKi11 4 ArcL 5 ArcL\off 6 ArcL\on 7 ArcRefresh 8 DeactUnit 9 More ↓

Copy	Paste	Optarg	Modpos	Test->

图 7.20　指令显示界面

（3）有关焊接程序的例子。

所要进行焊接的焊缝如图7.21所示，其中的粗实线部分就是焊接段。在 p10 和 p20 之间用×××××标记的段就是起弧段，也就是焊接开始点 p20 的准备阶段，焊接将在 p80 点终止。其中焊接参数 wd1 将在 p50 点之前起作用，而后将改为焊接参数 wd2。

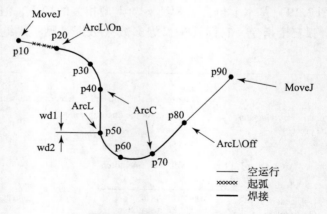

图 7.21　要进行焊接的焊缝

这样的焊接过程指令将会如下所示：

```
MoveJ p10,v100,z10,torch;
ArcL \On,p20,v100,sm1,wd1,wv1,fine,torch;
ArcC p30,p40,v100,sm1,wd1,wv1,z10,torch;
ArcL p50,v100,sm1,wd1,wv1,z10,torch;
ArcC p60,p70,v100,sm1,wd2,wv1,z10,torch;
```

```
ArcL \Off,p80,v100,sm1,wd2,wv1,fine,torch;
MoveJ p90,v100,z10,torch;
```

（4）运行特定的例行程序。

要运行特定的例行程序（见图7.22），必须加载含有例行程序的模块，并且控制器必须使用手动停止模式。如果人们想运行任务范围内的特定例行程序，请使用同一动作过程。

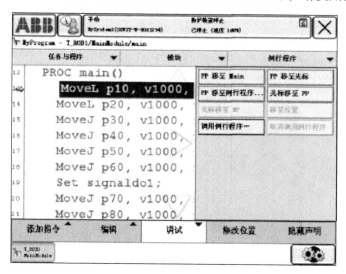

图7.22　运行特定的例行程序

具体步骤如下：

①在 ABB 菜单中，单击程序编辑器。

②单击"调试"按钮，然后单击"PP"移至例行程序，将程序指针置于例行程序开始。

③按下"FlexPendant"上的"启动"按钮。

其中调用关系是逐层调用例行程序，然后例行程序又能够调用其他的例行程序。所以可以建立各种例行程序，通过程序调用的方式实现程序之间的相互调用。

7.2.3.8　系统参数配置

系统参数用于定义系统配置，并在出厂时根据客户的需要进行定义。可使用 FlexPendant 或 RobotStudio Online 编辑系统参数。该步骤介绍如何查看系统参数配置，具体操作如下：

①在 ABB 菜单上，单击控制面板；

②单击配置，显示选定主题的可用类型列表；

③单击"主题"按钮。

- PROC
- Controller
- Communication
- System I/O
- Man – machine Communication

● Motion

其中，常用的信号配置（见图 7.23）有：I/O 里面的 Signal、signalinput 和 signaloutput 以及 PROC（在装了弧焊软件包的情况下）中的 Input 和 Output。

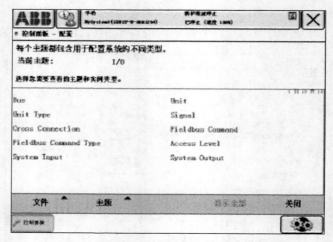

图 7.23　I/O 包含的配置文件

需要说明的是，图 7.24 所示为在 signal 中进行变量与板卡接口的映射配置；在 System Input 和 System Output 中进行 IRC5 中的变量与板卡接口定义的变量之间的映射配置（这些同样可以在 EIO 文件中完成配置）；在 PROC 中进行弧焊软件包中的变量与板卡变量之间的映射配置（这些同样可以在 PROC 中完成配置）。其中虚拟变量可以和真实的变量一样在一起进行定义配置，这些变量用 z 字母 v 字开头，如：vdoGas。

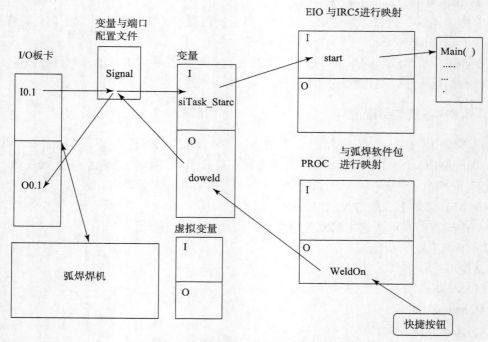

图 7.24　机器人输入输出信号流程

7.2.3.9　备份与恢复

在 ABB 中，备份功能可保存上下文中的所有系统参数、系统模块和程序模块。数据保存于用户指定的目录中（见图 7.25）。默认路径可加以设置。目录分为 backinfo、home、rapid 和 syspar 四个子目录，system. xml 也保存于包含用户设置的 ../backup（根目录）中[254]。

backinfo 包含的文件有 backinfo. txt、key. id、program. id 和 system. guid、template. guid、keystr. txt。恢复系统时，恢复部分将使用 backinfo. txt。该文件必须从未被用户编辑过。

文件 key. id 和 program. id 由 RobotStudio Online 用于重新创建系统，该系统将包含与备份系统中相同的选项。system. guid 用于识别提取备份的独一无二的系统。system. guid 和/或 template. guid 用于在恢复过程中检查备份是否加载到正确的系统。如果 system. guid 和/或 template. guid 不匹配，用户将被告知这一情况。

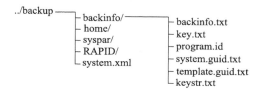

图 7.25　备份文件目录

Home——HOME 目录中的文件副本。

Rapid——包含每个配置任务的子目录。每个任务有一个程序模块目录和一个系统模块目录。

第一个目录将保留所有安装模块。有关加载模块和程序的详细信息，请参阅 Technical reference manual – System parameters。

SysPar——包含配置文件。

环境变量 RELEASE：指出当前系统盘包。使用 RELEASE 加载的系统模块：它的路径，不会保存在备份中。已安装模块中的 PERS 对象的当前值不会保存在备份中。

7.2.3.10　备份系统

ABB 会建议在以下时间执行备份：

（1）安装新 RobotWare 之前；

（2）对指令和/或参数进行重要更改以使其恢复为先前设置之前；

（3）对指令和/或参数进行重要更改并为成功进行新的设置而对新设置进行测试之后。

备份系统操作如下：

①单击 ABB 执行选定目录的备份。这样就创建了一个按照当前日期命名的备份文件。备份与恢复，然后选择目录，再单击即可；

②单击备份当前系统。这样就创建了一个按照当前日期命名的备份文件夹。屏幕显示选定路径。如果已定义默认路径，就会显示该默认路径；

③所显示备份路径是否正确？如果"是"，单击"备份"菜单；如果"否"，则单击备份路径右侧的 ...，进行"备份"。具体可见图 7.26。

图 7. 26　备份系统操作界面

7. 2. 3. 11　恢复系统

ABB 建议在以下情况下执行恢复系统操作：

（1）如果怀疑程序文件已损坏；

（2）如果对指令和/或参数设置所作的任何更改并不理想，且打算恢复为先前的设置。

在恢复过程中，所有系统参数都会被取代，同时还会加载备份目录中的所有模块。

Home 目录将在热启动过程中复制到新系统的 HOME 目录。

恢复系统操作（参见图 7.27）如下：

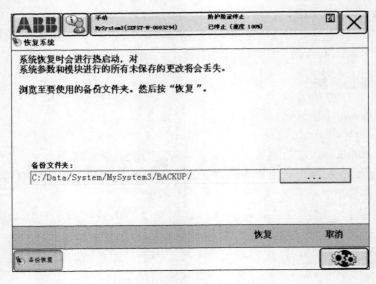

图 7. 27　恢复系统操作

①在 ABB 执行恢复系统操作。恢复执行后，系统自动热启动，进行备份与恢复，然后选择目录，再单击即可。

②单击"恢复系统"，恢复执行后，系统自动热启动。这时屏幕显示选定路径。如果已定义默认路径，就会显示该默认路径。

③所显示备份文件夹是否正确？如果"是"，请单击"恢复"按钮执行恢复。恢复执行后，系统自动热启动。如果"否"，请单击备份文件夹右侧的 ...，然后选择目录。再单击"恢复"按钮，恢复执行后，系统自动热启动。

7.3　KUKA 机器人

1995 年，世界工业机器人四巨头之一的库卡（KUKA）机器人有限公司在德国巴伐利亚州奥格斯堡诞生。KUKA 是 Keller und Knappich Augsburg 四个词的首字母组合，同时也是库卡公司所有产品的注册商标。时至今日，库卡机器人公司已经在全球拥有 20 多家子公司，这些公司分别位于美国、墨西哥、巴西、日本、韩国、中国、印度和绝大多数欧洲国家，其中大部分是销售和服务中心[255]。

库卡机器人公司的发展经历虽然算不上久远，但其历史沿革却不短。1898 年，库卡公司即由 Johann Josef Keller 和 Jakob Knappich 在奥格斯堡建立。最初主要专注于室内及城市照明。此后不久，公司就开始涉足其他领域（焊接工具及设备、大型容器）[256]。1966 年，库卡成为欧洲市政车辆的市场领导者。1973 年，库卡研发了名为 FAMULUS 的第一台工业机器人。1995 年，库卡机器人技术脱离库卡焊接及机器人有限公司，独立成立有限公司，与库卡焊接设备有限公司（即后来的库卡系统有限公司）同属库卡股份公司（前身为 IWKA 集团）。此后，库卡机器人公司的发展速度很快，2012 年，公司在全球就拥有了 3150 名员工，现今库卡专注于向工业生产过程提供先进的自动化解决方案。公司主要客户来自汽车制造领域，但在其他工业领域的应用也越来越广泛。库卡机器人可用于物料搬运、加工、堆垛、点焊和弧焊，涉及自动化、金属加工、食品和塑料等行业。库卡工业机器人的用户包括通用汽车、克莱斯勒、福特、保时捷、宝马、奥迪、奔驰、大众、法拉利、哈雷戴维森、一汽大众、波音、西门子、宜家、施华洛世奇、沃尔玛、百威啤酒、BSN Medical、可口可乐等赫赫有名的大公司或大集团。

7.3.1　KUKA 工业机器人系统概述

7.3.1.1　KUKA KR180 机器人简介

KUKA KR180 机器人（见图 7.28）是德国 KUKA 公司研发的六轴关节型机器人，属于高负荷的工业机器人。其最大工作半径为 2460mm，使用 KRC2 控制器，重复定位精度 ±0.05mm，额定负载为 180kg，主要用于搬运、雕刻、激光切割、打磨、码垛等工作。

7.3.1.2　KUKA 机器人的驱动方案

KUKA 机器人控制系统由主控制器、驱动单元、MFC、DSE、显卡、PC 机软件和手持操作器 KCP 等组成（分别如图 7.29 和图 7.30 所示）[257-258]。各部分的详细介绍如下：

图 7.28　KUKA KR180 六轴机器人

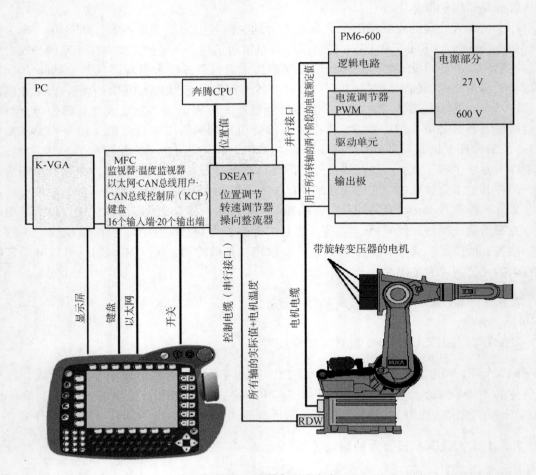

图 7.29　机器人驱动方案

图 7.30　处理器、MFC 卡、VGA 卡

（1）奔腾处理器。能以 12ms 的时钟周期为机器人的每台电机计算一个新的位置值，各位置值将传输到 DESAT 卡上的一个处理器当中，再借助一个专门的软件进行位置调节和转速调节等，从而使机器人调节过程实现数字化。

（2）驱动模块。在 KUKA 机器人控制系统中，数字式的电流额定值将由 DSEAT 通过一个并行接口传递给驱动模块 PM6 – 600（KSD），该数字传递过程不会受到外部干扰。

（3）显卡。该显卡是在标准 VGA 卡的基础上扩展了一个用于 LCD 显示屏的接口插接卡。

（4）MFC。它包括系统和用户的输入输出端，以及一个 Ethernet 控制器、CAN Bus 接口，此外它还是 KCP 与 PC 之间的接口。

（5）DSE。它最多控制 8 个轴的数字调节，并且旋转变压器数字转换器（RDW）的实际值以及伺服驱动模块的读入错误和状态信息都由 DSE 控制。

（6）RDW。它负责旋转变压器的供电、R/D 转换、监视旋转变压器的断路和电机的温度。

（7）手持操作器（简称 KCP）。它是人机对话的接口，作为输入接口的键盘、空间鼠标器和以太网接口等。

7.3.2　KUKA 机器人编程

7.3.2.1　KUKA 机器人的操作屏

图 7.31 所示为 KUKA 机器人的操作屏，主面板上有菜单栏和状态栏，还有一些功能按键。后续将对操作屏的使用进行详细的介绍。

在该操作屏上可以设置程序的运行方式，具体可见图 7.32 所示内容：

状态条介绍：其中第一位表示通过键盘可以键入数字；第二位可以选择插入模式和改写模式；第三位显示绿色则表示程序正在运行，若显示红色则表示程序停止；第四位表示驱动装置是否被接通；第五位显示被选定的工作的程序的名称；第六位显示正在被执行的语句的编号。具体情况可分别参见图 7.33、图 7.34、图 7.35 和图 7.36。

状态条　　菜单键

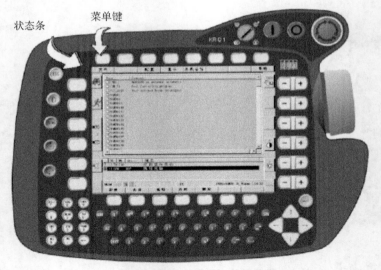

图 7.31　KUKA 机器人的操作屏

　程序运行方式只有在手动运行功能被关断时才能转换（"运行方式"状态键在显示屏左上方）。欲关断手动运行时，您必须一直按相应的状态键，直到出现左面所示的符号为止。

　如果您想逐步地运行程序（移动指令一条接着一条），则必须选择设置状态"单步"。然后请按住许可按键中的一个（在 KCP 的背面）并且按"程序启动向前"键。如果移动指令全部处理完毕（请注意状态行的显示），将通过重新按启动键启动下一条移动指令。

　如果您想让程序全部运行完毕，则选择设置状态"Go"。然后按住许可按键中的一个（在 KCP 的背面），并且按"程序启动向前"键。

图 7.32　程序运行方式按钮

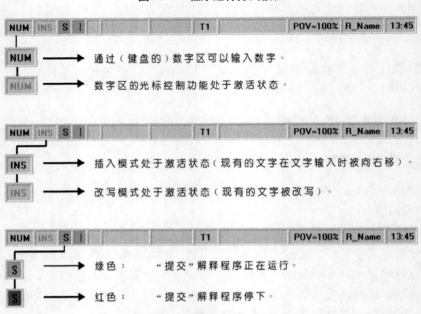

图 7.33　状态条第一二位

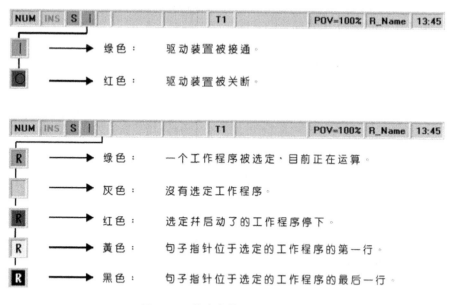

图 7.34　状态条第三、四、五位

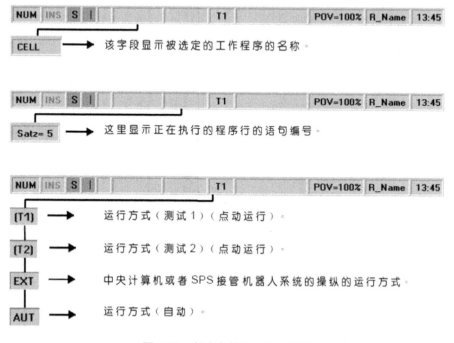

图 7.35　状态条第六、七、八位

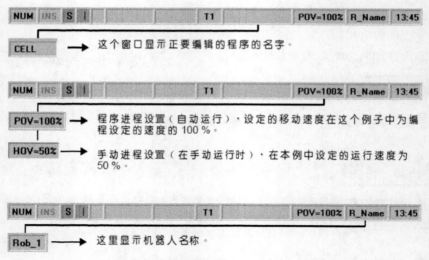

图 7.36　状态条第九、十、十一位

7.3.2.2　坐标系的建立

坐标系的建立可参见图 7.37。

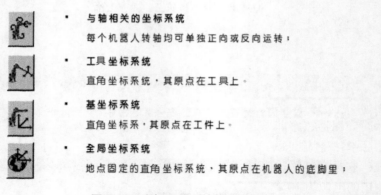

图 7.37　坐标系建立的相关界面

7.3.2.3　程序的建立

用户用到的程序有 FOLGE、UP、MAKRO 程序等。程序的建立可参见图 7.38。

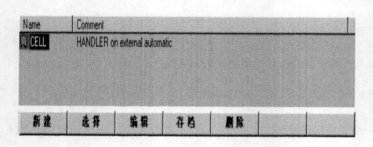

图 7.38　新建程序界面

主程序：

1：PTP VB＝30%　VE＝0%　ACC＝100%　Wzg＝1 SPSTrig＝0［1/100s］FP

FB ONL＝EIN

2：F100＝AUS

3：bin10（EIN）＝10

4：WARTE BIS E49 & E53

5：A49＝AUS

A53＝A

6：bin1（EIN）＝3501

7：t1（EIN）＝0［1/10Sek］

宏程序：

MAKRO0. SRC　　　SZ 1 Arbeitshub zu

Makro Anfang

A73＝EIN

M18＝EIN

WARTEBIS！ E195 & E193

A194＝AUS

A197＝EIN

A193＝EIN

WARTE BIS E195&！ E193

A193＝AUS

SPS 编程可参照图 7.39 所示进行。

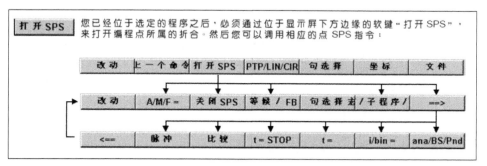

图 7.39　SPS 编程界面

7.3.2.4　移动与扫描

在 KUKA 机器人中，移动与扫描可参见表 7.7 进行。

表 7.7　移动和扫描方式

标 准 移 动	
PTP（点到点）	工具沿着最快的轨迹运行至目标点
LIN（线性）	工具以设定的速度沿一条直线移动

标 准 移 动		
CIRC（圆周）	工具以设定的速度沿圆周轨迹移动	
工 艺 移 动		
KLIN（线性）	用于粘结应用场合，沿直线移动	
KCIRC（圆周）	同样用于粘结场合，但是沿圆周轨迹运行	
查找运行	传感器监视下的线性移动	
区域描述	功能	数值范围
PTP	移动方式	PTP、LIN、CIRC、KLIN、KCIRC
VB	移动速度	最大值的 1% 至 100%（预设值为 100%）
VE	逼近区域	指令长度的一半的 0% 至 100%（预设值为 0% = 无轨迹逼近）
ACC	加速度	最大值的 1% 至 100%（预设值为 100%）
Wzg	所使用的工具的号码	1 至 16（预设号码为 1）
SPSTring	SPS 触发的时间点	0 至 100 $\frac{1}{100}$s（预设为 0）

7.3.3 KUKA 机器人的配置

7.3.3.1 INTERBUS 的配置

KUKA 机器人的控制总线可按图 7.40 所示形式进行分布。

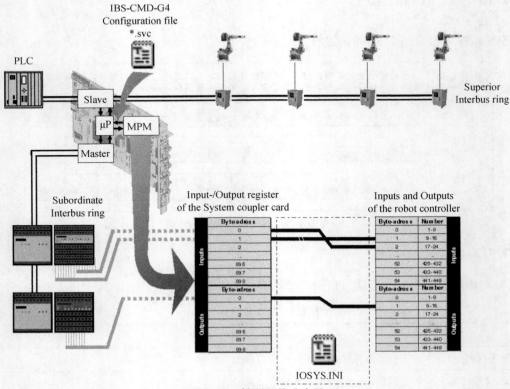

图 7.40 控制总线分布图

INTERBUS 配置组的输出和文件则分别如图 7.41 和图 7.42 所示。

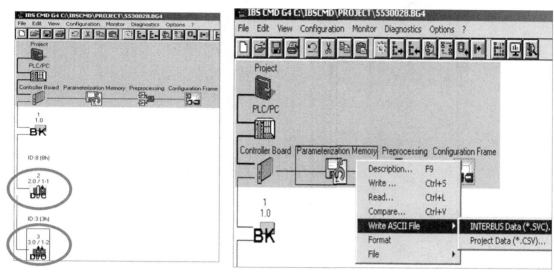

图 7.41　配置的输出界面

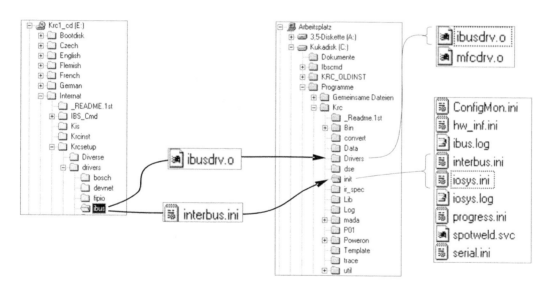

图 7.42　配置的文件界面

7.3.3.2　KUKA 机器人零点校正

零点校准装置中的 EMT、探针和机械零点位置如图 7.43 所示。校准就是让探针到达机械零点位置。软件操作如图 7.44 所示，依次选择校正和 EMT 等[259]。

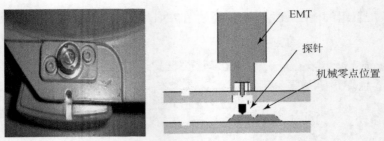

图 7.43　机器人零点位置

图 7.44　校正操作

7.3.3.3　KUKA 机器人的坐标系统

（1）本体坐标系。

KUKA 机器人本体共有六个关节坐标系，依次标为 A1、A2、A3、A4、A5、A6，如图 7.45 所示。

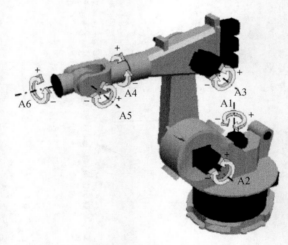

图 7.45　机器人本体坐标系

（2）工具坐标系。

KUKA 机器人的工具坐标系如图 7.46 所示。

（3）基坐标系。

KUKA 机器人基坐标的坐标系是一个直角坐标系（见图 7.47），它的原点可能在工件内或工件表面或某个装置内。如选择该系统为参考坐标系统，机器人将平行于工件轴移动。

（4）全局坐标系（图 7.48）。

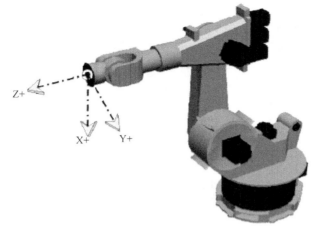

图7.46　机器人工具坐标系

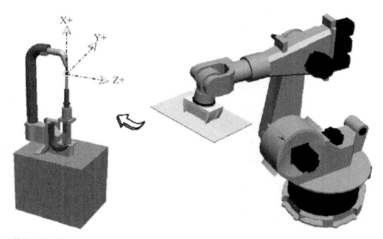

外部的工具

携带工件的机器人

图7.47　基坐标系

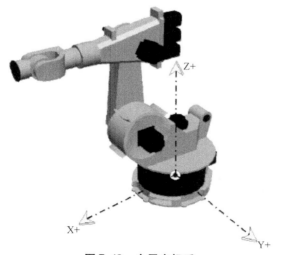

图7.48　全局坐标系

需要指出，KUKA 机器人工具坐标系的建立方法如表 7.8 所示，利用这些方法可以确定工具参考点相对于机器人法兰坐标系统的原点位置。

表 7.8　坐标系的建立

程　序	检 测 方 法
XYZ－4 点	运行至固定的参考点
XYZ 参考	用已知的参考工具驶近
ABC－2－点	按照取向数据驶近 2 点
ABC 全局	全局坐标系上的垂直位置
数字输入	工具数据的输入
工具负荷数据	输入质量、质量重心、惯性矩

现举例说明应用不同方法建立 KUKA 机器人工具坐标系的过程。

（1）利用 XYZ－4 点法建立 KUKA 机器人的工具坐标系。

如图 7.49 所示，将待检测的工具安装在法兰上，找出一个合适的参考点，它可以是固定在工作空间的某一参考芯。手动操作方法如图 7.50 所示。

图 7.49　XYZ－4 点法的应用图例

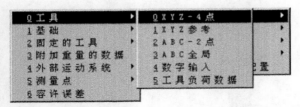

用于4点检测的对话窗被打开：

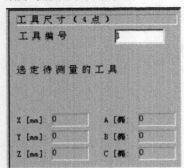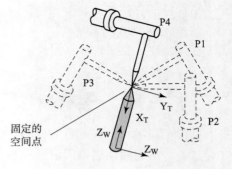

图 7.50　工具坐标系设置界面

（2）利用 ABC－2 点法建立 KUKA 机器人的工具坐标系。

利用 ABC - 2 点法建立 KUKA 机器人的工具坐标系的具体步骤可见图 7.51 和图 7.52。

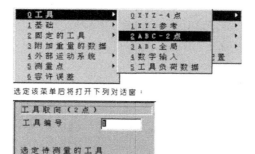

图 7.51 利用 ABC - 2 点法的设置界面

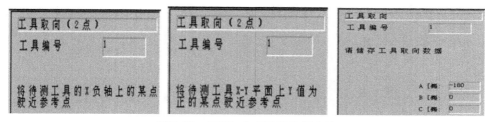

图 7.52 ABC - 2 点法的执行方法

（3）KUKA 机器人外部工具坐标系的建立。

机器人外部工具坐标系的建立可参见图 7.53 进行。

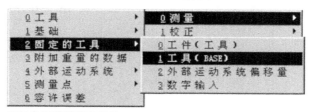

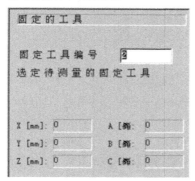

图 7.53 外部工具设计界面

按软键"工具正确"可以打开下一个对话框，用显示屏下方的软键可以在 5 – D 和 6 – D 检测方法之间切换。如果只需用工具的工作方向来定位和导向（MIG/MAG 焊接、流切割），则用 5 – D 这种方法。调节所需工具的取向；将参考工具的 TCP 同固定的点重合，按软键"点正确"，将接收这些数据。具体操作过程如图 7.54 所示。

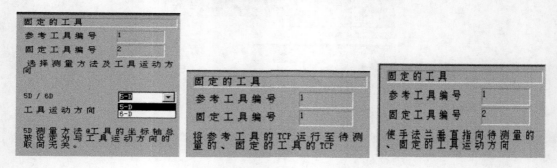

图 7.54　外部工具坐标系的建立

7.3.3.4　KUKA 机器人的基础菜单

（1）KUKA 机器人的显示菜单。

机器人的显示菜单如图 7.55 所示。

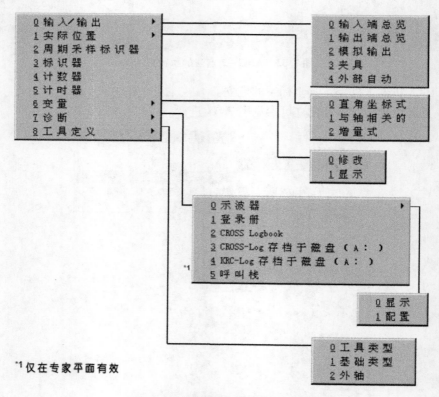

*1 仅在专家平面有效

图 7.55　KUKA 机器人的显示菜单

（2）KUKA 机器人的输入输出菜单。

机器人的输入输出界面如图 7.56 所示。

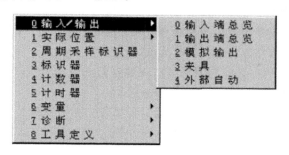

图 7.56　KUKA 机器人的输入输出界面

（3）KUKA 机器人的实际位置菜单。

机器人的实际位置显示界面如图 7.57 所示。

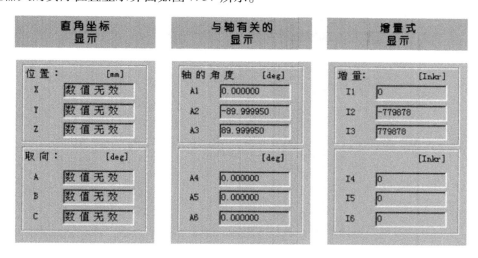

图 7.57　KUKA 机器人实际位置显示界面

本章小结与思考

　　本章以 ABB 和 KUKA 公司出产的典型工业机器人为对象，结合其实际操作，以帮助本书学习者了解、学习、熟悉并掌握工业机器人的操作步骤与应用技能为目标，讲解了工业机器人的相关使用方法，具体包括机器人的系统构成、编程指导、机器人配置、文件管理和注意事项等，旨在引导学习者了解并学习工业机器人的编程方法。需要注意的是，本章内容还是以简要介绍为主，学习者在实际编程时还应仔细查阅并认真参考具体型号机器人的操作手册。通过学习，学习者可以结合机器人操作任务设计自己的程序，通过反复练习，完成符合自己加工作业需求的相关程序。在此，慎重提醒学习者，在使用任何机器人过程中一定要注意安全，按照安全规程操作，避免被机器人误伤。

本章习题与训练

（1）正确执行机器人零点校正需要注意哪些问题？

（2）ABB 机器人有哪些坐标系？都是如何规定的？

（3）ABB 机器人 TCP 工具框的定义方法有哪些？对应什么定义方式？

（4）ABB 机器人测量工具中心涉及哪些参数？

（5）ABB 机器人如何测量工具中心？编辑工具定义如何操作？

（6）机器人编程前要做哪些准备工作？

（7）弧焊编程各字段代表的意义是什么？

（8）在哪些情况下 ABB 建议需要恢复系统？

（9）简述 KUKA 机器人系统的驱动方案构成。

（10）KUKA 机器人工具坐标系建立方法有哪些？

（11）KUKA 机器人各个坐标系之间有什么关系？

（12）KUKA 机器人编程中的移动和扫描方式都有哪些？

参 考 文 献

[1] 马光，申桂英．工业机器人的现状及发展趋势［J］．组合机床与自动化加工技术，2002（3）：48 – 51.

[2] 谭民，王硕．机器人技术研究进展［J］．自动化学报，2013（07）：963 – 972.

[3] 王田苗，陶永．我国工业机器人技术现状与产业化发展战略［J］．机械工程学报，2014（09）：1 – 13.

[4] 何竞择，负超，张栋，付波．抛光机器人示教控制系统设计［J］．制造业自动化，2011（13）：5 – 8.

[5] 李旭，张为公，董晓马．驾驶机器人关键技术的研究［J］．华中科技大学学报（自然科学版），2004（s1）：215 – 217.

[6] 曹文祥，冯雪梅．工业机器人研究现状及发展趋势［J］．机械制造，2011（02）：41 – 43.

[7] 熊有伦．机器人学［M］．北京：机械工业出版社，1993.

[8] 张铁，谢存禧．机器人学［M］．广州：华南理工大学出版社，2004.

[9] 美国机器人发展动向［J］．机器人技术与应用，1995（05）：29.

[10] 宋月超，蔡永洪，唐小军，王海燕，肖宏艳．工业机器人标准现状分析［J］．工业计量，2016（01）：65 – 68.

[11] 孙志杰，王善军，张雪鑫．工业机器人发展现状与趋势［J］．吉林工程技术师范学院学报，2011，27（7）：61 – 62.

[12] 张立建，胡瑞钦，易旺民．基于六维力传感器的工业机器人末端负载受力感知研究［J］．自动化学报，2017，43（3）：439 – 447.

[13] 苏西庆．工业机器人在骨架油封成型硫化过程中的应用［J］．中国橡胶，2016，32（7）：25 – 27.

[14] 刘源．多自由度工业机器人控制系统设计［D］．江西理工大学，2012.

[15] 胡伟，陈彬，吕世霞．工业机器人行业应用实训教程［M］．北京：机械工业出版社，2015.

[16] 刘鹏．汽车行业里的工业机器人［J］．汽车制造业，2007（19）：74 – 75.

[17] 柳鹏．我国工业机器人发展及趋势［J］．机器人技术与应用，2012（5）：20 – 22.

[18] 刘宝亮．工业机器人进口超七成怎扛"需求世界第一"重担？［J］．中国战略新兴产业，2014（1）.

[19] 佚名．码垛机器人备受物流、食品和石化行业青睐［J］．自动化信息，2013（3）：11 – 11.

［20］全球自动化走向繁荣 2017 年机器人前景可期［EB/OL］. http：//www. robot –
    china. com/news/201611/03/36843. html. 2016 – 11 – 3.

［21］重磅 | 机器人圈权威解读《中国机器人产业发展白皮书（2016 版）》［EB/OL］.
    http：//www. sohu. com/a/77193287_390227. 2016 – 5 – 25.

［22］2015 – 2020 年工业机器人行业市场竞争格局分析与投资风险预测报告［R］. 智研咨询
    集团. 2015：1 – 10.

［23］我国工业机器人发展现状［EB/OL］. http：//www. robot – china. com/news/201306/09/
    448 1. html. 2013 – 06 – 09.

［24］陈佩云，金茂菁，曲忠萍. 我国工业机器人发展现状［J］. 机器人技术与应用，2001
    （1）：2 – 5.

［25］工业机器人产业分析研究报告［EB/OL］. https：//wenku. baidu. com/view/
    9e6bd816aa00b52 acec7ca73. html. 2016 – 5 – 22.

［26］李刚，周文宝. 直角坐标机器人简述及其应用介绍［J］. 伺服控制，2008（09）：72 –
    75.

［27］毛鹏军，黄石生，薛家祥，等. 弧焊机器人焊缝跟踪系统研究现状及发展趋势［J］.
    电焊机，2001，31（10）：9 – 12.

［28］许燕玲，林涛，陈善本. 焊接机器人应用现状与研究发展趋势［J］. 金属加工（热加
    工），2010（8）：32 – 36.

［29］陈无畏，孙海涛，李碧春，等. 基于标识线导航的自动导引车跟踪控制［J］. 机械工
    程学报，2006，42（8）：164 – 170.

［30］王田苗，陶永. 我国工业机器人技术现状与产业化发展战略［J］. 机械工程学报，
    2014，50（9）：1 – 13.

［31］赵杰. 我国工业机器人发展现状与面临的挑战［J］. 航空制造技术，2012，408（12）：
    26 – 29.

［32］科技舆情分析研究所. 在机器人产业 2.0 时代 我们必须意识到信息技术将是新的
    "芯"［J］. 今日科技，2016（12）：7 – 8.

［33］孙英飞，罗爱华. 我国工业机器人发展研究［J］. 科学技术与工程，2012，12（12）：
    2912 – 2918.

［34］钮晓鸣，薛勇. 美国工业机器人发展动向［J］. 电子与自动化，1994（3）.

［35］肖勇. 八足蜘蛛仿生机器人的设计与实现［D］. 中国科学技术大学，2006.

［36］金茂菁，曲忠萍，张桂华. 国外工业机器人发展态势分析［J］. 机器人技术与应用，
    2001（2）：6 – 8.

［37］嵇鹏程，沈惠平. 服务机器人的现状及其发展趋势［J］. 常州大学学报（自然科学
    版），2010，22（2）：73 – 78.

［38］朱力. 目前各国机器人发展情况［J］. 中国青年科技，2003（11）：38 – 39.

［39］王全福，刘进长. 机器人的昨天、今天和明天［J］. 中国机械工程，2000，11（1）：
    4 – 5.

［40］工业机器人的认识与分析［EB/OL］. https：//wenku. baidu. com/view/958fe01ba316147917 11
    cc7931b765ce05087aea. html. 2016 – 11 – 22.

［41］　吴柏林 . 世界各国工业机器人产业发展模式分析［J］. 工程机械，2013.

［42］　杜志俊 . 工业机器人的应用及发展趋势［J］. 机械工程师，2002（5）：8－10.

［43］　侯评梅 . 我国工业机器人何去何从［J］. 自动化博览，2009，26（3）：50－51.

［44］　梁华为 . 机器人与关键技术解析［J］. 程序员，2014（4）：121－125.

［45］　Endres F，Hess J，Engelhard N，et al. An evaluation of the RGB－D SLAM system［C］//
IEEE International Conference on Robotics and Automation. IEEE，2012：1691－1696.

［46］　王文斐 . 面向室内动态环境的机器人定位与地图构建［D］. 浙江大学，2011.

［47］　佚名 . 工业机器人的关键技术及应用趋势［J］. 中国机械，2012（8）：36－39.

［48］　机器人控制系统相关知识大汇集［EB/OL］. https：//sanwen8. cn/p/2a0cqlM. html.
2016－11－11.

［49］　金志贤 . 水下机器人推进器故障诊断技术研究［D］. 哈尔滨工程大学，2006.

［50］　刘极峰，易际明 . 机器人技术基础（附光盘）［M］. 北京：高等教育出版社，2006.

［51］　王天然，曲道奎 . 工业机器人控制系统的开放体系结构［J］. 机器人，2002，24（3）：
256－261.

［52］　丁涛 . 浅析 FANUC 工业机器人伺服控制系统结构、原理及其机械维护［J］. 机器人技
术与应用，2004（3）：44－47.

［53］　楼佳祥 . 六自由度工业机器人控制系统设计与实现［D］. 杭州电子科技大学，2015.

［54］　汪晋宽，于丁丁文，张健 . 自动化概论［M］. 北京：北京邮电大学出版社，2006.

［55］　赵曜 . 自动化概论［M］. 北京：机械工业出版社，2009.

［56］　移动机器人［EB/OL］. http：//baike. ofweek. com/2561. html. 2013. 12. 04

［57］　吕文飞 . 惯性导航 AGV 的研究［D］. 山东科技大学，2015.

［58］　廖怀宝 . 一种防止自动焊锡机器人焊接拉尖的方法：CN，CN 102990176 A［P］. 2013.

［59］　王锐 . 焊接机器人控制系统研究分析［J］. 电子世界，2013（23）：105－105.

［60］　卢本 . 汽车工程焊接机器人应用概述（一）［J］. 现代焊接，2005（1）：41－44.

［61］　符娅波，边美华，许先果 . 弧焊机器人的应用与发展［J］. 机器人技术与应用，2006，
35（3）：79－81.

［62］　熊烁 . 弧焊机器人控制技术的研究与实现［D］. 华中科技大学，2012.

［63］　杨洗陈 . 激光加工机器人技术及工业应用［J］. 中国激光，2009，36（11）：
2780－2798.

［64］　龚仲华 . 工业机器人从入门到应用［M］. 北京：机械工业出版社，2016.

［65］　浅聊几种工业机器人［EB/OL］. http：//gongkong. ofweek. com/2017－06/ART－310058－
8500－30139847. html. 2017. 06. 04.

［66］　徐方 . 洁净机器人自动化装备产业［J］. 机器人技术与应用，2010（5）：43－44.

［67］　蔡军，王欣 . 浅析工业机器人的发展与现状［J］. 科技风，2013（21）：262－262.

［68］　帅希松，徐晓明，李华 . 码垛机器人，CN 101870102 A［P］. 2010.

［69］　张永贵 . 喷漆机器人若干关键技术研究［D］. 西安理工大学，2008.

［70］　李旻 . 细小工业管道管外机器人系统［J］. 管道技术与设备，2003（3）：35－38.

［71］　卢耀祖，郑惠强，张氢 . 机械结构设计［M］. 上海：同济大学出版社，2009.

［72］　李刚，周文宝 . 直角坐标机器人简述及其应用介绍［J］. 伺服控制，2008（9）：

72 – 75.

[73] 大熊繁. 机器人控制［M］. 北京：科学出版社，2002.

[74] 谢红. 数控机床机器人机械系统设计指导［M］. 上海：同济大学出版社，2004.

[75] 朱浩翔. 工业机器人及其应用［M］. 北京：机械工业出版社，1986.

[76] 韩瑜，许燕玲，花磊，等. 六轴关节机器人系统结构及其关键技术［J］. 上海交通大学学报，2016，50（10）：1521 – 1525.

[77] 王健强，程汀. SCARA 机器人结构设计及轨迹规划算法［J］. 合肥工业大学学报自然科学版，2008，31（7）：1026 – 1028.

[78] 尤波，张永军，毕克新. PUMA560 型机器人逆运动学问题的解析解［J］. 哈尔滨理工大学学报，1994（4）：6 – 10.

[79] 刘极峰，丁继斌. 机器人技术基础［M］. 北京：高等教育出版社，2012.

[80] 电动机械手结构设计［EB/OL］. http：//www. docin. com/p – 1536806135. html. 2014. 06. 16.

[81] 唐德栋. SCARA 机器人本体设计、轨迹规划及控制的研究［D］. 哈尔滨理工大学，2002.

[82] 张红. SCARA 机器人小臂结构特性分析［D］. 天津大学，2008.

[83] 郑东鑫. SCARA 机械手系统设计与规划控制研究［D］. 浙江大学，2011.

[84] 陈成. 六自由度工业机器人虚拟设计及仿真分析［D］. 南京信息工程大学，2013.

[85] 郭洪红. 工业机器人技术［M］. 西安：西安电子科技大学出版社，2012.

[86] 孙杏初，钱锡康. PUMA – 262 型机器人结构与传动分析［J］. 机器人，1990（5）：51 – 56.

[87] 罗天洪，马力. 六自由度 PUMA 机器人的运动仿真［EB/OL］. http：//www. docin. com/p – 1726952562. html. 2015. 06. 05

[88] 朴春日，颜国正，王志武，等. 一种履带式机器人设计及其越障分析［J］. 现代制造工程，2013（3）：24 – 27.

[89] 张金荣，曹长修，王东，等. 基于高斯 RBF 神经网络的可伸缩机械臂系统动态建模与仿真［J］. 中南民族大学学报（自然科学版），2007，26（3）：51 – 54.

[90] 宋延东，屠卫星. 汽车底盘构造、性能与维修［M］. 北京：北京航空航天大学出版社，2010.

[91] 机器人本体结构［EB/OL］. https：//wenku. baidu. com/view/e506ac11f5335a8102d220a5. html？from = search. 2015. 03. 12

[92] 谢广明，范瑞峰，何宸光. 机器人概论［M］. 哈尔滨：哈尔滨工程大学出版社，2013.

[93] 靳桂华，姚俊杰. 机器人手腕机构分析及优化设计［J］. 北方工业大学学报，1990（1）：62 – 70.

[94] 高井宏幸. 工业机械人的结构与应用［M］. 北京：机械工业出版社，1979.

[95] 肖连风，安永辰. PT – 600 弧焊机器人的仿真［C］//中国机械工程学会机构学学术讨论会. 1990.

[96] 李团结. 机器人技术［M］. 北京：电子工业出版社，2009.

[97] 合田周平，木下源一郎同. 机器人技术［M］. 北京：科学出版社，1983.

［98］ 马纲，王之栎．工业机器人常用手部典型结构分析［J］．机器人技术与应用，2001（2）：31－32.

［99］ 夏生健．工业机器人焊接生产线的设计及研究［D］．东南大学，2016.

［100］ 侯占武．五自由度小型示教机器人运动控制研究与实现［D］．东北大学，2007.

［101］ 佚名．基于运动控制器的 SCARA 机器人及控制系统设计［D］．陕西科技大学．2012.

［102］ 左国栋，赵智勇，王冬青．SCARA 机器人运动学分析及 MATLAB 建模仿真［J］．工业控制计算机，2017，30（2）：100－102.

［103］ 王庭树．机器人运动学及动力学［M］．西安：西安电子科学技术大学出版社，1990.

［104］ 佚名．机器人学导论［M］．北京：电子工业出版社，2004.

［105］ 蒋新松．机器人学导论［J］.1994.

［106］ 机器人正运动学方程的 D－H 表示法［EB/OL］．http：//www.doc88.com/p－7344372977590.html.2013.12.27.

［107］ 张兆成．基于 SCARA 机器人的运动学动力学系统的仿真研究［D］．哈尔滨工业大学（深圳）哈尔滨工业大学，2005.

［108］ 郭本银，刘钰，苗亮．六自由度微动并联机器人工作空间分析［J］．长春理工大学学报（自然科学版），2015（4）：1－5.

［109］ 王海鸣．基于神经网络的机器人逆运动学求解［D］．中国科学技术大学，2008.

［110］ 郭希娟，耿清甲．串联机器人加速度性能指标分析［J］．机械工程学报，2008（09）：56－60.

［111］ 邓永刚．工业机器人重复定位精度与不确定度研究［D］．天津大学，2013.

［112］ 王东署，迟健男．机器人运动学标定综述［J］．计算机应用研究，2007，24（9）：8－11.

［113］ 谈世哲，杨汝清．基于 SCARA 本体的开放式机器人运动学分析与动力学建模［J］．组合机床与自动化加工技术，2001（10）：22－24.

［114］ 佚名．SCARA 机器人的运动学分析［EB/OL］．电子科技大学实验报告.2017－5－31

［115］ 吴德明．理论力学基础［M］．北京：北京大学出版社，1995.

［116］ 孙保苍．理论力学基础［M］．北京：国防工业出版社，2013.

［117］ 达朗贝尔原理［EB/OL］．百度百科.2009.7.

［118］ 赵锡芳．机器人动力学［M］．上海：上海交通大学出版社，1992.

［119］ 机器人静力分析与动力学［EB/OL］．http：//www.docin.com/p－540932946.html.2012.11.29.

［120］ 许岩．物联网系统仿真研究［D］．西北师范大学，2013.

［121］ 黄何棣，黄柯棣，张金槐，等．系统仿真技术［M］．长沙：国防科技大学出版社，1998.

［122］ 费奇，孙德宝，王红卫．建模与仿真［M］．北京：科学出版社，2002.

［123］ 姚丽．嵌入式 PAC 仿真系统的设计与实现［D］．同济大学，2009.

［124］ 贾连兴，汪霖，刘德祥，朱英浩．仿真技术与软件［M］．北京：国防工业出版社，2006.

［125］ 熊光楞．先进仿真技术与仿真环境［M］．北京：国防工业出版社，1996.

［126］彭晓源．系统仿真技术［M］．北京：北京航空航天大学出版社，2006.

［127］于万波．基于 MATLAB 的图像处理［M］．北京：清华大学出版社，2008.

［128］胡浩，闫英敏，陈永利．基于 MATLAB 的电力系统潮流计算［J］．国外电子测量技术，2012，31（12）：55－59.

［129］朱衡君，肖燕彩，邱成，等．MATLAB 语言及实践教程［M］．北京：北京交通大学出版社，2009.

［130］郑勇．山区公路纵断面线形自动化设计研究［D］．湖南大学，2008.

［131］徐城．车辆牌照定位算法的设计与实现［D］．华东理工大学，2014.

［132］李烨．基于 EMD 的图像拼接和图像识别研究与实现［D］．重庆交通大学，2010.

［133］孙志雄．基于 MATLAB 的 OFDM 系统仿真分析［J］．信息技术，2007（12）：155－157.

［134］茅力非．两轮自平衡移动机器人建模与控制研究［D］．华中科技大学，2013.

［135］段佳佳，樊龙龙，张波涛．基于 MATLAB 的 FIR 滤波器的设计［J］．电子测试，2011（8）：19－21.

［136］徐飞，施晓红．MATLAB 应用图像处理［M］．西安：西安电子科技大学出版社，2002.

［137］朱运盛．面向飞行模拟的民航发动机性能与故障仿真［D］．南京航空航天大学，2012.

［138］张治平．基于仿真技术的虚拟通信实验系统设计与实现［D］．电子科技大学，2011.

［139］杜永忠，平雪良，何佳唯，等．基于 Adams 的机器人系统仿真技术研究［J］．工具技术，2013，47（12）：3－7.

［140］曲中水，王建卫，朱泳．基于 MATLAB 的数字信号基带传输系统仿真［J］．森林工程，2004，20（4）：31－33.

［141］甘墅．棘轮精冲模具设计与动力学分析［D］．华中科技大学，2009.

［142］张庆飞．基于虚拟样机的并联机构振动仿真分析［D］．沈阳理工大学，2012.

［143］单晓龙．拉链机减振降噪技术研究［D］．华南理工大学，2012.

［144］王侃，杨秀梅．虚拟样机技术综述［J］．新技术新工艺，2008（3）：29－33.

［145］尹洋，殷国富．基于 ADAMS 的机床高速主轴虚拟设计系统研究［J］．制造技术与机床，2010（2）：37－41.

［146］洪学玲．基于 ADAMS 的小车式起落架着陆及全机滑跑动态仿真［D］．南京航空航天大学，2008.

［147］方琛玮．基于 ADAMS 的机器人动力学仿真研究［D］．北京邮电大学，2009.

［148］沐影．浅谈 ADAMS 软件应用［J］．电子世界，2013（24）：95－96.

［149］周喜．圆钢管柱滞回性能分析［D］．同济大学，2007.

［150］白洋．一种旋转—直线运动的两自由度超声波电机的研究［D］．浙江大学，2013.

［151］宋莉莉．多物理场中磁流变阻尼器的力学特性研究［D］．哈尔滨工程大学，2008.

［152］汪明民．基于接触有限元分析的渐开线齿轮齿廓修形的研究［D］．大连理工大学，2007.

［153］陈精一，蔡国忠．电脑辅助工程分析：ANSYS 使用指南［M］．北京：中国铁道出版

社，2001.

［154］周长城 胡仁喜．ANSYS 11.0 基础与典型范例（附光盘）［M］．北京：电子工业出版社，2007.

［155］袁艳平，程宝义，茅靳丰．浅埋工程围护结构传热简化模型误差的有限元分析［J］．发电与空调，2003，24（6）：10－12.

［156］李泽天，王兴伟，李小飞．基于 ANSYS 的轴承座有限元分析［J］．兵工自动化，2008，27（12）：94－96.

［157］王恒霖．仿真系统的设计与应用［M］．北京：科学出版社，2003.

［158］徐庚保，曾莲芝．数字仿真技术科学［J］．计算机仿真，2009，26（11）：1－5.

［159］唐艳华，张庆玲．机器人技术基础实验教学的改革与实践［J］．教学研究，2015（2）：103－105.

［160］朱勇勇．开放式教学机器人运动控制器设计［D］．上海交通大学，2007.

［161］王桃章．Gantry－Tau 并联机器人的运动分析与仿真研究［D］．南京航空航天大学，2012.

［162］席俊杰．虚拟样机技术的发展及应用［J］．制造业自动化，2006，28（11）：19－22.

［163］李朝阳，欧阳亮．汽轮机 3D 虚拟样机平台设计与研究［J］．系统仿真学报，2014，26（10）：2374－2380.

［164］王启春．六自由度开放式工业机器人控制系统设计［D］．华东理工大学，2011.

［165］戴淑波．虚拟样机技术在剑杆织机机构设计中的应用［C］//2009 航空试验测试技术学术交流会．2009.

［166］王慧能．基于虚拟原型的机电一体化设计技术研究［D］．西安电子科技大学，2011.

［167］席俊杰，吴中．虚拟制造及其体系结构研究［J］．机床与液压，2004（5）：94－96.

［168］蔡勇．弧焊机器人焊缝跟踪系统与位移运动学研究［D］．西安理工大学，2007.

［169］卢本．焊接机器人的运动控制系统概述（一）［J］．现代焊接，2007（2）：19－22.

［170］邵黎君．基于 CAN 总线的仿人机器人关节控制系统研究［D］．清华大学，2004.

［171］罗璟，赵克定，陶湘厅，等．工业机器人的控制策略探讨［J］．机床与液压，2008，36（10）：95－97.

［172］彭勇刚．模糊控制工程应用若干问题研究［D］．浙江大学电气工程学院 浙江大学，2008.

［173］周镇添．直线电机伺服控制技术研究［J］．华东科技：学术版，2014（2）：27－27.

［174］鞠世琼．船舶航迹舵控制技术研究与设计［D］．哈尔滨工程大学，2007.

［175］程军．六自由度关节型机器人本体设计和控制系统的研究［D］．哈尔滨理工大学，2004.

［176］姜明军．六自由度机器人运动轨迹优化控制［D］．大庆石油学院，2009.

［177］乔兵，吴洪涛，朱剑英，等．面向位控机器人的力/位混合控制［J］．机器人，1999，21（3）：217－222.

［178］佚名．示教再现机器人［EB/OL］．百度百科．

［179］李欣．工业机器人体系结构及其在焊接切割机器人中的应用研究［D］．哈尔滨工程大学，2008.

［180］张明．白酒包装自动码垛机器人的研制［D］．四川理工学院，2013．

［181］徐海黎，解祥荣，庄健，王孙安．工业机器人的最优时间与最优能量轨迹规划［J］．机械工程学报，2010，（09）：19－25．

［182］李杰，胡旭东，赵匀．开放式结构平台上 PUMA560 机器人控制系统的研究［J］．机械设计与研究，2002，18（5）：22－24．

［183］季宝锋．两栖多足机器人虚拟样机技术研究［D］．哈尔滨工程大学，2008．

［184］张振强，王东峰，赵洋，等．工业机器人用减速器轴承的开发与应用［J］．机械工程师，2015（5）：122－124．

［185］帝人 RV 系列减速器产品介绍［EB/OL］．http：//www. nabtesco－motion. cn/．2014. 4.

［186］日本 HD 谐波减速器产品介绍［EB/OL］．http：//vdisk. weibo. com/s/zFhX－OsnyWZRI.

［187］宋松．工业机器人 RV 减速器关键部件制造及对我国精密机床发展思考［J］．金属加工（冷加工），2015（8）：34－36．

［188］资讯．工业机器人用电机驱动系统［J］．

［189］崔洁，杨凯，肖雅静，等．步进电机加减速曲线的算法研究［J］．电子工业专用设备，2013（8）：45－49．

［190］李金泉．码垛机器人机械结构与控制系统设计［M］．北京：北京理工大学出版社，2011．

［191］杨国利．压电驱动器的研究与应用进展［J］．内蒙古煤炭经济，2009（1）：57－60．

［192］施军丽．超声波电机摩擦驱动模型和摩擦材料研究［D］．西南交通大学，2004．

［193］甘云．界面压力可控式假肢接受腔设计［D］．上海交通大学，2013．

［194］毛玉蓉，翁惠辉，刘钢．一种基于单片微机的步进电机控制系统［J］．电气传动，2003，33（6）：32－34．

［195］潘建．无刷直流电机控制器 MC33035 的原理及应用［J］．电子设计工程，2003（8）：38－41．

［196］孙英飞，罗爱华．我国工业机器人发展研究［J］．科学技术与工程，2012，12（12）：2912－2918．

［197］王春艳．轨道车辆电力牵引与电气制动模拟运行控制软件的开发［D］．大连交通大学，2005．

［198］王让定，陈华辉．一个组态系统的设计与实现［J］．计算机技术与发展，2000（1）：53－56．

［199］罗蕾．嵌入式实时操作系统及应用开发［M］．北京：北京航空航天大学出版社，2007．

［200］叶华裕．基于 UNIX 的实时操作系统——MTRTIX 的实现［J］．抗恶劣环境计算机，1997（1）：41－46．

［201］王建荣．基于工业以太网的现场测控设备的研究［D］．北京化工大学，2004．

［202］崔坚．西门子工业网络通信指南［M］．北京：机械工业出版社，2005．

［203］刘建昌，周玮，王明顺．计算机控制网络［M］．北京：清华大学出版社，2006．

［204］李秋菊，杨银堂，高海霞．基于 Verilog HDL 的 UART IP 的设计［J］．半导体技术，2007，32（6）：520－523．

［205］谢军．硬件描述语言 HDL 的现状与发展［J］．单片机与嵌入式系统应用，2003（7）：5－8.

［206］FPGA 开发全攻略［EB/OL］．https：//wenku.baidu.com/view/81af93d433d4b14e85246828.html.2009.2.

［207］邵恩．基于 FPGA 的时钟同步控制系统研究与实现［D］．北京邮电大学，2013.

［208］高晓青，杨瑞峰．基于 FPGA 的 PCI 总线串口卡设计［J］．电子技术应用，2010，36（8）：134－137.

［209］李海洋．基于 DSP 和 FPGA 的多功能嵌入式导航计算机系统设计［D］．南京航空航天大学，2005.

［210］朱世强．机器人技术及其应用［M］．杭州：浙江大学出版社，2001.

［211］机器人操作系统 ROS——简介篇［EB/OL］．个人微信公众号 Nao（ID：qRobotics）.2016－9－7.

［212］传感器［EB/OL］．百度百科.2013.3.27.

［213］袁希光．传感器技术手册［M］．北京：国防工业出版社，1986.

［214］高国富，谢少荣，罗均．机器人传感器及其应用［M］．化学工业出版社工业装备与信息工程出版中心，2005.

［215］温媛媛．浅析机器人中常用的传感器技术［J］．黑龙江科技信息，2012（2）：39－39.

［216］触觉传感器［EB/OL］．http：//www.baike.com/wiki/触觉传感器.2015.3.24.

［217］谢清华．移动机器人触须传感器的机理研究［D］．南京航空航天大学，2007.

［218］葛亦斌，盛蒙蒙，邱烨．一种基于机器手新型滑觉传感器的研究［J］．中国科技博览，2009（24）：229－230.

［219］胡建元，黄心汉．机器人力传感器研究概况［J］．传感器与微系统，1993（4）：8－12.

［220］俞阿龙．基于仿生算法的机器人腕力传感器动态特性及相关技术研究［D］．东南大学，2005.

［221］何铁春，周世勤同．惯性导航加速度计［M］．北京：国防工业出版社，1983.

［222］章燕申．高精度导航系统［M］．北京：中国宇航出版社，2005.

［223］王广龙，祖静．微机械陀螺仪及其应用研究［J］．电子测量与仪器学报，1999（2）：30－34.

［224］张少先，曾雪飞，刘永智．谐振腔马赫—曾德尔干涉集成光波导陀螺［J］．光学学报，2003，23（1）：117－120.

［225］闻新，张伟，黄勤珍．微型惯性测量装置的技术分析与发展建议［J］．中国航天，2003（6）：23－26.

［226］刘崧，戚小平，钟双英．CCD 摄像机原理及应用［J］．中国有线电视，2005（14）：1417－1419.

［227］李玮．移动机器人避障双目立体视觉算法研究［D］．南京理工大学，2006.

［228］童利标．多传感器手爪数据融合与数据传输的研究［D］．合肥工业大学，2002.

［229］杨永刚．排牙多指手及其抓取规划的研究［D］．哈尔滨理工大学，2004.

[230] 文双全. 机器人多指手抓取规划算法研究 [D]. 浙江大学, 2012.

[231] 郭其龙, 张连东. SCARA 型机器人鲁棒控制及仿真的研究 [J]. 组合机床与自动化加工技术, 2008 (2): 38 - 41.

[232] 魏媛媛. 基于模糊控制理论的机器人柔顺控制方法的研究 [D]. 华中师范大学, 2001.

[233] 王全玉, 王晓东. 机器人柔性腕力传感器及其检测系统 [J]. 传感器与微系统, 2004, 23 (6): 30 - 33.

[234] 汪成义, 肖勇, 郑哲. 直角坐标机器人视觉系统实现 [J]. 信息系统工程, 2013 (10): 30 - 31.

[235] 王敏, 黄心汉. 基于视觉与超声技术机器人自动识别抓取系统 [J]. 华中科技大学学报 (自然科学版), 2001, 29 (1): 73 - 75.

[236] 袁国伟. 浅谈工业机器人在工业生产中的应用 [J]. 科协论坛, 2013 (4): 58 - 59.

[237] 吴璟. 焊接熔池视觉特征信息获取与处理系统的设计 [D]. 上海交通大学, 2008.

[238] 张宇. 基于 CCD 视觉传感的焊缝跟踪技术的研究 [D]. 上海交通大学, 2007.

[239] 徐小云, 颜国正, 鄢波. 一种新型管道检测机器人系统 [J]. 上海交通大学学报, 2004, 38 (8): 1324 - 1327.

[240] 杨文凯. 基于多传感器信息融合的管道机器人管内通过性研究 [D]. 中国石油大学 (华东), 2011.

[241] 杨拓. 新型电涡流传感器开发 [D]. 电子科技大学, 2011.

[242] Nubiola A, Bonev I A. Absolute calibration of an ABB IRB 1600 robot using a laser tracker [M]. Pergamon Press, Inc. 2013.

[243] 黎文航, 王加友, 周方明. 焊接机器人技术与系统 [M]. 北京: 国防工业出版社, 2015.

[244] 《机电一体化》编辑部. 世界工业机器人产业发展动态 [J]. 机电一体化, 2012 (9): 4 - 9.

[245] Wernholt E, Ostring M. Modeling and control of a bending backwards industrial robot [J]. Institute of Technology, 2003.

[246] Datasheet IRB7600_Low 产品介绍 [EB/OL]. http：//www. abb. com/product/. 2013. 7. 29.

[247] ABB 机器人操作手册 (中文版) [M]. ABB. 2004.

[248] ABB 机器人培训资料 [EB/OL]. 百度文库. 2006.

[249] 洪鹰, 王乐. 基于嵌入式计算机的机器人示教器研究 [J]. 计算机工程与应用, 2013, 49 (1): 78 - 81.

[250] 张钧, 单世平. 自动码垛包装线上机器人的应用 [J]. 科技视界, 2012 (30): 49 - 49.

[251] ABB 焊接机器人 S4Cplus：ABB 机器人操作培训 (S4C - IRB) - 说明书 - 完整版

[252] ABB 机器人 S4C 系统培训教材

[253] 王家勇, 闫志明. ABB 机器人浇铸工作站的设计和应用 [J]. 可编程控制器与工厂自动化, 2014 (2): 41 - 43.

[254] 王家勇, 闫志明. ABB 机器人浇铸工作站的设计和应用 [J]. 可编程控制器与工厂自

动化，2014（2）：41 - 43.

［255］专访：打造中德制造业合作样板间——访美的副总裁、库卡监事会主席顾炎民［EB/OL］. 新华网 . 2017 - 06 - 7.

［256］Guinness World Records 2007［M］. Guiness World Records Ltd. Mannheim：Bibliographisches Institut，2007.

［257］KUKA 机器人基础［EB/OL］. FAW - VW KUKA Roboter. 2012.

［258］刘江来 . 焊接机器人在起重机生产过程中的控制工程［D］. 中南大学，2012.

［259］缪理清 . 工业机器人位置准确度检测及校准简述［J］. 现代制造技术与装备，2016（05）：165 + 167.